高等职业教育工学结合系列教材

焊接机器人操作及编程

主　编　易传佩　刘笑笑　倪川皓

参　编　曾广奎　曹忠民　彭和永

　　　　唐　萌　王建超

主　审　邱霞菲

北京理工大学出版社
BEIJING INSTITUTE OF TECHNOLOGY PRESS

内 容 简 介

本书由易传佩、刘笑笑、倪川皓担任主编,以唐山松下 TA/B 1400 型机器人为例,按照"1 + X"《特殊焊接技术职业技能等级标准》中级职业技能等级要求,以中联重科股份有限公司工程机械产品典型生产项目为载体,面向企业弧焊机器人操作员、弧焊机器人工艺设计员等工作岗位。课程团队从弧焊机器人操作员的编程、应用、保养等工作任务中进行总结,将知识点和技能点重构成焊接机器人概述、松下焊接机器人基本操作、松下焊接机器人薄壁试件编程与焊接、松下焊接机器人中厚试件编程与焊接、松下机器人 CRAW 试件编程与焊接和焊接机器人维护与保养六个项目。项目由易到难,由单一到复杂,囊括了典型机器人焊接接头和焊接位置,帮助学习者在循序渐进中实现知识、技能和素养的进阶提升。

本书配备了教学微课、多媒体课件和课后习题等资料,既可作为高等职业教育及各类成人教育焊接专业的教材或企业培训用书,又可作为高等院校机电及相关专业各类学生的实践选修课教材,同时可供从事焊接机器人操作及应用的相关技术人员参考。

图书在版编目(CIP)数据

焊接机器人操作及编程 / 易传佩,刘笑笑,倪川皓
主编. - - 北京:北京理工大学出版社,2021. 8(2021. 10 重印)
ISBN 978 - 7 - 5763 - 0267 - 7

Ⅰ. ①焊… Ⅱ. ①易… ②刘… ③倪… Ⅲ. ①焊接机
器人 - 职业教育 - 教材 Ⅳ. ①TP242. 2

中国版本图书馆 CIP 数据核字(2021)第 178282 号

出版发行 / 北京理工大学出版社有限责任公司

社　　　址 / 北京市海淀区中关村南大街 5 号

邮　　　编 / 100081

电　　　话 / (010)68914775(总编室)
　　　　　　 (010)82562903(教材售后服务热线)
　　　　　　 (010)68944723(其他图书服务热线)

网　　　址 / http://www.bitpress.com.cn

经　　　销 / 全国各地新华书店

印　　　刷 / 涿州市新华印刷有限公司

开　　　本 / 787 毫米 × 1092 毫米　1/16

印　　　张 / 19. 5　　　　　　　　　　　　　　责任编辑 / 张鑫星

字　　　数 / 458 千字　　　　　　　　　　　　文案编辑 / 张鑫星

版　　　次 / 2021 年 8 月第 1 版　2021 年 10 月第 2 次印刷　　责任校对 / 周瑞红

定　　　价 / 49. 80 元　　　　　　　　　　　　责任印制 / 李志强

前　言

随着"中国智造2025"的提出，新一代信息技术与制造业深度融合，大力推动制造业加速向数字化、网络化、智能化发展。机器人作为智能制造的前沿装备，应用日趋广泛，覆盖了焊接、喷涂、装配、搬运、堆垛、打磨、涂胶、分拣、包装、检测、上下料等几十种工艺，在离散制造业、流程行业和仓储物流等行业都有诸多应用场景。2020年，新冠疫情对全球经济带来了巨大影响，但由于中国迅速控制了疫情，在下半年多个行业出现井喷，对工业机器人的需求增长明显。国家统计局、工业和信息化部公布的数据显示，作为全球机器人最大的工业机器人应用市场，2020年1—11月全国规模以上工业企业的工业机器人总产量达到206 851套，同比增长22.2%；全国规模以上工业机器人制造企业营业收入453.3亿元，同比增长3.4%，继续保持了良好的发展势头。

在整个工业机器人中，焊接机器人占据半壁江山，作为近代工业前沿的先行者，它融合了材料、控制、机械、计算机等交叉学科知识，在传统焊接制造基础上进行改型，其应用已经深入工业领域的各方各面，成为现代制造技术无可替代的重要角色。尤其是焊接领域工作环境异常复杂，如烟尘、弧光、粉末、金属溅射等恶劣的焊接操作场景，使得新一代产业工人不愿意从事焊接岗位，招工十分困难，而培训一名成熟焊工的成本越来越高。此外，焊接产品的质量要求进一步提升，产品升级速度不断加快，传统手工焊接作业已经很难满足焊接产品制造的自动化、柔性化需求。传统焊接行业的种种痛点，意味着在焊接制造行业使用焊接机器人进行转型升级是大势所趋。

本书在简要介绍了市面上常见的焊接机器人后，以唐山松下TA/B 1400型焊接机器人为例，简要阐述了焊接机器人的基础理论知识，聚焦服务区域经济和产业发展，以工程机械中典型焊接产品为案例，将知识和技能解构，重构了松下焊接机器人薄壁试件编程与焊接、松下焊接机器人中厚试件编程与焊接、松下焊接机器人CRAW试件编程与焊接、焊接机器人维护和保养等项目。本书面向弧焊机器人操作员岗位、弧焊机器人工艺设计员，以高等职业院校焊接专业学生、企业从事焊接工作的技术人员和操作工人为主要教授对象，仅对理解机器人工作原理所必需的基础理论进行了深入浅出的介绍，重点强调生产过程中的实际操作，基于企业实际案例的授课项目缩短了企业与学校的距离，培养了学生的职业能力，全书编排科学、实用性强、重点突出。

本书由湖南机电职业技术学院易传佩教授、刘笑笑讲师、中联重科股份有限公司高级工程师倪川皓担任主编，浙江机电职业技术学院邱霞菲教授担任主审。湖南机电职业技术学院曾广奎讲师、王建超工程师、曹忠民高级工程师、唐萌讲师和中联重科股份有限公司、全国技术能手彭和永工程师也参与了本书的编写工作。湘潭大学洪波教授、广西机电职业技术学院戴建树教授、武汉船舶职业技术学院许小平教授、唐山松下产业机器人有限公司高级技师王玉松、湖南天一焊接集团董事长黄立新等领导、专家在本书编写过程中提出了非常宝贵的意见。

此外，本书的编写得到了中国焊接协会、湖南智谷焊接技术培训公司的技术支持，唐山松下产业机器人有限公司、中联重科股份有限公司提供了项目素材，在此一并表示衷心的感谢。

由于编者水平有限，书中难免有疏漏和错误之处，敬请读者提出宝贵意见！

编 者

目 录

项目一　焊接机器人概述

本项目讲述焊接机器人先进技术、国内外焊接机器人的发展、焊接机器人的结构及其系统特征，介绍了 8 种常见的焊接机器人的结构与系统特点，按照"1 + X"《特殊焊接技术职业技能等级标准》中级职业技能等级要求，针对机械制造行业，面向企业弧焊机器人操作员、弧焊机器人工艺设计员等工作岗位。

本项目主要内容包括：焊接机器人的应用与基本结构，几种常见的焊接机器人。了解国内焊接机器人的先进技术，焊接机器人的结构特点、适用领域、应用意义，掌握焊接机器人的发展趋势，初步形成对焊接机器人和焊接系统的认识，为后期焊接机器人的选择做好知识储备。

 项目任务

任务 1 – 1　焊接机器人的应用与基本结构

任务 1 – 2　几种常见的焊接机器人

 任务 1 – 1　 焊接机器人的应用与基本结构

任务引入

作为焊接技术与自动化专业学生，按照"1 + X"《特殊焊接技术职业技能等级标准》中级职业技能等级要求，了解国内焊接机器人的先进技术，焊接机器人的结构特点、适用领域、应用意义，掌握焊接机器人的发展趋势，初步形成对焊接机器人和焊接系统的认识。

 任务描述

本任务讲述焊接机器人先进技术、国内外焊接机器人的发展、焊接机器人的结构及其系统特征，通过本节学习，以小组为单位，对焊接机器人发展技术进行调研，写出调研报告。

学习目标

● 知识目标

1. 了解国内外焊接机器人先进技术。

2. 了解焊接机器人的结构特点、应用领域。

● 技能目标

能利用图书馆资源和网上资源对焊接机器人技术进行调研，撰写调研报告。

 相关知识

一、焊接机器人技术

20世纪90年代初期，我国曾以偏重发展专机设备作为焊接自动化理念的发展方向，因工业化水平与市场需求所限，焊接制造以面向简单结构的批量生产为主，并不追求柔性。为了适应生产力发展水平，焊接制造行业得到了迅猛的发展，为产业升级打下了良好的基础。近年来，随着工业生产水平和市场需求的迅猛发展，国内焊接领域面临着对自动化程度、焊接质量、生产效率、制造柔性的高要求，也开始出现与发达国家类似的多种类、订单式的生产方式。焊接机器人在大批量、同位置相同轨迹重复施焊，需要保证生产流水线通畅，在焊接质量稳定性要求高的应用场合下，体现了人工焊接无法比拟的极大优势。在焊接生产成本方面，越来越昂贵的人工费用、因质量问题造成的报废与返修、材料及能源损耗都是造成生产成本居高不下的重要原因。在生产柔性方面，当需要灵活地适用于不同形式的焊接工件时，机器人可通过编程适应不同要求的焊接作业，与面向不同任务需要使用不同设备的焊接专机相比，具有更大的优势。同时，焊接机器人的高精度、高效率与高稳定性，也从减少物耗与功耗、提高质量、降低劳动强度、改善劳动环境、减轻对稀缺的焊接技术人员依赖程度等方面降低了整体的成本。图1-1所示为焊接机器人典型应用之一：车身焊接。

图1-1　焊接机器人车身焊接

焊接作为与制造业密切相关的重要生产方式，随着工业生产的现代化发展逐步深入，正面临前所未有的挑战：在焊接质量、生产效率、制造成本、产品系列多样化、批量供给能力、现代化生产管理等方面，对焊接技术水平与焊接生产模式提出了新的要求，在我国乃至世界范围内均亟待发展并推广与自动化和智能化焊接相关的最新技术。

焊接机器人在得到越来越广泛应用的同时，也正向更高程度的自动化与智能化方向发展，近年来不断涌现出具有代表性的机器人焊接新技术，这些技术从生产效率、精度要求、可操作性、适应性等方面显示了焊接机器人技术的未来发展趋势，从研发完善逐渐走向应用。

1. 呈现智能化趋势的机器人示教再现与离线编程技术

现阶段在工业生产中大量应用的焊接机器人多为基于示教再现或离线编程的工作方式实现焊接作业，在辅助以一定传感技术的情况下能够满足自动化生产的基本需求，但其智能化程度上仍然有较大的发展空间。其智能化发展包括以下几个方面：易实现的示教、焊接路径自主规划、自动生成焊接任务工艺参数、直观易用的人机交互系统设计、借助虚拟现实等技术实现焊接工作站的离线编程等。

常见的焊接机器人离线编程软件如 ArcWeldingPowerArc、DELMIA、DTPS G3、KUKA. sim pro 以及 MotoSim EG 等，均能够完成在虚拟环境中对焊接机器人及工作站进行三维建模、离线编程、焊接过程仿真等任务。

ROBOTIQ 研发的动态示教（Kinetiq Teaching）技术使得操作者能够随意手动牵引焊接机器人以完成示教，如图 1-2 所示。ABB FlexPendant 人机交互系统以实现机器人编程与 Fronius 焊接电源的相关操作，该系统采用操纵杆和触摸屏的形式，比使用按钮与显示屏的传统示教器在操作上更直观且易于操作。TAWERS 焊接机器人系统的焊接导航（Weld Navigation）功能，在用户选择焊接接头类型和焊件厚度后即可自动生成最优焊接参数。

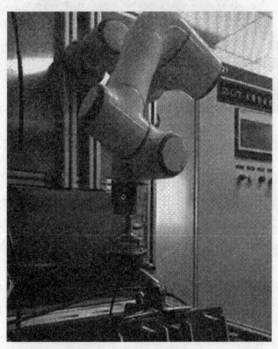

图 1-2　动态示教技术

2. 焊接过程传感与适应性控制技术

集成了一种或多种传感器的焊接机器人可以实现对环境的感知、信息提取及处理，通过视觉、触觉等感知的反馈形成一定的闭环控制，对外部环境的变化具有一定的适应力，如焊接起始位置自动寻位、焊缝自动跟踪等。更高智能程度的机器人需要能根据所获取的信息进行判断、融合、决策，对于复杂环境具有更高的适应性，以完成更复杂的任务，这是焊接智能化的未来发展方向。

现有工业应用的焊缝自动寻位传感方式一般分为接触传感、激光点视觉传感、激光结构光视觉传感等三种类型。FANUC采用接触式传感方法，通过在焊丝、保护气体喷嘴或与焊枪固连的探针加安全低电压的方式，让夹持在机器人末端的焊枪向工件缓慢移动，以获取接触点的位置信息。Motoman机器人配备AccuFast激光传感器，用激光点聚焦距离的视觉检测来替代接触式传感，在无接触的情况下实现定位。FANUC开发的iRVision视觉传感，通过安装在焊枪侧面的光源与摄像机实现视觉传感，在焊前拍摄焊接工件图像并识别焊缝位置用于焊接路径的规划，如图1-3所示。

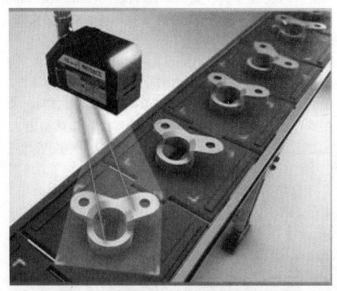

图1-3　激光点视觉传感

3. 用于焊接工作站/生产线的多机器人协作技术

以焊接工作站或生产线的形式，采用多机器人协作技术实现多项焊接作业或焊接作业与定位、安装、检测等其他工序的同时进行，可极大地提高生产效率并能保证质量，进一步减少人工介入，生产空间更紧凑。同时，协同控制参与作业的多台机器人或运动轴，可从工序上避免其发生运动干涉或互相碰撞的问题，提高生产的安全性，减小生产线发生故障的概率。

ABB推出了IRC5控制柜，通过其MultiMove功能，能够用一台控制柜同时控制4台机器人。FANUC将网络技术引入制造平台，通过网络实现对生产线多台机器人的同步管理。

4. 适用于高能束焊接、搅拌摩擦焊接等工艺方法的机器人技术

激光、电子束这类高能束焊接在运动轨迹高精度控制、辅助设备集成等方面对焊接机器人提出了特殊要求。

激光焊接单元Innova Lasepro使用KUKA KR 30 HA机器人倒转安装在行程达10 m的直线轴上，机器人沿线性轴的运动精度为±0.02 mm，满足了激光焊的高精度控制要求。TruLaser Robot 5020系统集成了6轴工业机器人（重复定位精度±0.1 mm、有效载荷30 kg）、激光焊接设备、封闭工作站与其他辅助设备，能够实现三维复杂焊缝的焊接，且

系统具有较高的可达性，如图 1-4 所示。

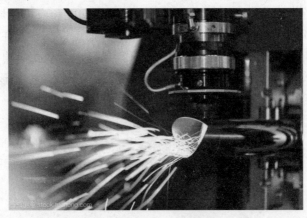

图 1-4　激光三维复杂焊

5. 用于极限环境的焊接机器人遥控技术

在核环境、太空、深海等特殊工况下，需要采用遥控机器人替代人完成焊接任务，极限环境在辐射、气压、水压、重力、温度等方面的特殊性，要求焊接机器人在机械结构、电气设计、传感方式、控制技术、工艺方法等方面均具有应对措施。

挪威国家石油公司开发了水下遥控焊接机器人系统，能够在 265 m 深的水下进行管道开孔及三通管接头的焊接，同时采用防辐射摄像机对周围环境进行监控，并利用携带的电磁超声检测仪对焊道进行无损检测，如图 1-5 所示。

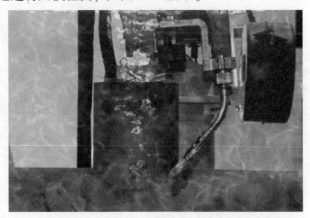

图 1-5　水下遥控焊接机器人

二、焊接机器发展

自 1959 年世界上第一台工业机器人 Unimate 发明以来，工业机器人经历了 60 余载的发展：从两轴发展到六轴，驱动方式由早期的液压驱动发展到电机驱动；控制方法由磁鼓记录控制指令的方式发展到计算机控制，再到由独立控制系统对机器人进行控制的方式；同时也发展出关节型、直角坐标型、圆柱坐标型、极坐标型、球面坐标型等多种机器人结构。工业机器人的应用领域，从最初的汽车行业发展到包括汽车、电子、化工、医疗等在内的多个行业，发挥着不可替代的重要作用；而其胜任的作业类型，也从简单的上料/卸料发展到焊接、喷涂、组装、检测等各个工种，其新增功能和应用领域还在不断地增加。焊接机器人是工业机器人的重要分支，自1969年第一批点焊机器人在通用汽车位于美国Lordstown的组装工厂安装运行以来，已发展出分别用于电阻点焊、电弧焊、激光焊、电子束焊、搅拌摩擦焊等多种焊接方法的不同型号焊接机器人，其控制形式也由最初的单一机器人的控制发展到多机器人多轴同步控制，以适应焊接生产的需求。图1-6所示为工业机器人与焊接机器人的发展历程。

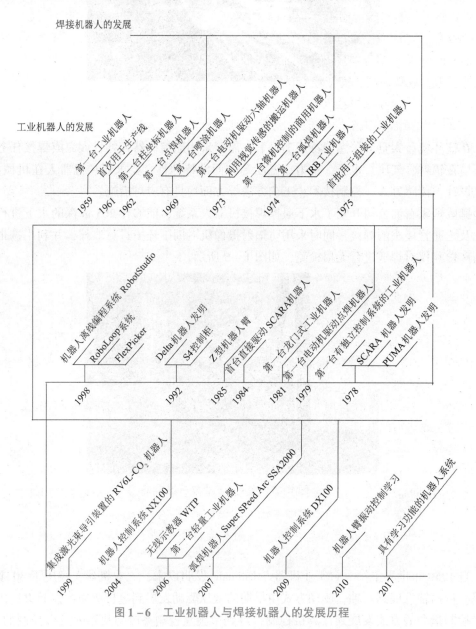

图1-6 工业机器人与焊接机器人的发展历程

1959 年，George Devol 与 Joseph Engelberger 共同研制出了世界上第一台工业机器人 Unimate，重为 2 t，由磁鼓上记录的程序进行控制，采用液压执行机构进行驱动，运动指令在关节坐标系下执行，示教环节对关节角度进行记录，执行环节中将其进行重现。

1961 年，美国通用汽车公司首次将工业机器人用于生产线，Unimate 按照磁鼓上的程序指令，承担了压铸生产中的部分工序，如叠放压铸金属件，其制造成本高达 65 000 美元。

1962 年，美国 AMF 公司研制出了首台可编程柱坐标工业机器人 VERSATRAN，用于实现固定轨迹或点对点的搬运，6 台 VERSATRAN 机器人应用于福特汽车生产厂。

1969 年，美国通用汽车公司在组装生产线上装配了首台点焊机器人，极大地提高了生产效率，使 90% 的车身焊接任务实现了自动化，改变了传统生产中自动化程度低、焊接作业条件恶劣、危险性高、需依赖夹具的生产方式。

1969 年，首台喷涂机器人在挪威投入使用。

1973 年，德国 KUKA 公司研制成功首台电动机驱动的六轴机器人 Famulus。

1973 年，日本日立公司研制成功首台利用动态视觉传感器辅助进行物体搬运的工业机器人，能够识别模具上的螺栓位置，并随模具的同步移动完成螺栓的拧紧/拧松。

1974 年，美国 Cincinnati Milacron 公司开发出首台商用的微机控制工业机器人 T3（The Tomorrow Tool）。

1974 年，日本川崎公司以 Unimate 为基础研制开发了首台弧焊机器人，用于川崎摩托的车身框架制造，同时还在所开发的 Hi – T – Hand 机器人上增加了接触传感与力觉传感功能，通过力反馈控制系统以每秒 1 次的速度实现了约 10 μm 间隙的零件插入操作。

1974 年，瑞典 ASEA 公司（ABB 公司的前身）开发出首台全电力驱动、微处理器控制的 IRB6 型工业机器人，五轴，末端载荷 6 kg，首次采用了 8 bit 微处理器，内存 16 KB，用于不锈钢管的自动上蜡和打磨。

1975 年，Olivetti SIGMA 机器人开发成功，它是直角坐标系工业机器人，属于首批用于组装的工业机器人。

1978 年，德国 REIS 公司开发了首台具有独立控制系统的六轴机器人 RE15，用于进行压铸的加载与卸载。

1978 年，日本山梨大学的 Hiroshi Makino 发明了 SCARA 机器人（Selective Compliance Assembly Robot Arm），为四轴机器人，具有四个运动自由度，分别为 X、Y、Z 方向的平移和绕 Z 轴的旋转自由度。在 X – Y 平面上具有顺应性，Z 方向上具有良好的刚度，适用于装配作业。其类似人类手臂的结构，易于伸展至作业位置并收回。

1978 年，Unimation 公司在通用汽车公司的支持下发明了 PUMA 机器人（Pro – grammable Universal Manipulator for Assembly），并将其用于通用汽车的组装生产线。

1979 年，日本那智不二越株式会社研制出首台电动机驱动的点焊机器人，开始替代传统的液压驱动。

1981 年，美国 PaR Systems 公司推出首台龙门式工业机器人。

1984 年，美国 Adept 公司研制出首台直接驱动的 SCARA 机器人 AdeptOne，省去了中间齿轮或铰链系统，使机器人在连续自动操作下同时具备良好的鲁棒性和高精度。

1985 年，德国 KUKA 公司开发了 Z 型机器人臂，具有三个平移自由度和三个转动自由度，这一造型比传统形式更省空间。

1992 年，瑞士 Demaurex 公司推出首台 Delta 机器人，为三轴并联式机器人，其末端执行器能实现 X、Y、Z 方向的运动，广泛应用于包装作业中。

1992 年，ABB 公司推出了 S4 控制柜，在人机界面友好程度和编程效率上具有突破性的进步。

1998 年，ABB 公司以 Delta 机器人为基础开发了 FlexPicker，能够实现 120 个/min 物体的拾取，达到 10 m/s 的移动速度，并辅以图像处理技术对目标物体进行识别。

1998 年，瑞士 Güdel 公司开发了 RoboLoop 系统，其概念为利用弧形轨道龙门结构和传输系统，实现一个或多个机器人能够在封闭系统内沿轨道循环作业。

1998 年，ABB 公司推出机器人路径离线编程与仿真软件 RobotStudio。

1999 年，ABB 公司推出了将激光束导引装置集成至机器人臂中的技术，RV6L – CO，机器人能够在不增加外部激光导引装置的情况下实现机器人技术与激光加工技术的集成，保证了机器人运动的灵活性和工作空间。

2004 年，日本 Motoman 公司推出了机器人控制系统 NX100，可实现 4 台机器人、多达 38 轴的同步控制。

2006 年，意大利 Comau 公司推出了首款无线示教器 WiTP。

2006 年，德国 KUKA 公司研制出首款轻量机器人，总重仅为 16 kg，末端载荷为 7 kg，具有便携性和低能耗性。

2007 年，日本 Motoman 公司推出了当时速度最快的弧焊机器人 Super Speed Arc SSA2000 和 Super Speed Flexible SSF2000。

2010 年，日本 FANUC 公司研制出首款振动控制学习机器人，能够学习自身的振动特性以达到减振的目的。

2017 年，日本 FANUC 公司与顶尖 AI 公司 PFN 合作，将人工智能应用到了机器人，开发了带有 3D 对象评分功能的 AI 采摘场应用程序，这一基于深度学习的应用程序使 FANUC 机器人装箱系统能够自动学习拾取顺序。

三、焊接机器人及系统特征

焊接也称为熔接、镕接，是一种以加热、高温或者高压的方式接合金属，或其他热塑性材料的制造工艺及技术，主要可以通过以下 3 种途径达成材料接合的目的。

（1）压焊：在焊接过程中必须对焊件施加压力，适用于各种金属材料和部分非金属材料的加工。

（2）钎焊：采用比工件母材熔点低的金属材料作为钎料，利用液态钎料润湿母材，填充接头间隙，并与母材互相扩散实现工件的接合，适合于各种材料的焊接加工，也适合于不同金属或异类材料的焊接加工。

（3）熔化焊：通过熔化母材和填充料，冷却后实现材料间连接的方法。熔化焊接的能量来源种类繁多，有气体火焰、电弧、激光、电子束、摩擦和超声波等。本章以金属材料的主要焊接工艺形式——机器人弧焊和点焊作为焊接机器人系统的教学对象，阐述焊接机器人系统中的工业机器人、焊接电源和焊接外围设备的功能和维护保养方法。

1. 焊接机器人系统的分类

焊接机器人系统是指从事焊接（含切割与喷涂）工作，由工业机器人、焊接电源、焊枪或焊钳、送丝机，以及变位机、气源、除尘器和安全护栏等组成，可完成规定焊接动作、获得合格焊接构件的系统。国际标准化组织（ISO）将焊接机器人定义为一种多用途的、可重复编程的自动控制操作机，具有三个或更多可编程的轴，在机器人的最后一个轴的机械接口安装有焊钳或焊（割）枪，能够进行焊接、切割或热喷涂的工业自动化系统。焊接工业机器人系统主要有以下两种组成形式。

1）焊接工作站（单元）

焊接机器人与焊接电源和外围设备组成可以独立工作的单元，称之为焊接工作站或焊接机器人单元，如图1-7所示。如果工件在整个焊接过程中无须改变位置（变位），一般采用夹具将工件直接定位在工作台面上，这是最简单的焊接单元。在实际生产中，大多数工件在焊接过程需要通过变位，使焊缝处在较好的位置（姿态）下进行焊接。需要配置用于改变工件位置的设备（变位机）与工业机器人协调运动才能实现，这是焊接工作站的常规组成。

图1-7 焊接工作站

为保证焊缝在较好的姿态下进行焊接，可以采用在变位机完成工件变位后，由工业机器人带动焊枪移动进行焊接；也可以在变位机进行变位的同时，工业机器人进行轨迹移动完成焊接。通过变位机的运动及机器人运动的复合，使焊枪相对于工件的运动既能满足焊缝轨迹，又能满足焊接速度及焊枪姿态的要求。

2）焊接生产线

焊接机器人生产线比较简单的集成方法，是把多台工作站（单元）用工件输送线连接起来组成一条生产线，如图1-8所示。这种生产线仍然保持了单个工作站的特点，每个站只能用选定的工件夹具及焊接机器人的程序来焊接预定的工件，在更改夹具及程序之前的一段时间内，这条生产线不能用于其他工件的焊接。

焊接柔性生产线也是由多个工作站组成，不同的是被焊工件均装夹在统一的治具上，而治具可以与线上任何一个站的变位机相配合并被自动夹紧。在焊接柔性生产线上，首先需要完成治具编号或工件的识别，自动调出焊接该工件指定工序的焊接程序，控制焊接机器人进行焊接。可以在每一个工作站无须做任何调整的情况下，焊接不同的工件。焊接柔性生产线一般配备有移动小车，可以自动将点固好的工件从存放工位取出，送到空闲的焊接机器人工作站；也可以从焊接机器人工作站上把完成焊接的工件取下，送到成品件流出位置。

工厂具体选用何种形式的焊接工业机器人系统，应当根据实际情况选择。焊接专机适合批量大、改型慢的产品，而且工件的焊缝数量较少、较长，形状规矩（直线、圆形）的情况；焊接机器人工作站一般适合中、小批量生产，被焊工件的焊缝可以短而多，形状较复杂；焊接柔性生产线则适用于产品品种多，每批数量又很少的情况。在大力推广智能制造和无人制造的情况下，柔性焊接机器人生产线将是未来的主要发展形式。

图1-8　焊接生产线

3）弧焊机器人

弧焊工艺已在诸多行业中得到普及，弧焊机器人在通用机械、造船等许多行业中得到广泛运用。弧焊机器人是包括各种电弧焊附属装置在内的柔性焊接系统，因而对其性能有着特殊的要求，如图1-9所示。

在弧焊作业中，焊枪尖端应沿着预定的焊道轨迹运动，并不断填充金属形成焊缝。因此运动过程中速度的平稳性和重复定位精度是两项重要指标。一般情况下，焊接速度取30～300 cm/min，轨迹重复定位精度为±（0.2～0.5）mm。工业机器人其他一些基本性能要求如下：

（1）与焊机进行通信的功能。

（2）设定焊接条件（焊接电流、焊接电压、焊接速度等），引弧、熄弧焊接条件设置，断弧检测及搭接等功能。

（3）摆动功能和摆焊参数设置。

（4）坡口填充功能。

（5）焊接异常检测功能。

（6）焊接传感器（起始焊点检出及焊缝跟踪）的接口功能。

（7）与计算机及网络接口功能。

图 1 - 9　弧焊机器人

4）点焊机器人

汽车工业是点焊机器人系统的主要应用领域，在装配每台汽车车体、车身时，大约60%的焊点是由机器人完成。点焊机器人最初只用于在已拼接好的工件上增加焊点，后来为了保证拼接精度，又需要机器人完成定位焊接作业，逐渐被要求有更好的作业性能，主要有：

（1）与点焊机的接口通信功能。

（2）工作空间大。

（3）点焊速度与生产线速度相匹配，快速完成小节距的多点定位（每 0.3 ~ 0.4 s 移动 30 ~ 50 mm，且准确定位）。

（4）夹持质量大（50 ~ 100 kg），以便携带内装变压器的焊枪。

（5）定位准确，精度约 ± 0.25 mm，以确保焊接质量。

（6）内存容量大，示教简单。

（7）离线编程接口功能。

点焊机器人如图 1 - 10 所示。

图 1 - 10　点焊机器人

2. 焊接机器人及系统特征

焊接机器人通常由三大部分和六个子系统组成，其中三大部分是：机械本体、传感器部分和控制部分；六个子系统是：驱动系统、机械结构系统、感知系统、机器人－环境交互系统、人机交互系统以及控制系统。

机械本体部分根据机构类型的不同可分为直角坐标型、圆柱坐标型、极坐标型、垂直关节型、水平关节型等多种形式。出于对焊接作业灵活性、高效性等要求的考虑，焊接机器人多为关节型机器人，在关节处安装作为执行器的直流（伺服）电动机，驱动机器人各关节的转动。

焊接机器人通常采用的传感器主要包括非接触式的视觉传感器与接触式的触觉传感器和力传感器。此外，用于焊接过程传感的电弧传感器、声信号传感器、光谱传感器等也受到焊接机器人研发人员的关注。

控制部分由中央处理控制单元、机器人运动路径记忆单元、伺服控制单元等组成，控制系统由中央处理器接收运动路径的指令和传感器信息，通过各关节坐标系之间坐标变换关系将指令值传送到各轴，各轴对应的伺服机构对各轴运动进行控制，使末端执行器根据控制目标进行运行。焊接机器人控制系统的工作原理如图 1－11 所示。

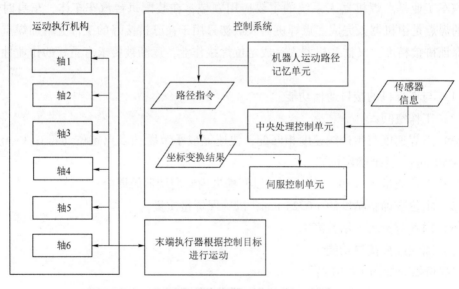

图 1－11　焊接机器人控制系统的工作原理

焊接机器人设备分为机器人系统和焊接机辅具，机器人系统包括：机器人本体、控制柜、示教器以及控制线缆；焊接机辅具包括：焊机（或切割机），送丝系统（焊丝盘及支架、送丝机及支架、同轴电缆、送丝管和焊枪或切割枪）。各类品牌的焊接机器人的基本构成基本一致，如图 1－12 所示。

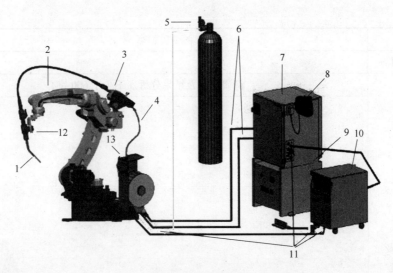

图 1-12 焊接机器人设备的基本构成

1—焊枪；2—机器人本体；3—送丝机；4—后送丝管；5—气体流量计；6—机器人连接电缆；
7—机器人控制柜；8—示教器；9—变压器；10—焊接电源；11—电缆单元；12—安全支架；13—焊丝盘架

【任务实施】

以小组为单位，国内外对焊接机器人技术进行调研。

班级		组名	
调研题目			
	小组成员分工		
调研过程及调研结果	调研背景陈述、调研意义（不少于200字）		

班级		组名	
调研题目			
调研过程及 调研结果	调研结果及结果分析（不少于 600 字）		
	调研报告小结（不少于 200 字）		

 任务 1-2 　几种常见的焊接机器人

 任务引入

同学们，在掌握了焊接机器人一般组成及其系统特征之后，怎样选择合适的焊接机器人及焊接机器人系统呢？按照"1＋X"《特殊焊接技术职业技能等级标准》中级职业技能等级要求，了解几种技术水平处于领先地位的焊接机器人的结构、系统特点，为后期焊接机器人的选择做好知识储备。

任务描述

本任务讲述几种技术水平处于领先地位的焊接机器人：ABB 的 IRB1410 和 IRB6640、KUKA 的 KR5 arc 和 KR210、Motoman 的 MA1400 和 ES165D、FANUC 的 M10iA 和 R2000iB 的结构与系统特点，通过本节学习，利用思维导图对上述焊接机器人的结构、系统特点进行绘制。

● 知识目标

了解几种常见焊接机器人的结构及系统特点。

● 技能目标

能利用思维导图对几种常见焊接机器人的结构特点进行绘制。

相关知识

目前，国内外使用量较多的机器人品牌主要有：瑞典 ABB、德国 KUKA（库卡）、日本 YASKAWA（安川）、日本 FANUC（发那科）、日本 OTC、日本 Panasonic（松下）、德国 CLOOS、奥地利 IGM、日本 Nachi（不二越）、日本 ARCMAN（神户制钢）、日本 Kawasaki（川崎）、韩国 Hyundai（现代）、瑞士 Stäubli（史陶比尔）和意大利 Comau（柯马）等，其中 ABB、KUKA、YASKAWA（机器人名称：Moto－man）、FANUC 属于大型机器人公司，不论是销售数量、机器人种类和技术水平皆处于领先地位，除了提供点焊机器人和弧焊机器人之外，同时还可提供搬运、装配、加工、涂胶、涂装、铸造、冲压等类型机器人，以机器人抓重（负载能力）为例，包括 3 ~ 1 000 kg 全系列产品；OTC、Panasonic、CLOOS、IGM 等公司主要提供弧焊机器人，一般抓重均在 20 kg 以内；Nachi 主要提供点焊和搬运机器人；瑞士 Stäubli 机器人被认为是目前精度最高机器人，重复定位精度可达到 0.01 mm。

一、ABB 机器人

ABB 于 1969 年售出全球第一台喷涂机器人，稍后于 1974 年发明了世界上第一台工业电动机器人，并拥有当今最多种类、最全面的机器人产品、技术和服务。ABB 机器人早在 1994 年就进入了中国市场。经过二十多年的发展，在中国，ABB 先进的机器人自动化解决方案和包括白车身、冲压自动化、动力总成和涂装自动化在内的四大系统正为各大汽车整车厂和零部件供应商以及消费品、铸造、塑料和金属加工工业提供全面完善的服务。

1. 机器人本体构造及技术参数

1）弧焊机器人

ABB 弧焊机器人种类较多，主要有：IRB1410、IRB1520、IRB1600、IRB16001D 和 IRB2600 等型号，其中，IRB1520 和 IRB1600ID 为空中手腕型，以应用量较大的 IRB1410 为例：

（1）机械手是由 6 个转轴组成的空间六杆开链机构，理论上可达到运动范围内的任何一点。

（2）每个转轴均带有一个齿轮箱，机械手定位精度（综合）达 ±0.05 mm。

（3）6 个转轴均由 AC 伺服电动机驱动，每个电动机均由编码器与制动装置组成。

（4）机械手带有串口测量板（SMB），使用电池保存电动机数据。

（5）机械手带有手动送闸按钮，维修时使用，非正常使用会造成设备或人员伤害。

（6）机械手带有平衡气缸或弹簧。

（7）选择机器人时首先考虑机器人的最大承载能力，IRB1410机器人手腕的最大承载能力为6 kg。

IRB1410机器人本体及动作区域分别如图1-13和图1-14所示。

图1-13　IRB1410机器人本体

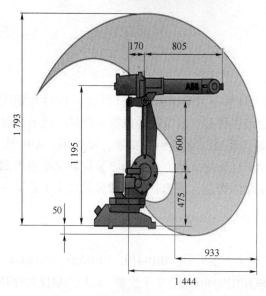

图1-14　IRB1410机器人动作区域

2）点焊机器人

ABB点焊机器人主要有：IRB6600和IRB7600系列等，以应用较多的IRB6640-180/2.55为例：

（1）IRB6640灵活适应各类应用，加长的上臂结合多种手腕模块显著增强了IRB6640

对各种工艺过程的适应能力。

（2）可向后弯曲到底，大大扩展了工作范围，极适合在密集的生产线上作业，典型的应用领域包括物料搬运、上下料和点焊。

（3）荷重更大，质量更轻，IRB6640 很大的优势之一是提高了荷重能力，IRB6640ID 的有效荷重从 185 kg 增加到 200 kg，满足承重要求的点焊应用。

（4）优异的惯性曲线特性，可以处理重型甚至宽型部件。

（5）IRB6640 新增了多项特性，如叉车叉槽结构简化、机器人底脚空间扩大等，方便安装维护。

（6）IRB6640 融合第二代 TureMoveTM 和 QuickMoveTM 技术，运动精度更高，进一步缩短编程时间、优化工艺效果。

（7）电焊工艺线缆内嵌于机器人上臂，增强机器人动作的可控性。

IRB6640 机器人本体及动作区域分别如图 1 – 15 和图 1 – 16 所示。

图 1 – 15　IRB6640 机器人本体

IRB 6640-205/2.75, IRB 6640ID-170/2.75

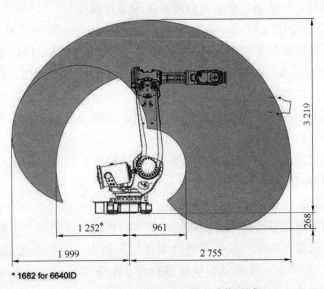

3 219

268

1 252*

961

1 999

2 755

* 1682 for 6640ID

图 1 – 16　IRB6640 机器人动作区域

2. 机器人控制系统

目前，ABB 焊接机器人控制系统主要是 IRC5 系统。

系统就是控制柜上运行的软件由连接在计算机的机器人的特定 RobotWare 部分、配置文件和 RAPID 程序组成。首先了解一下空系统与荷载系统和已存储系统的概念。

（1）空系统（RobotWare）：一个只包含部分和默认配置的系统称为空系统。进行机器人或者特定过程配置之后，就定义了 VO 信号或者创建了 RAPID 程序（ABB 机器人应用程序），系统不再为空。

（2）荷载系统和已存储系统：荷载系统指启动后将在控制柜上运行的系统。控制柜只能荷载一个系统，但是控制柜硬盘或者计算机网络任何盘上都可以存储其他系统。

无论是在真实控制柜还是虚拟控制柜中荷载系统时，通常都会编辑其内容，如 RAPID 程序和配置。对于已存储的系统，可以使用 RobotStudio 软件中的 SystemBuilder（系统编辑功能菜单）进行变更，比如添加和删除选项以及替换整个配置文件等。

1）IRC5 控制柜

IRC5 控制柜用于安装 IRC5 系统需要的各种控制单元，并进行数据处理、储存及执行程序等，它是机器人系统的大脑。控制柜分控制模块和驱动模块。若系统中含多台机器人，需要 1 个控制模块及对应数量的驱动模块（现在单机器人系统一般使用整合型单柜控制柜）。一个系统最多包含 36 个驱动单元（最多 4 台机器人），一个驱动模块最多包含 9 个驱动单元，可处理 6 个内轴及 2 个普通轴或附加轴（取决于机器人型号）。

2）控制软件系统

（1）控制柜附带 USB 接口及网线接口，程序文件可自由存储、加载。

（2）机器人程序为文本格式，方便在电脑上编辑。

（3）轨迹转角处运动速度恒定。控制系统具有屏蔽性能，不受高频信号干扰。

（4）随机附带 RobotStudio 软件，可进行 3D 运行模拟及联机功能（复制文件、编写程序、设置系统、观察 I/O 状态、备份及恢复系统等多种操作）。

（5）与外部设备连接支持 DeviceNet、ProfiBus、InterBus 等多种通用工业总线接口，也可通过标准输入输出接口实现与各种品牌焊接电源、切割电源、PLC 等的通信。

（6）可自由设定起弧、加热、焊接、收弧段的电流、电压、速度、摆动等参数，可自行设置实现双丝焊接的参数控制。

（7）提供摆焊设置功能，自由设定摆幅、频率、摆高、摆动角度等参数，可实现偏心摆动等各种复杂摆动轨迹。

（8）配合 SmarTAC（智能寻位）及 AWC（电弧跟踪）功能可实现对复杂焊缝的初始定位，及焊接过程中的路径自动修正。

3）伺服驱动系统

控制柜分控制模块和驱动模块，如系统中含多台机器人，需要 1 个控制模块及对应数量的驱动模块。单机器人系统一般使用整合型单柜控制柜。一个系统最多包含 36 个驱动单元（最多 4 台机器人），一个驱动模块最多包含 9 个驱动单元，可处理 6 个内轴及 2 个普通轴或附加轴（取决于机器人型号）。

二、KUKA 机器人

库卡可以提供负载量从 3 ~1 000 kg 的标准工业 6 轴机器人以及一些特殊应用机器人，机械臂工作半径为 635 ~3 900 mm，全部由一个基于工业 PC 平台的控制柜控制，操作系统采用 Windows XP 系统。库卡机器人广泛应用在仪器仪表、汽车、航天、消费产品、物流、食品、制药、医学、铸造、塑料等工业，主要应用于材料处理、机床装料、装配、包装、堆垛、焊接、表面修整等领域。

1. 机器人本体构造及技术参数

1）弧焊机器人

KUKA 弧焊机器人种类较多，主要有：KR5 arc、KR16 arc 等型号，以应用量较大的 KR5 arc 为例：

（1）机器人抓重 5 kg，运动半径 1 423 mm。

（2）重复定位精度高达 0.04 mm。

（3）空中手腕关节型结构，机构坚固可靠，制造精良，运动范围大，稳定性高。

（4）恶劣的环境下也能正常工作，使用寿命可达 15 年，平均事故间隔时间长达 7 万小时。

（5）通过采用已有标准实现快速和简捷的操作。

（6）安全控制、机器人控制、逻辑控制、运动控制和工艺流程控制集成于一套控制系统中。

（7）适用于碳钢、不锈钢、铝合金等金属材料，可用于薄板焊接，极小的飞溅，完美的成型，节约焊材和辅材 8% ~15% 。

KR5 arc 机器人本体及动作区域分别如图 1 –17 和图 1 –18 所示。

图 1 –17　KR5 arc 机器人本体

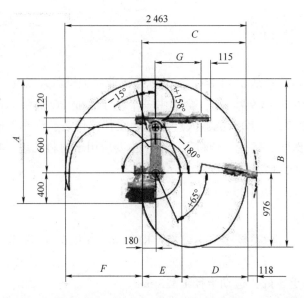

图 1 – 18　KR5 arc 机器人动作区域

2）点焊机器人

KUKA 点焊机器人主要有：KR210、KR180、KR160 等型号，以应用量较大的 KR210 为例：

（1）机器人抓重 210 kg，运动半径 2 696 mm。

（2）重复定位精度高达 0.06 mm。

（3）空中手腕关节型结构，机构坚固可靠，刚性高，运动范围大，稳定性高。

（4）恶劣的环境下也能正常工作，使用寿命可达 12 年，平均事故间隔时间长达 6 万小时。

（5）六轴协作，增加了焊接的灵活性。

（6）控制系统模块化的结构还能使其按照客户的需求在硬件和软件方面实现多种扩展。

（7）降低运动部件的质量，在精度、性能、能耗方面优于同类产品。

KR210 机器人本体及动作区域分别如图 1 – 19 和图 1 – 20 所示。

图 1 – 19　KR210 机器人本体

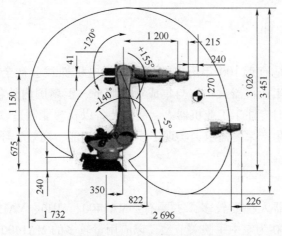

图 1-20 KR210 机器人动作区域

2. 机器人控制柜

KUKA 机器人采用了 KRC4 控制系统，如图 1-21 所示，适合于从低载重级至高载重级的所有 KUKA 机器人的统一控制方案，能够提供计划安全性和一致性，其"一插即通"的功能还能帮助机器人快速投入运行。

KRC4 采用模块化设计，具有结构紧凑、运动控制技术先进、支持多种通信方式、支持多机器人协调等特点。KRC4 控制柜开放性很好，能使其按照客户的需求在硬件和软件方面实现多种扩展，是目前 PC 化程度最高的一款控制柜，操作系统与 Windows 几乎完全相同。机器人示教器除设置急停等少量按钮外，采用全触屏操作和彩色显示，机器人运动采用操作杆控制，下面是 KRC4 的功能特点。

（1）机器人控制（轨迹规划）：控制 6 个机器人轴以及最多两个附加的外部轴。

（2）流程控制：符合 IEC61131 标准的集成式 Soft PLC。

（3）基于计算机的控制技术，适合未来发展、无占用硬件的技术平台。

（4）安全控制、机器人控制、逻辑控制、运动控制和工艺流程控制集成于一套控制系统中。

（5）创新网络防火墙，网络更加安全，针对全新应用领域的安全技术。

图 1-21 KUKA 机器人控制柜

三、Motoman 机器人

Motoman 机器人是有近 100 年历史的日本安川电机株式会社全额投资的外商独资企业，公司提供专业的工业机器人销售与集成业务服务，汇聚国内外各大工业机器人厂家、自动化集成商等，同时专注于工业机器人、高端装备以及智能制造领域，支持客户生产线自动化以及其他提高生产率的需求，实现工厂生产的智能、高效、环保和安全。

1. 机器人本体构造及技术参数

1）弧焊机器人

Motoman 弧焊机器人种类较多，主要有：MA1400、MH6、VA1900、HP20D 等型号，其中 MA1400、VA1900 为空中手腕关节型，以应用量较多的 MA1400 为例：

（1）机器人抓重 3 kg，运动半径 1 434 mm，重复定位精度 0.08 mm。

（2）为空中手腕关节型结构，结构轻巧，运动速度快。

（3）可搭载各种伺服焊枪、传感器，可搬质量是原来机型的 2 倍，对应原来必须搭载在大型机中的伺服焊枪和各种传感器的焊接工程。

（4）实现轴合成速度提升 80°/s，对于需要机器人长距离移动的工件或需接近焊接点次数多的工件，可显著提高生产力。

（5）扩大了上臂的中空内径，可增加内置缆线的数量。

（6）焊枪缆线的内置/外置，提供最适合工件或设备的管线包。

MA1400 机器人本体及动作区域分别如图 1 – 22 和图 1 – 23 所示。

图 1 – 22 MA1400 机器人本体

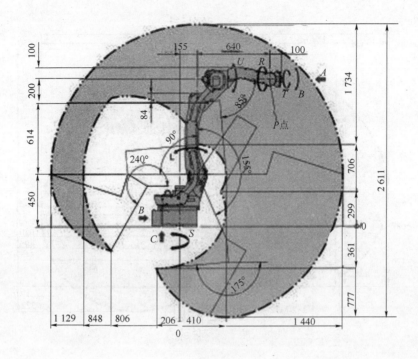

图 1 - 23　MA1400 机器人动作区域

2）点焊机器人

Motoman 点焊机器人种类较多，主要有：ES165D、ES200D、ES240D 等型号，以应用量较多的 ES165D 为例：

（1）机器人抓重 165 kg，运动半径 2 651 mm，重复定位精度 0.02 mm。

（2）为空中手腕关节型结构，结构轻巧，运动速度快。

（3）T 轴与 R 轴手腕回转在 360° 自由转动，扩大了工作范围与灵敏度。

（4）实现轴合成速度提升 80°/s，对于需要机器人长距离移动的工件或需接近焊接点次数多的工件，可显著提高生产力。

（5）扩大了上臂的中空内径，可增加内置缆线的数量。

（6）机械手是由 6 个转轴组成的空间六杆开链机构，理论上可以达到运动范围内任何一点。

（7）每个转轴均由伺服电动机驱动，均有编码器和制动装置，保证安全。

ES165D 机器人本体及动作区域分别如图 1 - 24 和图 1 - 25 所示。

图 1 - 24　ES165D 机器人本体

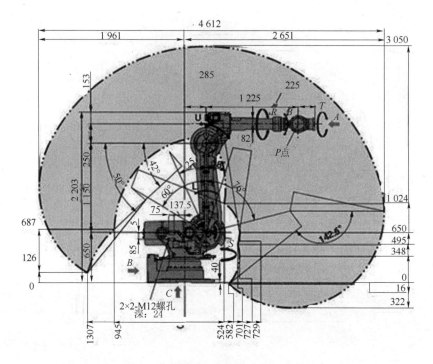

图 1-25　ES165D 机器人动作区域

2. 机器人控制柜

开放性模块化的控制系统体系结构：采用分布式 CPU 计算机结构，分为机器人控制柜（RC）、运动控制柜（MC）、光电隔离 I/O 控制板、传感器处理板和编程示教盒等。机器人控制柜（RC）和编程示教盒通过串口/CAN 总线进行通信。机器人控制柜（RC）的主计算机完成机器人的运动规划、插补和位置伺服以及主控逻辑、数字 I/O、传感器处理等功能，而编程示教盒完成信息的显示和按键的输入。

模块化、层次化的控制柜软件系统：软件系统建立在基于开源的实时多任务操作系统 Linux 上，采用分层和模块化结构设计，以实现软件系统的开放性。整个控制柜软件系统分为三个层次：硬件驱动层、核心层和应用层。三个层次分别面对不同的功能需求，对应不同层次的开发，系统中各个层次内部由若干个功能相对独立的模块组成，这些功能模块相互协作共同实现该层次所提供的功能。

Motoman 机器人控制柜型号为 DX100，如图 1-26 所示。DX100 采用模块化设计，具有结构紧凑、体积小、运动控制技术先进、支持多种通信方式、支持多机器人协调及 6 轴防撞功能等特点。DX100 控制柜开放性一般，所提供的扩展功能及用户或集成商的发挥空间受到一定限制，但操作便捷，是所有机器人中最受用户欢迎的，示教器采用键盘 + 触屏方式和彩色显示，机器人运动采用按键控制。

图 1-26 DX100 机器人控制柜

四、FANUC 机器人

自 1974 年，FANUC 首台机器人问世以来，FANUC 致力于机器人技术上的领先与创新，是世界上唯一一家由机器人来做机器人的公司，是世界上唯一提供集成视觉系统的机器人企业，是世界上唯一一家既提供智能机器人又提供智能机器的公司。FANUC 机器人产品系列多达 240 种，负重从 0.5 kg ~ 1.35 t，广泛应用在装配、搬运、焊接、铸造、喷涂、码垛等不同生产环节，满足客户的不同需求。

1. 机器人本体构造及技术参数

1）弧焊机器人

FANUC 弧焊机器人种类较多，主要有：M10iA、M20iA、M20iB、M20iD 等型号，以应用量较多的 M10iA 为例：

（1）机器人抓重 10 kg，运动半径 1 422 mm，重复定位精度 0.08 mm。

（2）为空中手腕关节型结构，结构轻巧，运动速度快，稳定性好。

（3）可以满足大型工件搬运的具有高容许转动惯量要求的场合。

（4）M10iA 是系列型号产品，可以根据作业范围大小的不同从标准型、短臂型、长臂型中选择合适的机型。

（5）采用具有高刚性的手臂和先进的伺服控制技术，提高了加减速性能，从而缩短了搬运时间，提高了生产效率。

（6）通过和 iRVision（内置视觉功能）或力觉传感器进行配套使用，可以使用各种最新的智能化功能。

M10iA 机器人本体及动作区域分别如图 1-27 和图 1-28 所示。

图 1 – 27　M10iA 机器人本体

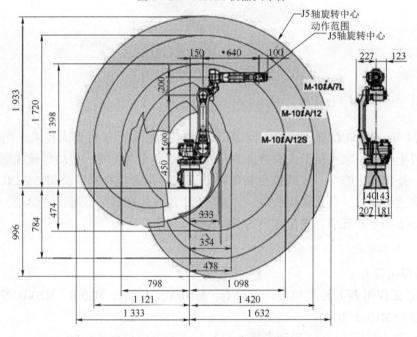

图 1 – 28　M10iA 机器人动作区域

2）点焊机器人

FANUC 点焊机器人种类较多，主要有：R2000iB、R2000iC、R2000iD、M410iB、M410iD、M900iB、M900iD 等型号，以最为经典的 R2000iB/165 为例：

（1）机器人抓重 165 kg，运动半径 2 696 mm，重复定位精度 0.02 mm。

（2）为空中手腕关节型结构，结构轻巧，运动速度快、稳定性高。

（3）实现了机器人机构的轻量化、苗条化。

（4）通过轻量化的手臂和新的控制技术大幅提高了动作性能，从而大幅提高了生产效率。

（5）能够提供以点焊改良电缆手臂为代表的多种多样的可选配置，从而满足用户的各种要求。

（6）通过使用电力再生可选配置及小型化的控制装置，可以实现节能、节约空间。

（7）使用学习机器人功能，如散堆工件拾取功能、力觉传感器功能、视觉传感器功能等各种最新的智能化功能。

R2000iB/165 机器人本体及动作区域分别如图 1-29 和图 1-30 所示。

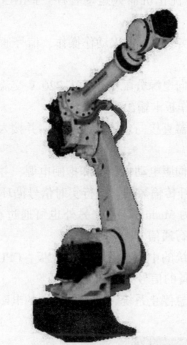

图 1-29　R2000iB/165 机器人本体

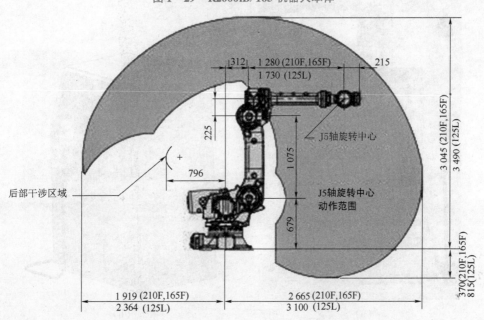

图 1-30　R2000iB/165 机器人动作区域

2. 机器人控制柜

FANUC 机器人控制系统采用 32 位 CPU 控制，以提高机器人运动插补运算和坐标变换的运算速度，同时采用 64 位数字伺服驱动单元同步控制 6 轴运动，运动精度大大提高，最多可以同时控制 21 轴，进一步改善了机器人动态特性。支持离线编程技术，技术人员可通过离线编程软件设置参数，优化机器人运动程序。FANUC 机器人控制柜的型号为 R－30iA，如图 1－31 所示。

控制柜是机器人核心部分，实现对机器人动作操作、信号通信和状态监控等功能，其主要功能如下：

（1）电源供给单元。变压器向电源分配单元输入 220 V 交流电，通过该单元的系统电源分配功能对控制柜内部各个工作板卡输出直流电。

（2）安全保护回路。由变压器直接向急停单元供电，并接入内部各控制板卡形成保护回路，对整个系统进行电路保护。

（3）伺服放大器。不仅提供伺服电动机驱动和抱闸电源，并且与绝对值编码器实现实时数据转换，与主控机间采用光纤传输数据，进行实时信号循环反馈。

（4）输入/输出模块。标配为 Module A/B，另外也可通过在扩展槽安装 Profibus 板、过程控制板与 PLC 及外围设备进行通信。

（5）主控单元。整个控制系统的中枢部分，包括主板、CPU、FROM/SRAM 组件及伺服卡，负责控制柜内部及外围设备的信号处理和交换。

（6）急停电路板。用来对紧急停止系统、伺服放大器的电磁接触器以及预备充电进行控制。

（a）　　　　　　　　　　　　　　　（b）

图 1－31　FANUC 机器人控制柜 R－30iA

（a）内部结构；（b）外观

利用思维导图绘制 4 种品牌焊接机器人（包括弧焊机器人、点焊机器人）的特点。

班级		姓名	
思维 导图			
本章 心得 体会			

【项目练习】

一、填空题

1. 目前在我国应用的焊接机器人主要分_____、_____和国产三种。

2. 现在广泛应用的焊接机器人绝大多数属于第一代工业机器人，它的基本工作原理是_____。操作者手把手教机器人做某些动作，机器人的控制系统以_____的形式将其记忆下来的过程称之为_____；机器人按照示教时记录下来的程序展现这些动作的过程称之为_____。

3. 工业机器人的位置控制主要是实现_____和_____两种。当机器人进行位置控制时，末端执行器既要保证运动的起点和目标点位姿，又要保证机器人能沿所期望的轨迹在一定精度范围内跟踪运动。

4. 点焊机器人的位置控制方式多为_____控制，即仅保证机器人末端执行器运动的起点和目标点位姿，而这两点之间的运动轨迹是不确定的。

二、选择题

1. 工业机器人的基本特征是（　　　）。
①具有特定的机械机构；　②具有一定的通用性；
③具有不同程度的智能；　④具有工作的独立性
A. ①②　　　　　B. ①②③　　　　　C. ①②④　　　　　D. ①②③④

2. 操作机是工业机器人的机械主体，用于完成各种作业任务，主要组成部分包括（　　　）。
①驱动装置；　　②传动单元；　　③控制柜；　　④示教器；　　⑤执行机构
A. ①②　　　　　B. ①②⑤　　　　　C. ①②④　　　　　D. ①②③④

3. 人们常用哪些技术指标来衡量一台工业机器人的性能？（　　　）
①自由度；　　②工作范围；　　③负载；　　④最大工作速度；　　⑤重复定位精度
A. ①②③④⑤　　B. ①②⑤　　　　　C. ①②④　　　　　D. ①②③④

三、判断题

1. 机器人位姿是机器人空间位置和姿态的合称。（　　　）

2. 直角坐标机器人具有结构紧凑、灵活、占地空间小等优点，是目前工业机器人本体大多采用的结构形式。（　　　）

3. 焊接机器人的驱动器布置大都采用一个关节一个驱动器，且多采用伺服电动机驱动。（　　　）

4. 焊接机器人的臂部传动多采用谐波减速器，腕部则采用 RV 减速器。（　　　）

5. 机器人控制柜是人与机器人的交互接口。（　　　）

6. 通常按作业任务可将机器人划分为焊接机器人、搬运机器人、装配机器人、码垛机器人和喷涂机器人等。（　　　）

项目二　松下焊接机器人基本操作

唐山松下焊接机器人是国内广泛使用的进口焊接机器人之一，本项目以唐山松下 TA/B 1400 型焊接机器人为例，按照"1 + X"《特殊焊接技术职业技能等级标准》中级、高级职业技能等级要求，针对机械制造行业，以中联重科混凝土机械分公司典型生产项目为例，面向企业弧焊机器人操作员、弧焊机器人工艺设计员等工作岗位。

本项目主要内容包括：按焊接机器人安全操作规程要求进入机器人工作站，正确连接机器人各组成部分，并检查系统安全性。正确开启机器人系统，熟悉示教器安全键、功能键及操作按钮，能读懂示教器屏幕显示信息。会使用示教器进行字母、数字输入，能熟练切换常用坐标系调整机器人工作位姿。

最新标准：

1. GB 15579. 5—2013《弧焊设备 第 5 部分：送丝装置［S］》
2. GB 15579. 1—2013《弧焊设备 第 1 部分：焊接电源［S］》
3. GB/T 20723—2006《弧焊机器人 通用技术条件［S］》

项目任务

任务 2 – 1　连接焊接机器人系统
任务 2 – 2　认识和使用示教器
任务 2 – 3　手动操作焊接机器人

任务 2 – 1　连接焊接机器人系统

任务引入

通过前序项目的学习，同学们都已对焊接机器人有一定的了解。作为焊接技术与自动化专业学生，按照"1 + X"《特殊焊接技术职业技能等级标准》中级职业技能等级要求，要能够正确操作焊接机器人进行自动化焊接工作，首先必须熟悉本焊接机器人实训场的焊接机器人系统。

任务描述

本任务在焊接机器人实训场进行，以唐山松下 TA/B1400 型焊接机器人为例，讲解其弧焊机器人系统组成，各组成单元安装固定过程、电源、通信电缆连接方法、供气系统检查方法、开/关机方法以及更换焊丝的方法。

本任务使用工具和设备如表 2-1 所示。

表 2-1　本任务使用工具和设备

名　称	型　号	数　量
机器人本体	TA/B 1400	1 台
焊接电源	松下 YD-35GR W 型	1 个
控制柜（含变压器）	GⅢ型	1 个
示教器	AUR01060 型	1 个
保护气瓶	80% Ar + 20% CO_2	1 瓶
减压器与流量计	自定	1 套
焊丝盘	250 盘	1 盘
电讯工具套装	自定	1 套
摇表	自定	1 只
活动扳手	300 mm	1 把
劳保用品	帆布工作服、工作鞋	1 套

学习目标

● 知识目标
1. 熟悉松下 TA/B 1400 型机器人系统各组成部分的功能。
2. 了解松下 TA/B 1400 型机器人各单元连接方法。
3. 掌握机器人弧焊焊前准备工作。
● 技能目标
1. 能进行机器人系统的电源、周边设备、气和焊接材料的检查。
2. 能正确开启和关闭 TA/B 1400 型机器人系统。
3. 能对 TA/B 1400 型焊接机器人焊丝进行更换。

相关知识

一、松下焊接机器人硬件

松下焊接机器人硬件由机器人本体、控制柜、示教器等组成，如图 2-1 所示。

1. 机器人本体

以唐山松下 TA/B 1400 机器人为例进行说明，机器人本体和主要规格参数如图 2-2 所示。TA/TB 代表 TA/TB 系列机器人本体，1400 代表工作半径。TA 与 TB 系列机器人本体最大的区别在于，TA 系列指的是电缆（通常指焊枪电缆）悬在机器人手臂外面的机器

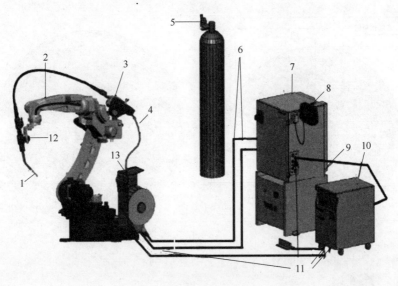

图 2-1 焊接机器人标准配置示意图

1—焊枪；2—机器人本体；3—送丝机；4—后送丝管；5—气体流量计；6—机器人连接电缆；
7—机器人控制柜；8—示教器；9—变压器；10—焊接电源；11—电缆单元；12—安全支架；13—焊丝盘架

人，即焊枪电缆外置式机器人；TB 系列指的是电缆（通常指焊枪电缆）从机器人手臂中穿过的机器人，即焊枪电缆内置式机器人，TB 系列机器人由于焊枪电缆内置在机器人手臂中，运行时不会和工件、夹具等发生干涉、缠绕。

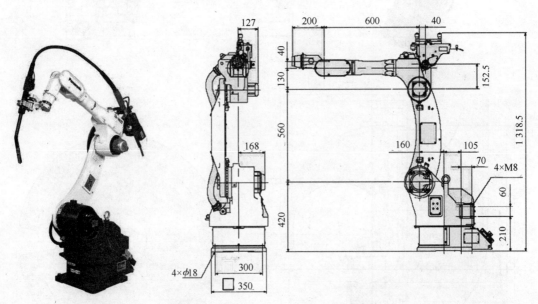

图 2-2 唐山松下 TA/B1400 机器人本体

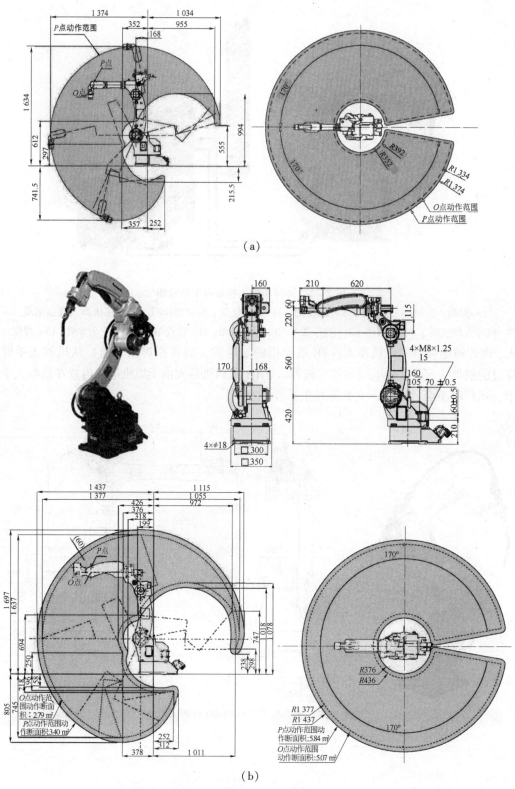

图 2-2　唐山松下 TA/B 1400 机器人本体（续）

(a) TA1400 型；(b) TB1400 型

唐山松下 TA/B 1400 机器人本体技术参数如表 2-2 所示。

表 2-2 唐山松下 TA/B 1400 机器人本体技术参数

松下机器人参数				TA1400 系列	TB1400 系列
最大持重/kg				6	4
类型				电缆外置型	电缆内藏型
轴数				6 轴	6 轴
重复定位精度				±0.1 mm 以内	±0.1 mm 以内
轴运动范围	基本轴	旋转（RT 轴）	正面基准	±170°	±170°
		抬臂（UA 轴）	垂直基准	−90°～+155°	−90°～+155°
		前伸（FA 轴）	水平基准	−165°～+185°	−190°～+180°
			上臂基准	−80°～+90°	−85°～+100°
	手腕轴	转动（RW 轴）		±270°	±150°
		弯曲（BW 轴）	前臂基准	−150°～+90°	−135°～+95°
		扭转（TW 轴）		±400°	±200°
瞬时最大速度	基本轴	旋转（RT 轴）		170°/s	170°/s
		抬臂（UA 轴）		190°/s	170°/s
		前伸（FA 轴）		190°/s	170°/s
	手腕轴	转动（RW 轴）		370°/s	340°/s
		弯曲（BW 轴）		375°/s	375°/s
		扭转（TW 轴）		600°/s	600°/s
最远到达距离				1 374 mm	1 437 mm
最近到达距离				352 mm	376 mm
前后动作范围				1 022 mm	1 061 mm
防护等级				IP40	IP42
电动机	总驱动功率			2 800 W	3 000 W
	制动器规格			全部轴带自动器	
安装姿态				地面、天吊	
机器人本体质量				约 161 kg	约 171 kg

2. 机器人控制柜

唐山松下 TA/B 1400 机器人配套 GⅢ型控制柜，如图 2-3 所示。通常国内需对控制柜配备变压器使用。

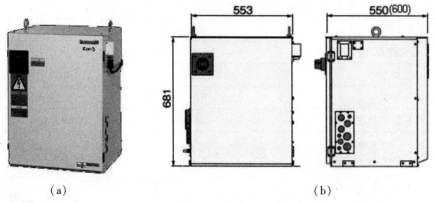

(a)   (b)

图2-3 GⅢ型控制柜及其主要参数图

GⅢ型控制柜技术规格如表2-3所示。

表2-3 GⅢ型控制柜技术规格

基本参数	技术规格
外形尺寸/mm	553（宽）×550（长）×681（高）
本体质量/kg（不含示教器及连接电缆）	60
外壳防护等级	相当于IP32
接地	必须进行保护接地（PE）
冷却方式	间接风冷（内部循环方式）
存储容量	标准40 000点（可无限扩容）
控制轴数	同时6轴（最多27轴）
外部控制轴数	内置外部轴控制柜：3轴（单轴最大功率2 kW）外置外部轴控制柜：6轴（全轴最大总功率20 kW）
编程方式	示教再现式
位置控制方式	软件伺服控制
速度控制方式	线速度固定控制（CP控制时）
输入电源	3相AC 220 V±20 V、3 kV·A、50/60 Hz通用
输入输出信号	专用信号：输入6/输出8；通用信号：输入40/输出40；最大输入输出信号（选配）：输入2 048/输出2 048
适用焊接电源	CO_2/MAG：350/500GR；脉冲MAG/MIG：350/500GL/GS；铝脉冲MIG：350/500GP；TIG：400TX；300BP；等离子切割：80/100PF

基本参数		技术规格
速度范围	示教时	最高速度控制在安全速度范围内（0.01~15 m/min） （出厂设定：15 m/min）
	再现时	0.01~180 m/min（直接输入数值）

GⅢ系列机器人控制柜性能优越，开机的启动速度30 s，文件打开时间和处理时间短，多机构协调控制能力较高，插补时间为8 ms，控制柜负载能力最大可搭载3×2 kW外部轴控制柜，采用USB接口进行扩展，同时配置联网接口，实施焊接管理功能，加减速控制和轨迹精度高。

3. 机器人示教器

项目使用AUR01060型示教器，如图2-4所示。

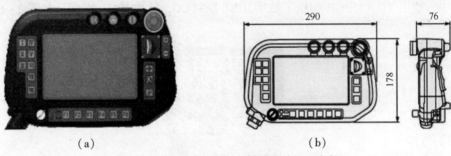

（a）　　　　　　　　　　　　　（b）

图2-4　AUR01060型示教器及其主要参数

（a）实物；（b）主要参数

AUR01060型示教器主要技术规格如表2-4所示。

表2-4　AUR01060型示教器主要技术规格

项目	规格
保护等级	相当于IP42
显示位置	7英寸[①]TFT彩色液晶显示器
TP上的存储器	IC存储器
SD存储卡插槽	1插槽
USB2.0端口	2（Hi-Speed未对应）总线供电150 mA
DEADMAN开关	3多动作型
紧急停止开关	1（机械式保持型）
连接电缆	10 m（专用电缆、接口连接）
质量	988.5 g（不含线缆）

---

① 1英寸=2.54厘米。

在 AUR01060 型示教器下方标配了两个 USB 接口和 1 个 SD 卡插槽供数据扩展使用，如图 2 – 5 所示。

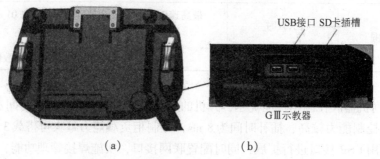

（a）　　　　　　　　　　（b）

图 2 – 5　示教器 USB 接口和 SD 卡插槽

4. 机器人焊接电源

TA/B 系列机器人可以同全数字 CO_2/MAG、脉冲 MIG、TIG 等各种焊接电源配合。在本项目中，使用 YD – 350GR 型松下数字 IGBT 控制 CO_2/脉冲 MAG/电源，如图 2 – 6 所示。

图 2 – 6　YD – 350GR 型松下焊接电源

YD – 350GR 型松下焊接电源技术规格如表 2 – 5 所示。

表 2 – 5　YD – 350GR 型松下焊接电源技术规格

控制方式	单位	数字控制 IGBT 逆变
额定输入电压—相数	—	AC 380 V 3 相
输入电源频率	Hz	50/60
额定输入容量	(kV·A) /kW	14.5/14
额定输出电流	A	350
额定输出电压	V	31.5
额定负载持续率	%	60
额定输出空载电压	V	70
输出电流范围	A	30~430（电阻负载输出能力）
输出电压范围	V	12~35.5（电阻负载输出能力）
收弧电流范围	A	30~430（电阻负载输出能力）
收弧电压范围	V	12~35.5（电阻负载输出能力）

控制方式	单位	数字控制 IGBT 逆变
焊接方法	—	个别/一元化
外壳防护等级	—	IP21S
绝缘等级	—	H
冷却方式	—	强制风冷
适用焊丝类型	—	实心/药芯
适用焊丝直径	mm	实心 0.8/0.9/1.0/1.2
	mm	药芯碳钢 1.2，药芯不锈钢 0.9/1.2
适用焊丝材料	—	碳钢（MS）
	—	不锈钢 – 药芯（MS – FCW）（仅适用于 1.2 mm）
	—	不锈钢（SUS）
	—	不锈钢 – 药芯（SUS – FCW）用 MIG/MAG（仅适用于 1.2 mm）
	—	不锈钢 – 药芯（SUS – FCW）用 CO_2（仅适用于 0.9 mm、1.2 mm）
存储器	—	9 通道焊接规范存储、调用
波形控制方式	—	数字控制：–7～7
时序	—	①焊接；②焊接 – 收弧；③初期 – 焊接 – 收弧；④电弧点焊
保护气体	—	CO_2 焊接（CO_2：100%）MAG 焊接（Ar：80% + CO_2：20%）MIG 焊接（Ar：98% + O_2：2%）
气体检查时间	s	最长检气时间 60
提前送气时间	s	0～5.0 连续调节（0.1 s 递增）
滞后停气时间	s	0～5.0 连续调节（0.1 s 递增）
点焊时间	s	0.3～10.0 连续调节
外形尺寸	mm	380（宽）×510（长）×600（高）
质量	kg	50

YD – 350GR 型松下焊接电源采用 LED 数字显示，触摸键操作，使用直观方便，送丝装置使用闭环反馈控制，使得送丝速度稳定，此外可以存储、调用 9 种焊接规范，适用于初学者进行焊接学习。这一型号最大的特点是焊机通过全数字控制，从小电流领域到大电流，都能对电流状态进行极其精细的控制，实现持续稳定的焊接，松下独有的短路初期抑制技术，通过短路过渡的优化，可随意控制双面成形效果。

5. 机器人焊枪

使用 YT-CAT353 型 MAG 焊枪为机器人专用焊枪，具有分解方便、枪身强度高、焊枪电缆耐用等特点。焊枪如图 2-7 所示。

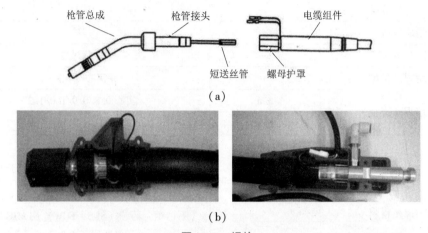

图 2-7 焊枪

（a）焊枪示意图；（b）焊枪实物图

机器人焊枪技术规格如表 2-6 所示。

表 2-6 机器人焊枪技术规格

基本参数		技术规格
额定焊接电流		350 A
额定负载持续率	CO_2	100%（350 A - 80%）
	Ar + CO_2	60%（350 A - 50%）
	脉冲 MAG	30%（350A - 20%）
适用焊丝		实心焊丝、药芯焊丝
适用焊丝直径		（ϕ1.0 mm），ϕ1.2 mm，（ϕ1.4 mm）
执行标准		GB/T 1557.9—2005
额定电压		DC 113 V
控制回路电压		DC 42 V 以下
适用气体		CO_2、CO_2 + Ar
导向方向		机械/机器人专用
冷却方式		空冷
电缆长度		1.6m
质量（含电缆）		2.5 kg
枪管形状	R	64 mm
	θ	31°
	L	127.5 mm
连接方式		与松下 cc 导嘴连接

二、松下焊接机器人系统

松下焊接机器人由操作机构、控制系统、驱动系统、示教系统、焊接专用设备组成。

1. 操作机构

操作机构具有与人手相似的动作功能，可在空中抓放物体或执行其他操作，通常包括以下部件。手部，又称抓取机构或夹持器，用于直接抓取试件或工具。手部还可安装一些专用工具，如焊枪、喷枪、电钻、拧紧器等。腕部，连接手部和手臂的部件，用以调整手部的姿态和方位。手臂，支撑手部和腕部的部件，由动力关节和连杆组成，用以承受试件或工具的负荷，改变试件或工具的空间位置并到达指定地点。机身，基础部件，起支撑和连接作用。

2. 控制系统

控制系统是机器人的神经中枢，它由计算机硬件、软件和一些专用电路构成，其软件包括控制柜系统软件，机器人专用语言，机器人运动学、动力学软件，机器人控制软件，机器人自诊断、自保护功能软件等，它处理机器人工作过程中的全部信息和控制其全部动作。控制部分主要任务是控制机器人的动作，保证动作与焊接参数相协调及示教时完成程序编制。

3. 驱动系统

驱动系统是机器人运动的动力源，它按照控制系统发来的控制指令，驱动操作机构进行动作，操作机构带动焊枪或焊钳运动。实际上，焊接机器人本体是一个紧固在底座上 6 自由度的操作机。操作机由独立关节组成，每个关节都装有各自的驱动、动力、信息传达装置。

4. 示教系统

示教系统是机器人与人的交互接口，在示教过程中它将控制机器人的全部动作，并将其全部信息送入控制柜的存储器中，它实质上是一个专用的智能终端。GⅢ系统由人通过示教器操纵机器人进行示教与编程。

5. 焊接专用设备

焊接专用设备包括焊接电源、送丝机构、焊枪、变位机、冷却系统等，这些专用设备与机器人控制系统保持同步联系。机器开始焊接时，焊接电源收到一个启动信号，同时也开始按预置的焊接参数工作。机器人运动到需要改变焊接参数的位置时，控制系统发出信号，焊接电源接收到此控制信号后按设定的方式调整规范参数。

一、设备电线、电缆连接检查

松下 TA/B 1400 型机器人电线、电缆连接如表 2 – 7 所示。

表 2-7 松下 TA/B 1400 型机器人电线、电缆连接

操作步骤	操作方法	图示	补充说明
检查焊接电源连接	①检查焊接电源输入端、接地端与机器人端连接情况。②检查焊接电源输出端与母材、焊枪连接情况	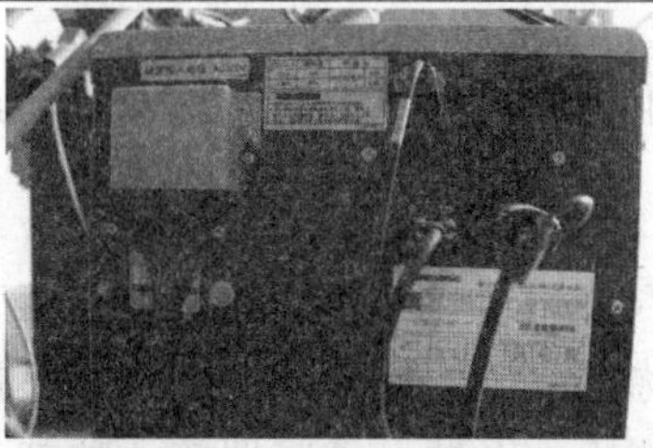 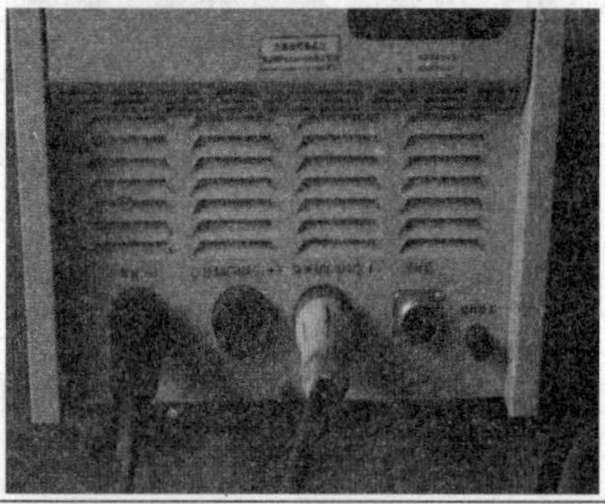	焊接电源输出采用直流反接,即焊枪接焊接电源输出端的阳极,试件接电源输出端的阴极,以减少气孔和飞溅
机器人本体焊接电缆连接	①将机器人端Ⅰ、Ⅱ电缆针状端子对准,向下按压,锁紧完成连接。②将控制柜侧的电缆接头插入本体侧的接头中,放下卡子并固定好,套上保护套	 	通信电缆插口设有定位结构,不可暴力拆装,连接完成后锁紧
控制柜缆线连接	①握住电缆,对准定位块,将电缆插入,旋紧螺纹,连接用户电缆。②控制柜端Ⅰ、Ⅱ电缆针状端子对准,向下按压,锁紧完成连接	 	连接前整理线缆,使线缆长度稍大于本体与控制柜之间的距离,然后再行连接并锁紧

操作步骤	操作方法	图示	补充说明
示教器缆线连接	①找到示教器接口内壁的定位凸起，以及示教电缆接头内壁凹槽。 ②将凸起与凹槽对正、轻压。 ③旋紧螺纹	 	

二、供气系统检查

焊接机器人供气系统由气瓶、气阀、减压器、干燥器、流量计等组成。机器人供气系统检查步骤如表 2-8 所示。

表 2-8　机器人供气系统检查步骤

操作步骤	操作方法	操作图	补充说明
流量计总成检查	①对各组成部件及连接气管进行外观检查，确认气体符合要求。 ②确认减压器、流量计总成选用正确，确认气管质量符合要求。各组成部件无明显磕碰伤痕		减压器、流量计总成与气瓶之间用螺纹连接。 减压器、流量计总成与机器人本体之间用供气软管连接，接头处用卡箍锁紧
打开气瓶及流量计	①打开流量计流量调节开关。 ②打开气瓶阀门。 ③缓缓地将阀门旋钮逐渐打开至全开位置	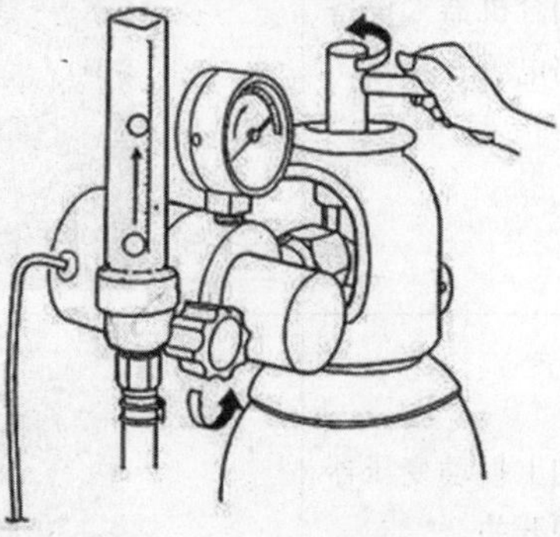	打开气瓶阀门时，绝不可站在气体调节器的前方（压力表前方）

操作步骤	操作方法	操作图	补充说明
焊枪检气	①操作示教器点亮检丝、检气图标。②轻按送气按键,系统送气。③再按送气按键,停止送气		

三、设备开/关机

焊接机器人开、关机操作步骤及方法如表2-9所示。

表2-9 焊接机器人开、关机操作步骤及方法

操作步骤	操作方法	操作图	补充说明
闭合一次电源控制总开关	①开机顺序按照由强电到弱电的操作步骤。②闭合配电柜总开关		注意用电安全
闭合机器人工作站开关	闭合机器人设备支路电源开关		每台机器人单独一路开关供电
闭合焊接机器人变压器电源开关	向上扳动变压器电源开关		向上扳动开关为开,向下扳动开关为关

操作步骤	操作方法	操作图	补充说明
闭合焊接电源开关	向上扳动焊接电源开关		向上扳动开关为开，向下扳动开关为关
闭合焊接机器人控制柜电源开关	顺时针旋转机器人控制柜电源开关		接通焊接机器人控制柜的电源后，系统数据即开始向示教器传送
打开示教器	示教器接电后，自动开启	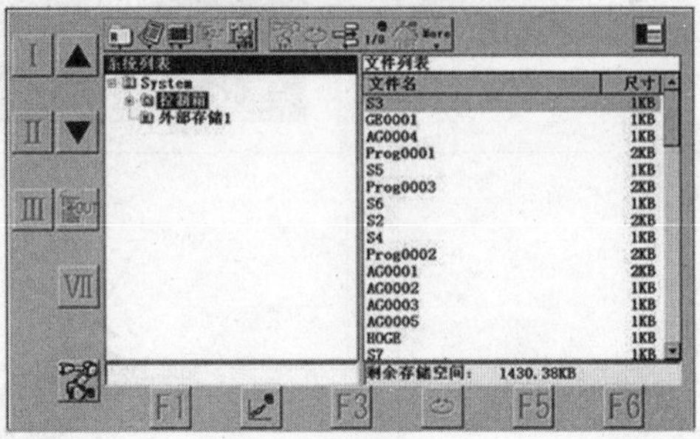	系统启动后，传输数据需要一定时间，需要等待示教器显示屏进入操作界面即可操作

关机流程与开机流程顺序相反。注意关闭控制柜电源后，若需要重新接通电源，则时间间隔应该在 3 s 以上。

四、更换焊丝

松下机器人送丝系统由焊丝盘、校直机构、送丝机及焊枪组成，如图 2 - 8 所示。国内焊丝常选用盘装镀铜实心焊丝，焊丝直径一般在 $\phi0.8 \sim \phi2.0$ mm。机器人本体上配有焊丝盘安装基座、校直机构、压紧轮、送丝机和焊枪。

图2-8 送丝系统组成

焊接机器人更换焊丝操作步骤及方法如表2-10所示。

表2-10 焊接机器人更换焊丝操作步骤及方法

操作步骤	操作方法	图示	补充说明
拧下导电嘴	将导电嘴拧下，以免出现连接部位卡丝现象		送丝的原理是在压臂轮和送丝轮的挤压作用下，将焊丝推送出去
清理剩余焊丝	①扳开机器人手臂上四轮送丝机构加压手柄。②抽出送丝管内剩余焊丝		检查送丝轮的规格与焊丝和导电嘴是否一致。清理送丝轮沟槽污垢
调整焊丝盘轴阻尼	调整焊丝盘阻尼至适中		顺时针旋转增加阻尼，逆时针旋转减小阻尼。调节阻尼的目的是避免焊丝盘出现惯性转动或转动滞涩

操作步骤	操作方法	图示	补充说明
安装焊丝盘	①将焊丝盘止动销孔对准阻尼盘轴止动销。 ②旋紧限位轮。 ③调整校正轮使焊丝无窜动。 ④保持焊丝头平直穿过送丝管至送丝机构。 ⑤锁紧校正轮		送丝管入口处的校正轮起焊丝校正作用，调整校正轮使焊丝处于水平和无窜动状态
手动送丝	①抬起压臂轮，将焊丝由焊丝导向杆穿出，插入 SUS 导套帽中 2~3 cm。 ②将压臂复位，旋动加压手柄至 1.2 mm 刻度标记处		调整加压螺杆位置应与焊丝种类、丝径的加压力相适应。压紧力不够易导致焊丝打滑，送丝速度不稳定。压紧力太大，可能导致焊丝被压扁，送丝阻力大，导电嘴易磨损等
自动送丝	①按下示教器伺服 ON 按钮，使之长亮。 ②点亮检丝、检气图标。 ③轻按【送丝+】按键，系统送丝。松开【送丝+】按键，停止送丝。轻按【送丝-】按键，系统退丝。松开【送丝-】按键，停止退丝。观察送丝轮是否转动。 ④焊丝出焊枪导电嘴 20 mm 左右停止	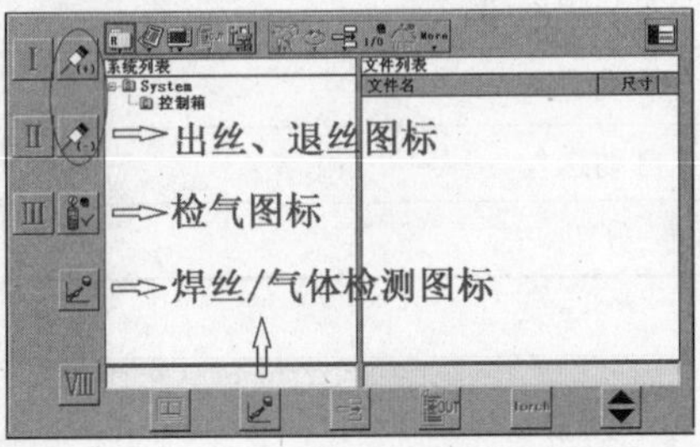	如果发现送丝轮打滑不送丝，通常是焊丝卡在导电嘴与枪管的接口位置，不要继续送丝，以免烧坏送丝熔断器

◆ 任务评价

连接焊接机器人系统任务指导工单如表 2-11 所示。

表 2-11　连接焊接机器人系统任务指导工单

班级		小组		
任务内容	操作提示	完成情况	标准分值	操作得分
工具准备	操作工具准备		10	
安全防护措施	个人安全防护措施准备		10	
电缆连接	检查焊接电源连接		2	
	焊枪电缆连接		3	
	控制柜缆线连接		3	
	示教器缆线连接		2	
供气系统检查	流量计总成检查		3	
	打开气瓶及流量计		4	
	焊枪检气		3	
设备开/关机	闭合一次电源控制总开关		4	
	闭合机器人工作站开关		4	
	闭合焊接机器人变压器电源开关		4	
	闭合焊接电源开关		4	
	闭合焊接机器人控制柜电源开关		5	
	打开示教器		5	
	设备关机		4	
更换焊丝	拧下导电嘴		5	
	清理剩余焊丝		5	
	调整焊丝盘轴阻尼		5	
	安装焊丝盘		5	
	手动送丝		5	
	自动送丝		5	
总　分				

任务 2-2　认识和使用示教器

 任务引入

　　为使机器人完成规定的焊接任务，焊接之前需要进行示教编程，即把焊接作业的运行轨迹、作业顺序、工艺参数等预先教给机器人，机器人系统把示教内容保存下来。在焊接程序自动运行过程中，控制系统把存储在系统中的内容通过执行器进行再现，完成焊接任务。而示教器就是进行示教操作时人机交互的终端。本任务结合"1+X"《特殊焊接技术职业技能等级标准》中级职业技能要求，完成弧焊机器人示教编程前的基础知识储备。

任务描述

本任务在焊接机器人实训场进行，以唐山松下 TA/B 1400 型焊接机器人为例，讲解正确持握示教器，认识示教器安全开关、切换开关，认识示教器操作面板各按键、按钮的功能及按键功能切换，认识示教器屏幕显示分区及显示窗口切换。学生通过认识和操作训练应能进行程序文件的创建、保存、关闭和再次打开，并掌握字母、数字的输入、删除和编辑的方法。

本任务使用工具和设备如表 2-12 所示。

表 2-12 本任务使用工具和设备

名　　称	型　　号	数　　量
机器人本体	TA/B 1400	1 台
焊接电源	松下 YD-35GR W 型	1 个
控制柜（含变压器）	G Ⅲ 型	1 个
示教器	AUR01060 型	1 个
保护气瓶	80% Ar + 20% CO_2	1 瓶
减压器与流量计	自定	1 套
焊丝盘	250 盘	1 盘
电讯工具套装	自定	1 套
劳保用品	帆布工作服、工作鞋	1 套

学习目标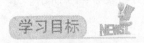

● 知识目标

1. 熟悉松下焊接机器人示教器按键、按钮、开关的作用。

2. 熟悉松下焊接机器人示教器动作功能键图标区、菜单图标区、标题栏、状态显示栏、用户功能键图标栏及程序窗口、信息提示窗口等部分图标功能。

● 技能目标

1. 能通过松下焊接机器人示教器创建程序文件。

2. 能通过松下焊接机器人示教器保存、关闭、再次打开程序文件。

一、认识示教器

1. 示教器功能按键

TA/B 1400 型焊接机器人是示教再现型机器人，配置 GⅢ控制系统，需要由操作者用示教器（即手动控制柜）将指令信号通过控制系统传给驱动系统，通过"示教"来执行各种运动，并采用存储器记录一系列来自位置传感器的示教点信息。在对整个轨迹进行记录后，机器人能够直接"再现"所记录的运动轨迹，并能够完成教给它的任务。

松下焊接机器人示教器（AUR01060 型）主要用于输入、调试程序，是编程的重要窗口，示教器上有功能键、滚轮及开关等装置，控制柜一侧和示教器一侧由专用电缆端子连接，如图 2－9 所示。

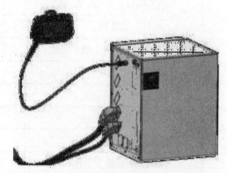

图 2－9　示教器与控制柜端子连接

示教器正反两面功能键如图 2－10 所示，示教器功能键作用说明如表 2－13 所示。示教器拨动滚轮操作与【+／－键】的使用如表 2－14 所示。

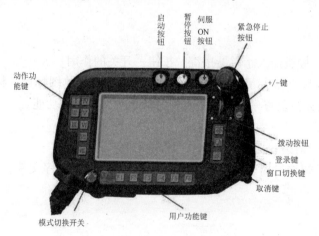

图 2－10　示教器正反两面功能键

（a）示教器正面功能键

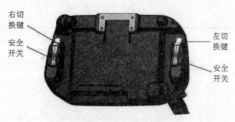

图 2 – 10　示教器正反两面功能键（续）

（b）示教器反面功能键

表 2 – 13　示教器功能键作用说明

位置图	序号/名称	作用说明
	①启动开关	在运行（AYTO）模式下，启动或重启机器人
	②暂停开关	在伺服电源打开的状态下暂停机器人运行
	③伺服 ON 开关	打开伺服电源
	④紧急停止开关	按下紧急停止开关后机器人立即停止，且伺服电源关闭。顺时针方向旋转后，解除紧急停止状态
	⑤拨动开关	负责机器人手臂的移动、外部轴的旋转、光标的移动、数据的移动及选定
	⑥+/－键	代替拨动按钮，连续移动机器人手臂
	⑦登录键	在示教时登录示教点，以及登录、确定窗口上的项目
	⑧窗口切换键	在示教器上显示多个窗口时，切换窗口
	⑨取消键	在追加或修改数据时，结束数据输入，返回原来的界面
	⑩用户功能键	执行用户功能键上侧图标所显示的功能
	⑪模式切换开关	进行示教（TEACH）模式和运行（AUTO）模式的切换。开关钥匙可以取下
	⑫动作功能键	可以选择或执行动作功能键右侧图标所显示的动作、功能
	⑬左切换键	用于切换坐标系的轴及转换数值输入列。轴的切换是按照"基本轴"→"手腕轴"→（"外部轴"）的顺序。 注："外部轴"只限连接了外部轴时

位置图	序号/名称	作用说明
	⑭右切换键	用于缩短功能选择及转换数值输入列。对拨动按钮的移动量进行"高、中、低"切换
	⑮安全开关	同时松开两个安全开关，或用力握住任何一个，伺服电源立即关闭，保证安全。按下伺服 ON 开关后，再次接通伺服电源

表 2-14　示教器拨动滚轮操作与【+/-键】的使用

示意图	操作	作用说明
	上/下微动	移动机器人手臂或外部轴。 向上微动：在（+）方向中，与按【+键】相同。 向下微动：在（-）方向中，与按【-键】相同移动显示屏上的光标，改变数据或选择一个选项
	侧击	选定一个项目，侧击弹出下一级菜单。确认选定的项目，与登录键相同
	拖动	保持机器人手臂的当前操作。 按下后的拨动按钮旋转量决定变化量。 停止轻微旋转然后释放。 运动的方向与"向上/向下微动"相同

注：操作各轴运动时，侧击的同时拖动滚轮的幅度越大，则运动速度越快。保持拖动滚轮在某一角度不变，则轴的运动速度保持恒定。

2. 示教器屏幕显示

示教器屏幕显示由动作功能键图标、菜单图标、窗口标题栏、状态显示栏、用户功能键图标栏及程序窗口、信息提示窗口等部分组成，如图 2-11 所示。

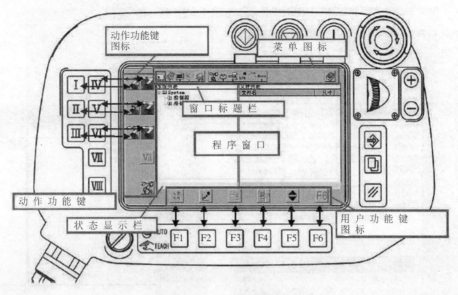

图 2-11 示教器屏幕显示

示教器的操作是把光标移动到图标上，单击后，出现下一级菜单的图标。动作功能键图标区、用户功能键图标区的图标功能需要按压相对应的动作功能键和用户功能键。菜单栏、程序窗口等的切换需要按【窗口切换功能键】□才能实现。

1）动作功能键图标

在机器人处于运行状态（运行按钮右下角绿色指示灯亮）时，显示坐标轴，如图 2-12 所示。在机器人处于编辑状态（运行按钮右下角绿色指示灯灭）时，显示程序行快速向上/向下移动的黑色三角形，如图 2-13 所示。

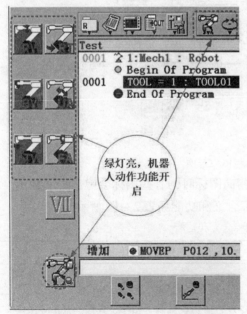

图 2-12 机器人运行状态下示教器屏幕

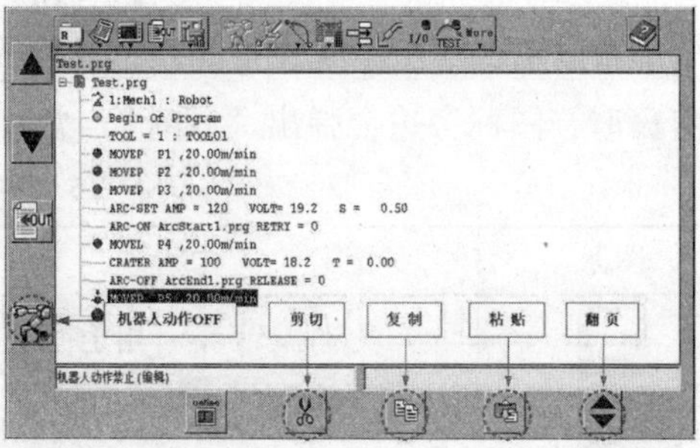

图 2-13 机器人编辑状态下示教器屏幕

在机器人处于跟踪状态时，显示向上/向下跟踪图标，如图 2-14 所示。在机器人处于检丝、检气状态时，显示相应操作图标，如图 2－15 所示。

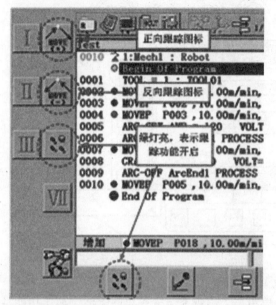

图 2－14　机器人跟踪状态下示教器屏幕

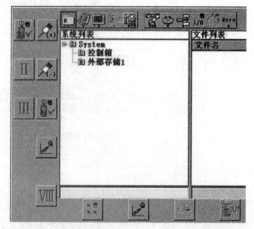

图 2－15　机器人检丝、检气状态下示教器屏幕

2）菜单图标

显示文件、设置、坐标系切换等菜单。单击菜单图标后，将显示相应的下级菜单。拨动滚轮选择项目，侧击滚轮确认，操作示例如图 2－16 所示。

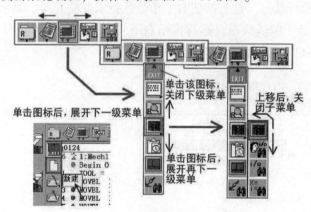

图 2－16　菜单栏操作示例

屏幕以图标显示系统设定的功能，在光标指向图标时，有些图标会弹出中文显示。如指向 ⊟ 时，图标旁边会弹出"保存"。常用图标含义和功能如表 2－15 所示。

表 2－15　常用图标含义和功能

图标	定义	功能
	文　件	用于程序文件的新建、保存、发送、删除等操作
	编　辑	用于对程序命令进行剪切、复制、粘贴、查找、替换等操作

图标	定义	功能
	视 图	用于显示各种状态信息，如位置坐标、状态输入/输出、焊接参数等
	命令追加	用于在程序中追加次序指令、焊接指令、运算指令等
	设 定	用于设定机器人、控制柜、示教器、弧焊电源等设备参数

3）用户功能键图标区

显示在不同状态下用户功能键对应功能的图标，如表 2 – 16 所示。

表 2 – 16　用户功能键对应功能

状态	F1	F2	F3	F4	F5	F6
文件未打开（机器人运行 OFF）	F1	保护气、焊丝	F3	切换坐标系	F5	F6
	F1	F2	F3	F4	F5	F6
编辑（机器人运行 OFF）	切换窗口	保护气、焊丝	切换示教内容	添加命令	F5	功能切换
	切换窗口	剪切	复制	粘贴	F5	功能切换
示教（机器人运行 ON）	跟踪 OFF	保护气、焊丝	切换示教内容	添加命令	F5	功能切换
	跟踪 OFF	焊接/空走	切换插补形式	切换坐标系	F5	功能切换
程序跟踪	跟踪 ON	保护气、焊丝	切换示教内容	添加命令	F5	功能切换
	跟踪 ON	焊接/空走	切换插补形式	切换坐标系	F5	功能切换
程序运行（AUTO 位置）	F1	F2	F3	电弧锁定	F5	F6
	F1	F2	F3	F4	F5	F6

4）状态提示栏

状态栏提示栏用不同的颜色提示当前操作状态。例如，天蓝色提示当前处于追加状态，湖蓝色提示当前处于替换状态，粉红提示处于删除状态。

二、操作示教器

1. 示教器正确持握姿势

示教器的正确持握姿势非常重要，一是要保证示教器的安全；二是要便于拿握和操作使用。正确持握示教器的方法如下：将挂带套在左手上，以免示教器脱落损坏。左右手分别握住示教器的两侧，拇指在上，其余四指在下成拿握状。示教器正确持握姿势如图 2 - 17 所示。根据示教器正面按键所在位置，使用左右手的拇指进行操作，背面的切换键由左右手的食指进行操作，左右手的中指、无名指和小指自然按在安全开关的位置上，以便在操作时保证安全开关常按。

（a） （b）

图 2 - 17 示教器正确持握姿势

（a）正面握姿；（b）背面握姿

安全开关的持握操作如表 2 - 17 所示。

表 2 - 17 安全开关的持握操作

图示	状态	功能
	未握住的状态 ［OFF］	伺服 OFF
	轻轻握住的状态 ［第一段 ON］	伺服 ON
	用力握住的状态 L ［第二段 ON］	伺服 OFF

示教器的正面显示屏应在便于眼睛观看的位置，眼睛距离示教点的最佳距离为 200 ~ 500 mm，并且需要上、下、左、右、前、后观察示教点位置，避免产生观测误差。另外，不要用力以示教器作为支承压在工作台上或将示教器置于工作台下方，以免造成示教器损坏。示教的正确姿势如图 2 - 18 所示。

图 2-18　示教的正确姿势

2. 示教器基本操作

1）移动光标

当窗口显示为湖蓝色时，该窗口为活动窗口，只有在活动窗口内才可移动光标。使用【拨动按钮】向上或向下轻微移动光标。侧击【拨动按钮】可显示子菜单项目或下拉列表，还可切换到保存或更新数据窗口。在保存或更新数据窗口中，上/下微动【拨动按钮】移动光标，然后侧击它来定义数据或移到下个画面。

2）选择菜单

使用【窗口切换功能键】🔲将菜单栏激活，有红色粗线轮廓的图标是当前光标所指的图标，侧击【拨动按钮】选择菜单或子菜单选项，如图 2-19 所示。

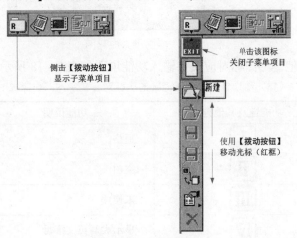

图 2-19　选择菜单流程

3）输入数值

单击要输入数字的位置后，侧击【拨动按钮】打开数值输入对话框。使用【左右切换键】移动光标，移动光标到要输入的数字框。使用【拨动按钮】修改数值。按【登录键】记录数值，并退出数值输入框，同时保存所修改的数值。按【取消键】不保存所修改的数值而直接关闭窗口，如图 2-20 所示。

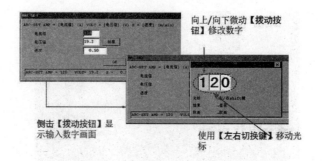

图 2 – 20　数值输入流程图

4) 输入字母

在字母输入画面中，移动光标至准备输入字母的项目上，侧击【拨动按钮】显示字母输入画面，如图 2 – 21 所示。

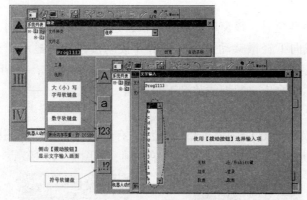

图 2 – 21　字母输入流程图

动作功能键及其他键的图标对应文字输入功能说明如表 2 – 18 所示。

表 2 – 18　动作功能键及其他键的图标对应文字输入功能说明

功能键及其他键	功能说明
Ⅰ	退格
Ⅱ	空白
Ⅲ	未使用
Ⅳ	显示大写英文字母
Ⅴ	显示小写英文字母
Ⅵ	显示数字
Ⅶ	显示符号
Ⅷ	未使用
SP	空白
BS	退格（删除文字）

功能键及其他键	功能说明
L－Shift/R－Shift 键	在文本框内左右移动光标
登录键	确定输入
取消键	取消输入，并关闭对话框

5）模式选择

示教模式（TEACH）下能完成的功能有编辑、示教（跟踪）作业程序，修改已登录的作业程序，特性文件（如起弧、收弧文件）和参数的设定。自动模式（AUTO）下能完成的功能有示教程序的再现，条件文件的设定、修改或删除等。出于安全方面的考虑，模式切换时，示教模式优先。只有在确认机器人工作环境安全，确认焊接程序无误的前提下，才切换到自动模式进行自动焊接。在自动焊接完成后，将工作模式切回到示教（TEACH）模式，TEACH 模式和 AUTO 模式通过钥匙进行切换，如图2－22所示。

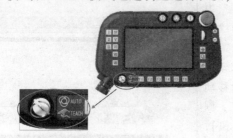

图2－22　TEACH 模式和 AUTO 模式切换

任务2－2　认识和使用示教器

一、创建文件

在开始示教以前，需先建立一个存储示教数据的文件。在创建的文件中保存通过示教或者文件编辑得到的示教点数据或机器人命令。以为"Test"为文件名创建文件，具体步骤如表2－19所示。

表2－19　创建文件

操作步骤	操作方法	图示	补充说明
切换模式	将示教器【模式切换开关】对准"TEACH"		插入钥匙旋转可切换模式，拔出钥匙不会改变模式

操作步骤	操作方法	图示	补充说明
新建文件	①移动光标至菜单图标【文件】，侧击【拨动按钮】。②在弹出的子菜单项目上单击【新建】，弹出"新建"窗口	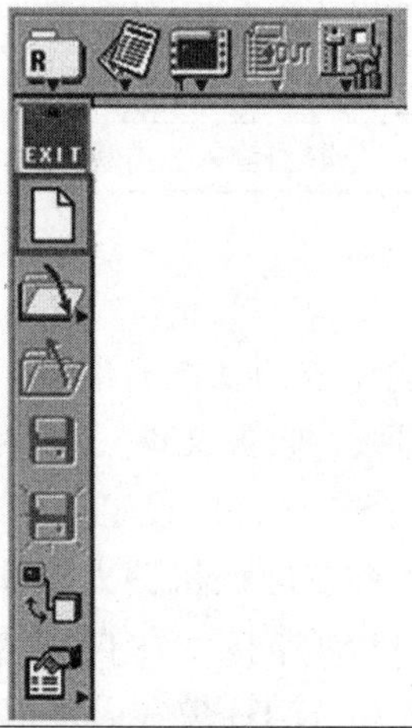	
修改文件名称	①在"新建"中文件类型选"程序"。②滚动【拨动按钮】，将光标移动至"文件名"，侧击【拨动按钮】，进入文件名修改。③修改文件名为"Test"。④确认窗口内容后，移动光标至【OK】并单击确认或直接按登录键，即可进入新建程序	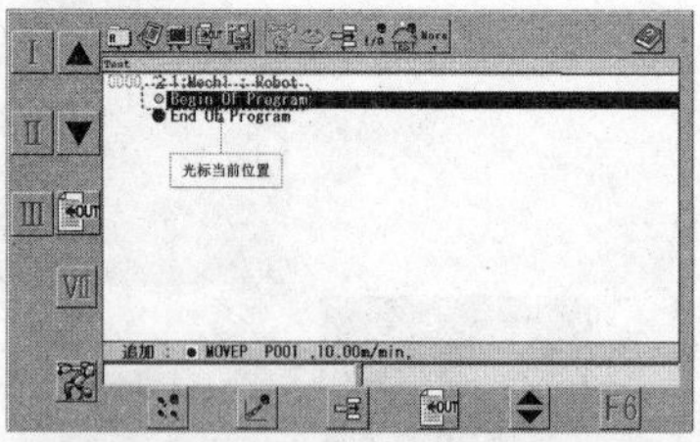 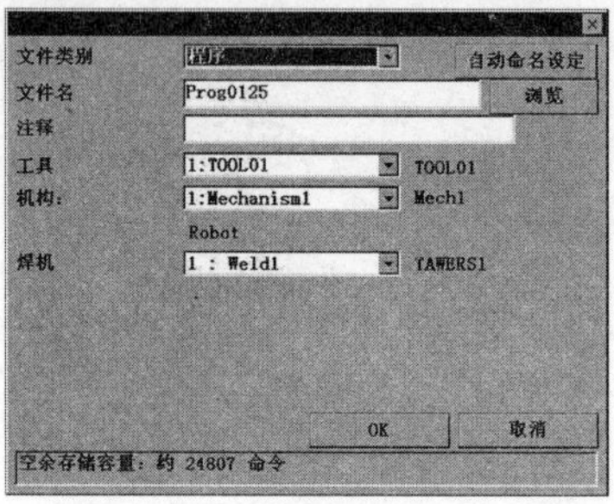	打开文件后，文件名在显示屏上方窗口标题栏显示

在新建文件窗口中（图 2 - 23），可指定文件类型有三种，分别是程序、焊接开始、焊接结束三种，如图 2 - 24 所示。其中"程序"通常是指移动命令或次序命令登录等使用的文件，保存于 System 控制柜。"焊接开始"是通过焊接开始次程序命令登录调出命令的文件，保存于 System 控制柜：Welding：ArcStart 文件夹。"焊接结束"是通过焊接结束次序命令登录调出命令的文件，保存于 System 控制柜：Welding：ArcEnd 文件夹。

界面中文件名显示当前文件名，文件名最多可使用 28 个半角英文字母或数字。注释是登录文件中的内容。工具是指机器人手臂上安装的工具，如焊枪等，不同的工具编号代表了不同的工具，出场时登录标准工具号 1。机构是选择示教对象的机构，出场时机器人单体登录为"1：Mechanism1"。通过"焊机"选项可通过编制中的程序指定使用焊机编号。用户坐标是指通过编制中的程序选择使用用户坐标编号。

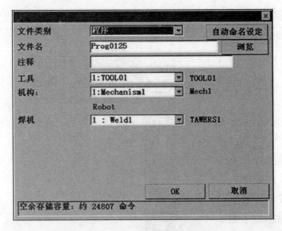

图 2 −23　新建文件窗口

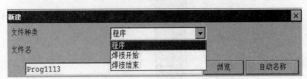

图 2 −24　文件种类指定

二、保存、关闭、调用文件

新建文件后，可以按照表 2 −20 所示步骤保存、关闭并调用文件。

表 2 −20　保存、关闭并调用文件

操作步骤	操作方法	图示	补充说明
保存文件	①移动光标至菜单图标【文件】，侧击【拨动按钮】。 ②在弹出的子菜单项目上单击【保存】。 ③单击 "Yes" 或按登录键保存		如果不保存直接关闭文件，文件内容将不被更新，仍然为保存前的文件

操作步骤	操作方法	图示	补充说明
关闭文件	①移动光标至菜单图标【文件】，侧击【拨动按钮】。②在弹出的子菜单项目上单击【关闭】，关闭程序	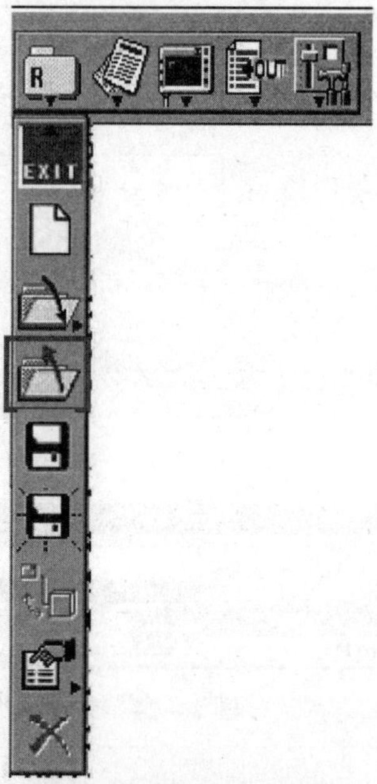	关闭后将不能进行文件编辑
调用文件	①移动光标至菜单图【文件】，侧击【拨动按钮】。②在弹出的子菜单项目上单击【打开】。③在弹出的子菜单项目上单击【程序文件】或【近期文件】，弹出"程序保存"确认窗口。④使用【拨动按钮】选择程序文件。确认无误后，单击【OK】或按登录键，在程序编辑窗口显示程序内容	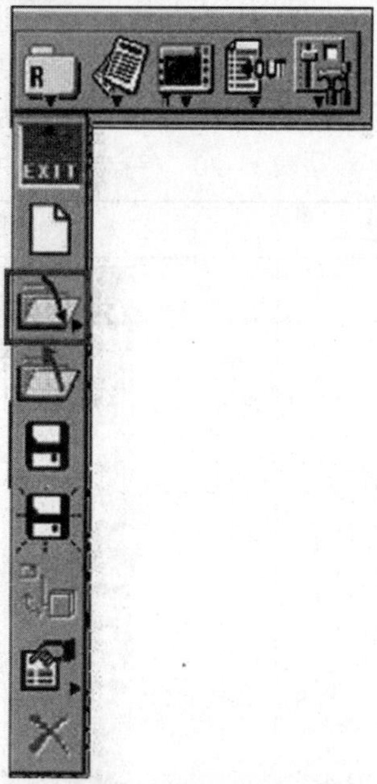 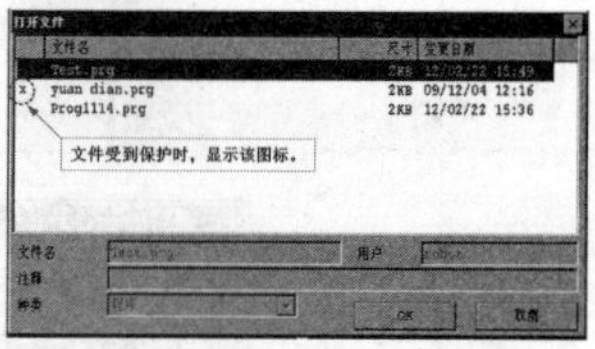	正在示教或正在跟踪的程序由于已经被打开了，因此无须再次打开

文件菜单中，部分常用图标功能说明如表 2 – 21 所示。

表 2 – 21　文件菜单子项目功能

文件菜单子项目	功能
	新建一个储存示教数据的文件
	打开文件
	关闭显示在桌面表层的文件
	将打开的文件以相同的文件名覆盖原文件保存
	给打开的文件赋一个新的名称后保存
	将程序文件等复制到不同文件夹或外部存储卡
	查看程序等文件的固有信息
	将保存的多个文件进行删除

任务评价

认识和使用示教器任务指导工单如表 2 – 22 所示。

表 2 – 22　认识和使用示教器任务指导工单

班级		小组		
任务内容	操作提示	完成情况	标准分值/分	操作得分
工具准备	操作工具准备		10	
安全防护措施	个人安全防护措施准备		10	
示教器持握	示教器持握姿势正确		10	
创建文件	切换模式		10	
	新建文件		10	
	修改文件名称		5	
保存文件			15	
关闭文件			15	
调用文件			15	
总　分				

任务引入

要熟练地操作机器人进行运动，首先需要认识关节轴，要求掌握各关节轴的名称，运动正、负方向，此外，还要形成关节坐标系、直角坐标系、工具坐标系的空间概念，能进行坐标系切换。掌握了这些基础知识，才能通过示教器操作关节轴进行点动和连续移动，并能组合运用各种坐标系下机器人各轴的运动，迅速调整焊接机器人焊枪的位姿。本任务结合 "1 + X"《特殊焊接技术职业技能等级标准》中级职业技能要求，讲解手动操作焊接机器人基础知识。

任务描述

本任务在焊接机器人实训场进行，以唐山松下 TA/B 1400 型焊接机器人为例，讲解机器人 6 个关节轴的名称和结构，以及在关节坐标系、直角坐标系、工具坐标系下各轴的运动规律。学生通过知识讲解和操作训练应能熟悉切换 3 个坐标系进行各机器人的点动和连续移动。

本任务使用工具和设备如表 2-23 所示。

表 2-23　本任务使用工具和设备

名　称	型　号	数　量
机器人本体	TA/B 1400	1 台
焊接电源	松下 YD - 35GR W 型	1 个
控制柜（含变压器）	GIII 型	1 个
示教器	AUR01060 型	1 个
保护气瓶	80% Ar + 20% CO_2	1 瓶
减压器与流量计	自定	1 套
焊丝盘	250 盘	1 盘
电讯工具套装	自定	1 套
劳保用品	帆布工作服、工作鞋	1 套

学习目标

● 知识目标

1. 熟悉松下 TA/B 1400 型机器人的 6 个关节轴的名称和结构。

2. 掌握松下 TA/B 1400 型机器人的常见运动坐标系及其应用场合。

3. 掌握手动操作松下 TA/B 1400 型机器人各轴的运动规律。

● 技能目标

1. 能够熟练进行松下 TA/B 1400 型机器人坐标系的选择和切换。
2. 能够使用示教器熟练操作松下 TA/B 1400 型机器人实现点动和连续移动。

 相关知识

一、认识机器人关节轴

1. 机器人关节轴

焊接机器人按坐标形式不同可分为直角坐标型机器人、圆柱坐标型机器人、球（极）坐标型机器人和关节型机器人。TA/B 1400 系列机器人是 6 轴关节机器人，由多个关节连接的机座、大臂、小臂和手腕等构成。TA/B 焊接机器人本体部分有 RT、UA、FA、RW、BW 和 TW 六个关节轴，如图 2-25（a）所示。在关节坐标系下，可操作某关节轴独立转动，在直角坐标系和工具坐标系下，关节轴可以联动。例如，操纵机器人实现直线运动、圆弧运动。机器人自运行状态下通常是六轴联动，实现各种插补动作。

在六轴机器人的关节轴处，配备 AC 伺服电动机，能实现高精度运行及停止，如图 2-25（b）所示。全部轴标准装备高灵敏度碰撞检测及柔性控制功能，一旦受到外力负荷，可迅速停止运行并自动切换成柔性控制，避免因撞击受到损坏。此外，每个轴上都有制动系统，保证操作安全。

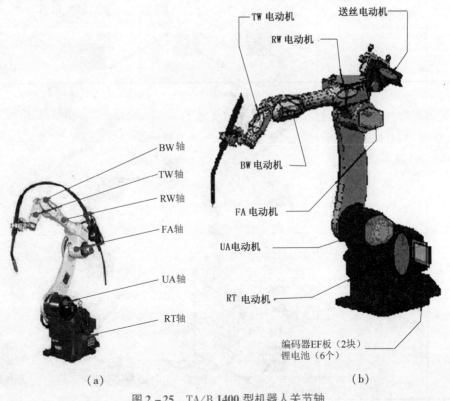

图 2-25 TA/B 1400 型机器人关节轴

二、机器人运动轴及其在各坐标系下的运动

对机器人进行示教操作时，其运动方式是在不同的坐标系下进行的。在松下机器人控制系统中，设计了以下5大坐标系，各坐标系功能等同，机器人在某一坐标系下完成的动作，同样可在其他坐标系下能够实现。5大坐标系运动方式如表2-24所示。

表2-24 5大坐标系运动方式

坐标系	运动说明	运动坐标图示意
关节坐标系	机器人各轴单独运动	
直角坐标系	以机器人坐标系为基准移动机器人	
工具坐标系	以目标工具的方向为基准移动机器人	
圆筒坐标系	通过圆筒坐标移动机器人	

坐标系	运动说明	运动坐标图示意
用户坐标系	在用户设定的坐标中操作机器人	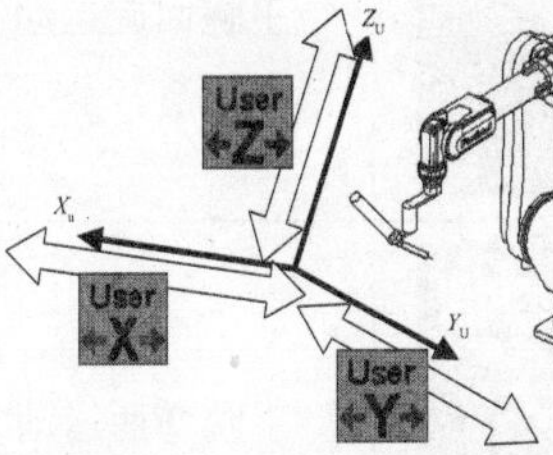 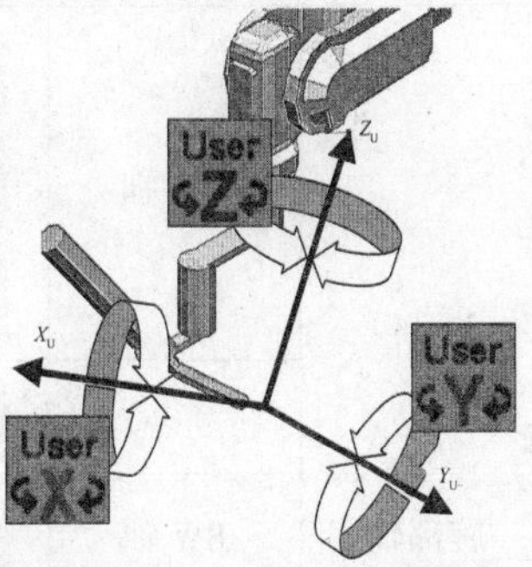

机器人系统默认开启了关节、直角和工具等3种坐标系，能够满足通常工作需要，因此本项目主要围绕关节坐标系、直角坐标系和工具坐标系进行讲解。关节坐标系下，操作者可使机器人的某个关节独立转动。直角坐标系、工具坐标系下，依靠坐标轴之间的联动，可实现机器人做直线运动及保持 TCP 点不变时的转动。

1. 关节坐标系

在机器人关节坐标系下，机器人各个关节（轴）进行单独运动。对大范围运动且不要求机器人 TCP 点姿态的，则选择关节坐标系。关节坐标系下各轴的运动如表2-25所示。

表 2-25 关节坐标系下各轴的运动

轴名称	轴图标	动作说明	动作图示
基本轴	RT 轴	 本体左右回转	
	UA 轴	 大臂上下运动	
	TA 轴	 小臂前后运动	

轴名称		轴图标	动作说明	动作图示
腕部轴	RW 轴		手腕回旋运动	
	BW 轴		手腕弯曲运动	
	TW 轴		手腕扭曲运动	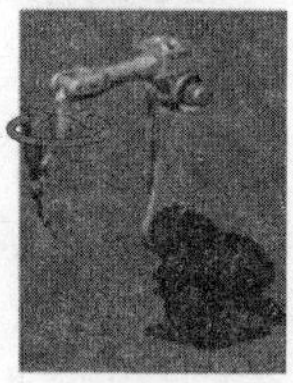

2. 直角坐标系

直角坐标系是机器人示教与编程时经常使用的坐标系之一, 直角坐标系的原点定义在机器人的安装面与第一转动轴的交点处, X 轴向前, Z 轴向上, Y 轴按右手规则确定。直角坐标系下各轴的运动如表 2 – 26 所示。

表 2 – 26　直角坐标系下各轴的运动

轴名称		轴图标	动作说明	动作图示
基本轴	X 轴		沿 X 轴平行移动	
	Y 轴		沿 Y 轴平行移动	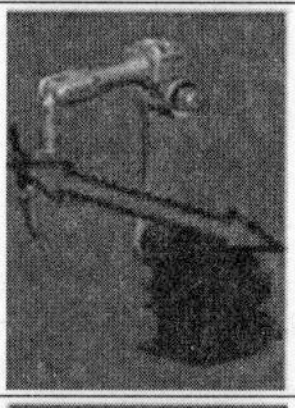
	Z 轴		沿 Z 轴平行移动	

轴名称	轴图标	动作说明	动作图示
腕部轴		绕 Z 轴旋转	
	U 轴		
	V 轴	 绕 Y 轴旋转	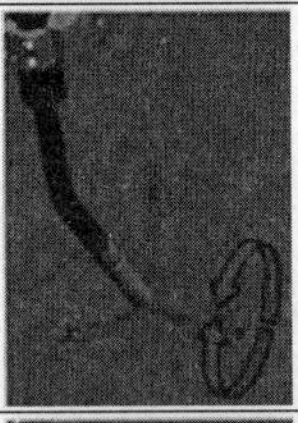
	W 轴	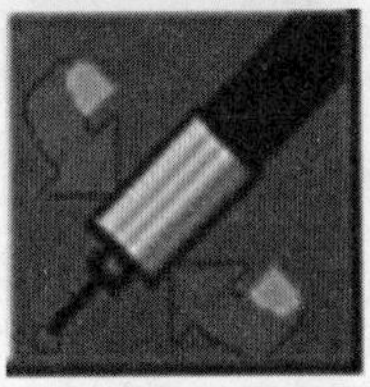 绕 TCP 所指方向旋转	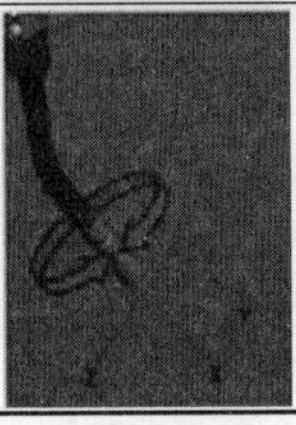

3. 工具坐标系

工具坐标系的原点定义为机器人 TCP 点，并且假定工具的有效方向为 X 轴，Y 轴和 Z 轴由右手规则产生。因此，工具坐标的方向随腕部的移动而发生变化，与机器人的位置、姿势无关。工具坐标系下各轴的运动如表 2 - 27 所示。

表 2 - 27　工具坐标系下各轴的运动

轴名称	轴图标	动作说明	动作图示
基本轴	X 轴	 沿 X 轴平行移动	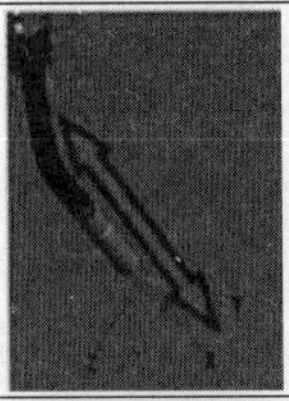
	Y 轴	 沿 Y 轴平行移动	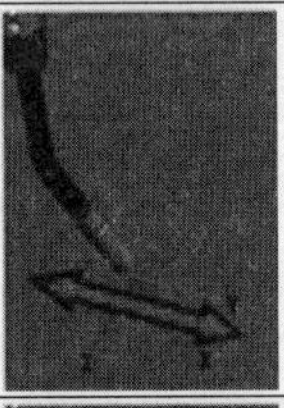
	Z 轴	 沿 Z 轴平行移动	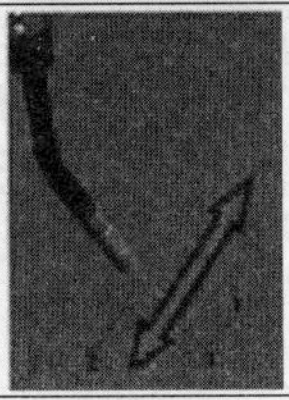

轴名称	轴图标	动作说明	动作图示
腕部轴	R_x轴	 绕 X 轴旋转	
	R_y轴	 绕 Y 轴旋转	
	R_z轴	 绕 Z 轴旋转	

三、手动操作机器人

示教模式下，轻握【安全开关】至【伺服 ON 按钮】指示灯闪烁。按下【伺服 ON 按钮】，指示灯亮，伺服电源接通。自动模式时，直接按下【伺服 ON 按钮】，指示灯亮，伺服电源接通，此时，可操纵机器人点动或连续移动。机器人的运动可以连续，可以步进；可以单轴独立运动，也可以多轴协调运动。手动操作中，机器人运动数据不会被保存。如果要保存某点的数据，则需要使用登录功能。

1. 点动机器人

当目标点位置较近时，可以采用点动机器人，操作方法为在机器人运行图标长亮的状态下，左手按住坐标系下某一轴图标所对应的功能键，右手上／下微动【拨动按钮】。表2－28所示为选中关节坐标系下 RT 轴点动机器人。

表 2 –28   选中关节坐标系下 RT 轴点动机器人

动作	功能
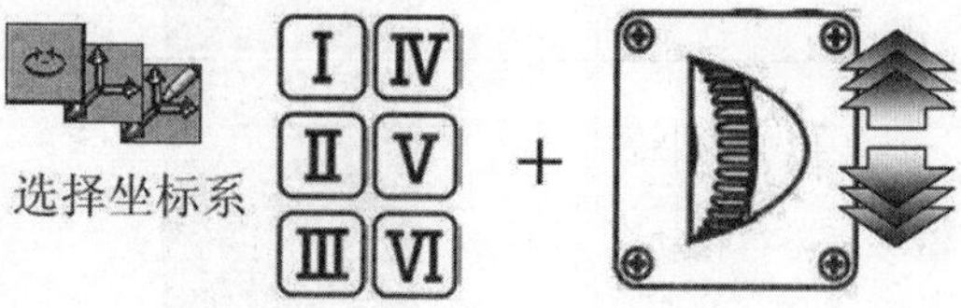 选择坐标系	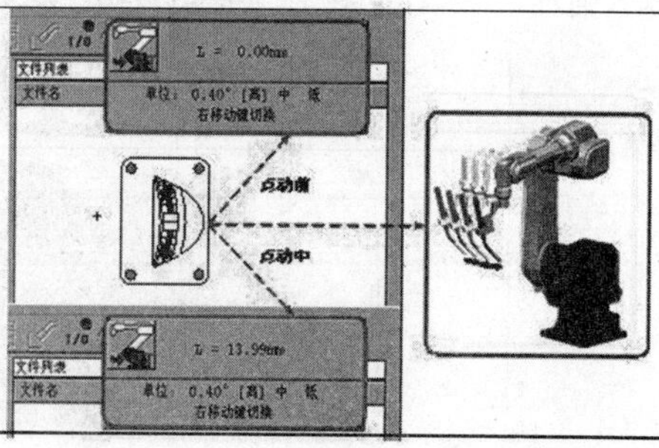

2. 连续移动机器人

当目标点位置较远时，则采用连续移动机器人，操作方法为在机器人运行图标长亮的状态下，左手按住坐标系下某一轴图标所对应的功能键，右手拖动【拨动按钮】或者按$\oplus\ominus$。表2-29所示为选中关节坐标系下RT轴，连续移动机器人。

表2-29　选中关节坐标系下RT轴连续移动机器人

动作	功能
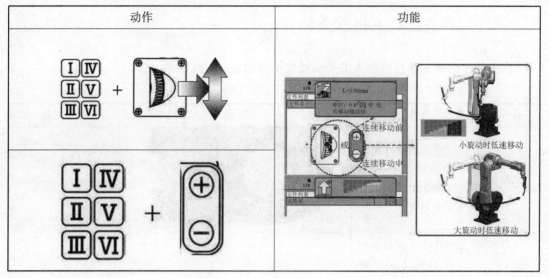	

3. 手动操作机器人运动速度

手动操作机器人时，控制机器人运动速度的途径有4种。

（1）在系统中设定最高运动速度，示教操作的运动速度将被限制在最大值以下。

（2）利用运动速度切换键，通过换挡进行速度控制。在其他操作条件不变的条件下，[高]、[中]、[低]挡对应的运动速度依次减小，如图2-26所示。

（3）侧压并拨动滚轮，拨动滚轮的角度越大则运动速度越大，有运动速度提示信息，如图2-27所示。

（4）拨动滚轮（不加侧压）或按压$\oplus\ominus$键，此时运动速度较慢，适用于微调。

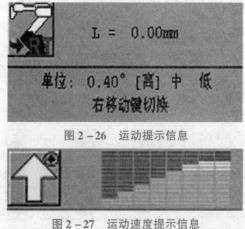

图2-26　运动提示信息

图2-27　运动速度提示信息

任务 2 – 3　手动操作焊接机器人

一、关节坐标系下机器人操作

在关节坐标系下进行机器人的手动操作步骤如表 2 – 30 所示。

表 2 – 30　关节坐标系下机器人的手动操作步骤

操作步骤	操作方法	图示	补充说明
切换模式	将示教器【模式切换开关】对准 "TEACH"，设定为示教模式		
接通伺服电源	①左手或右手中指轻握【安全开关】。②待伺服 ON 按钮闪烁时，右手拇指按下伺服 ON 按钮，接通伺服电源，此时伺服 ON 按钮长亮	伺服ON	轻轻握住【安全开关】，不握或者重握都会使得伺服电源断电
点亮机器人运动图标	按机器人动作功能键，点亮机器人运动图标		机器人运动图标
关节坐标系下操作机器人	通过关节坐标系的六种动作模式，从原点开始移动机器人，熟悉关节坐标系下的 6 个动作功能键所对应的机器人动作		关节坐标系

二、直角坐标系下机器人操作

在直角坐标系下进行机器人的手动操作步骤如表2-31所示。

表2-31　直角坐标系下机器人的手动操作步骤

操作步骤	操作方法	图示	补充说明
切换模式	将示教器【模式切换开关】对准"TEACH"，设定为示教模式	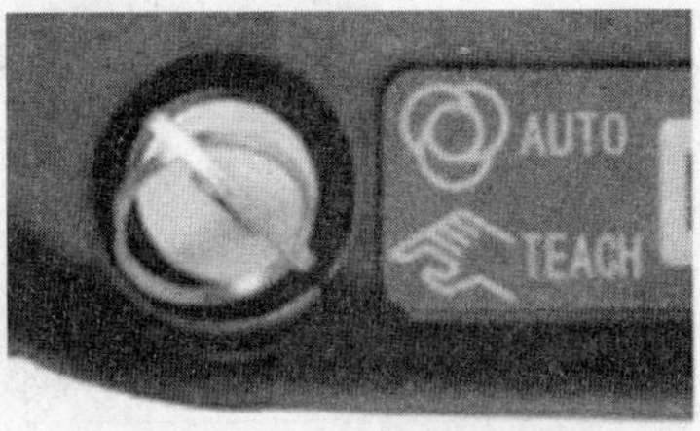	
接通伺服电源	①左手或右手中指轻握【安全开关】。②待伺服ON按钮闪烁时，右手拇指按下伺服ON按钮，接通伺服电源，此时伺服ON按钮长亮	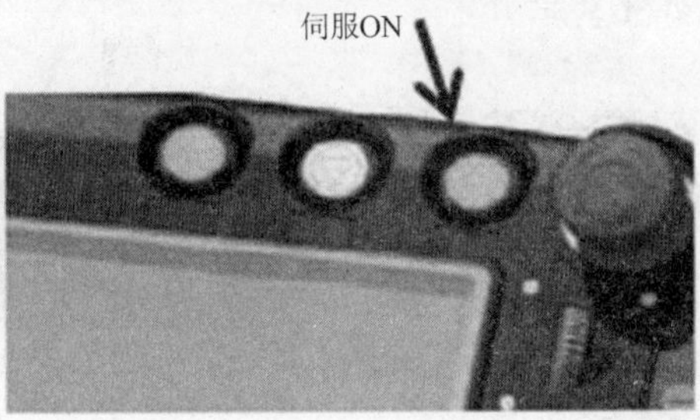	轻轻握住【安全开关】，不握或者重握都会使得伺服电源断电
点亮机器人运动图标	按机器人动作功能键，点亮机器人运动图标	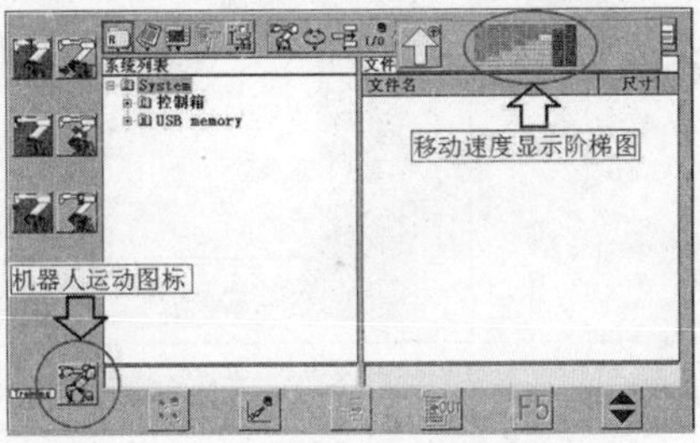	机器人运动图标 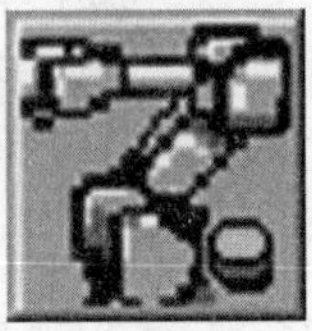
直角坐标系下操作机器人	通过直角坐标系的六种动作模式，从原点开始移动机器人，熟悉直角坐标系下的6个动作功能键所对应的机器人动作	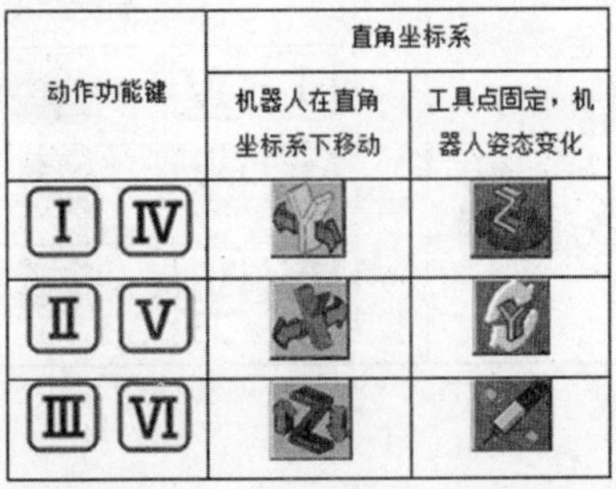	直角坐标系 

三、工具坐标系下机器人操作

在工具坐标系下进行机器人的手动操作步骤如表 2 – 32 所示。

表 2 – 32　工具坐标系下机器人的手动操作步骤

操作步骤	操作方法	图示	补充说明
切换模式	将示教器【模式切换开关】对准"TEACH"，设定为示教模式	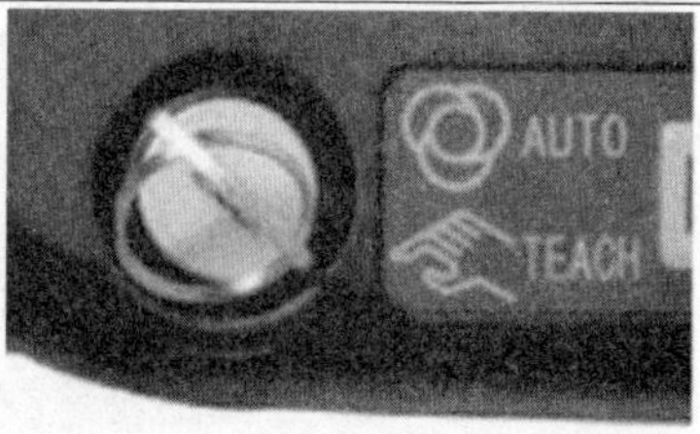	
接通伺服电源	①左手或右手中指轻握【安全开关】。②待伺服 ON 按钮闪烁时，右手拇指按下伺服 ON 按钮，接通伺服电源，此时伺服 ON 按钮长亮	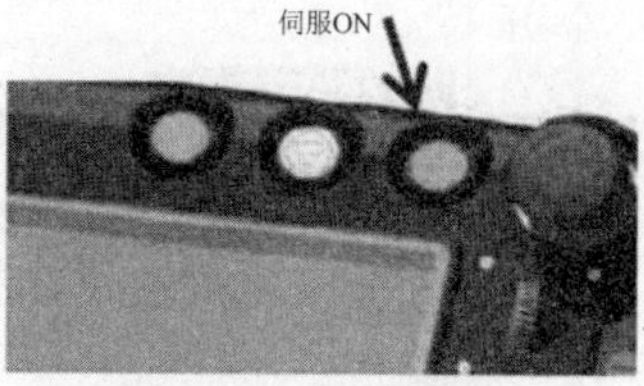	轻轻握住【安全开关】，不握或者重握都会使得伺服电源断电
点亮机器人运动图标	按机器人动作功能键，点亮机器人运动图标	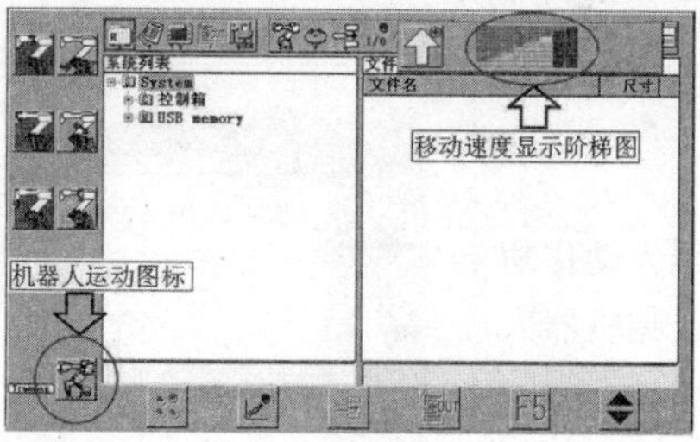	机器人运动图标 
工具坐标系下操作机器人	通过工具坐标系的六种动作模式，从原点开始移动机器人，熟悉工具坐标系下的 6 个动作功能键所对应的机器人动作	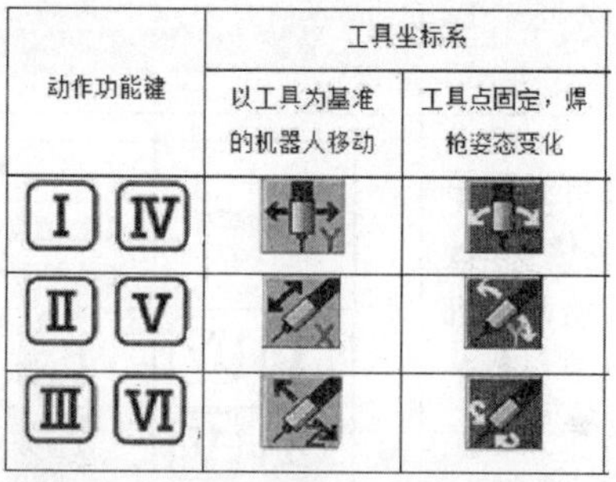	工具坐标系 

四、切换坐标系

在示教过程中，为了操作方便，经常需要进行 3 种机器人运动坐标系的切换，具体步骤如表 2 - 33 所示。

表 2 - 33 切换机器人运动坐标系的操作步骤

操作步骤	操作方法	图示	补充说明
按住右切换键	右手食指按住右切换键	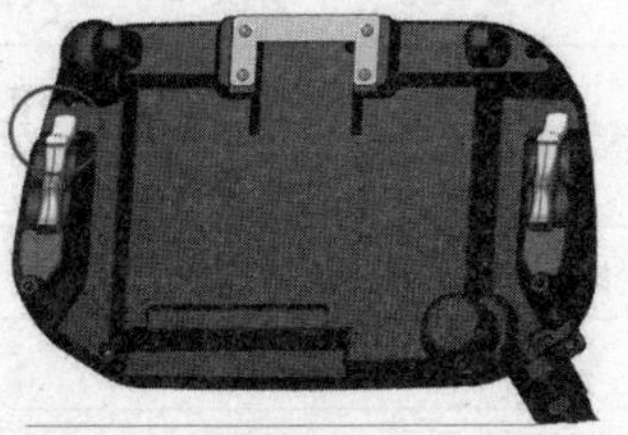	
切换坐标系	左手拇指按动作功能键，切换机器人运动坐标系	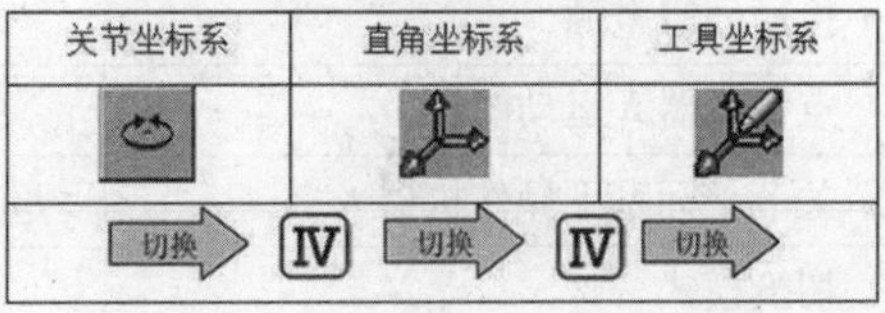 关节坐标系 直角坐标系 工具坐标系 切换 ▶ IV 切换 ▶ IV 切换 ▶	如果不选择运动坐标系，机器人将默认按照关节坐标系运行

从动作坐标系选择菜单中也可以实现动作坐标系的切换，如表 2 - 34 所示。

表 2 - 34 从动作坐标系选择菜单切换机器人运动坐标系

操作步骤	操作方法	图示	补充说明
切换窗口	①通过窗口切换键切换窗口。②滚动【拨动按钮】，将光标移动至"坐标系"		必须在机器人运行图标长亮的状态下，才能将窗口切换至坐标系
选择坐标系	①侧击【拨动按钮】，显示子菜单项目中各个的坐标系。②滚动【拨动按钮】并侧击进行坐标系切换	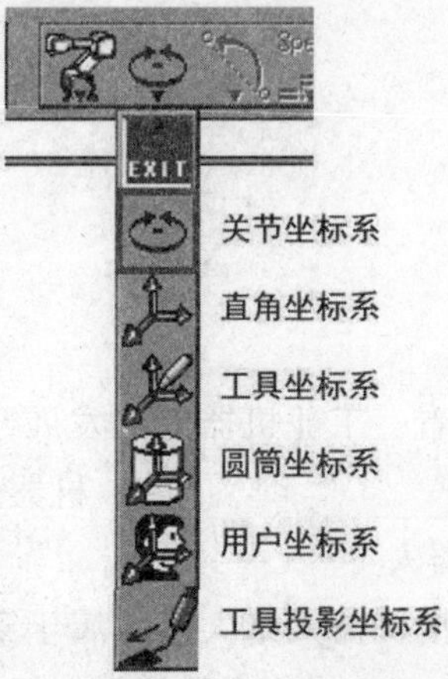 EXIT 关节坐标系 直角坐标系 工具坐标系 圆筒坐标系 用户坐标系 工具投影坐标系	

手动操作机器人任务指导工单如表2-35所示。

表2-35 手动操作机器人任务指导工单

班级		小组		
任务内容	操作提示	完成情况	标准分值	操作得分
工具准备	操作工具准备		10	
安全防护措施	个人安全防护措施准备		10	
关节坐标系下机器人操作	切换模式		5	
	接通伺服电源		5	
	点亮机器人运动图标		5	
	关节坐标系下操作机器人		5	
直角坐标系下机器人操作	切换模式		5	
	接通伺服电源		5	
	点亮机器人运动图标		5	
	直角坐标系下操作机器人		5	
工具坐标系下机器人操作	切换模式		5	
	接通伺服电源		5	
	点亮机器人运动图标		5	
	直角坐标系下操作机器人		5	
切换坐标系	按住右切换键		10	
	切换坐标系		10	
总 分				

项目练习 NEW!

一、填空题

1. 从功能完善程度上看，工业机器人的发展经历了三个阶段，形成了通常所说的三代机器人，分别是＿＿＿＿＿＿＿＿＿机器人、＿＿＿＿＿＿＿＿＿机器人和＿＿＿＿＿＿＿＿＿机器人。

2. 现在广泛应用的焊接机器人绝大多数属于第一代工业机器人，它的基本工作原理是＿＿＿＿＿＿＿＿＿。操作者手把手教机器人做某些动作，机器人的控制系统以＿＿＿＿＿＿＿＿＿的形式将其记忆下来的过程称之为＿＿＿＿＿＿＿＿＿；机器人按照示教时记录下来的程序展现这些动作的过程称之为＿＿＿＿＿＿＿＿＿。

3. ＿＿＿＿＿＿＿＿＿是物体相对于坐标系能够进行独立运动的数目，通常作为机器人的技术指标，反映机器人动作的灵活性。

4. 工业机器人主要由_____、_____和_____组成。

5. 对 TA/B1400 型六自由度机器人而言，腰关节是指_____轴，肩关节是指_____轴，肘关节是指_____轴，腕关节包括_____轴、_____轴和_____轴。

6. TA/B1400 型焊接机器人示教器上拨动按钮的操作方式有_____、_____和_____三种。

二、选择题

1. 工业机器人的基本特征是（　　）。

①具有特定的机械机构；　②具有一定的通用性；

③具有不同程度的智能；　④具有工作的独立性

A. ①②　　　　B. ①②③　　　　C. ①②④　　　　D. ①②③④

2. 操作机是工业机器人的机械主体，用于完成各种作业任务，主要组成部分包括（　　）。

①驱动装置；　　②传动单元；　　③控制柜；　　④示教器；　　⑤执行机构

A. ①②　　　　B. ①②⑤　　　　C. ①②④　　　　D. ①②③④

3. 人们常用哪些技术指标来衡量一台工业机器人的性能？（　　）

①自由度；　　②工作范围；　　③负载；　　④最大工作速度；　　⑤重复定位精度

A. ①②③④⑤　B. ①②⑤　　　　C. ①②④　　　　D. ①②③④

三、判断题

1. 机器人位姿是机器人空间位置和姿态的合称。（　　）

2. 直角坐标机器人具有结构紧凑、灵活、占地空间小等优点，是目前工业机器人本体大多采用的结构形式。（　　）

3. 焊接机器人的驱动器布置大都采用一个关节一个驱动器，且多采用伺服电动机驱动。（　　）

4. 焊接机器人的臂部传动多采用谐波减速器，腕部则采用 RV 减速器。（　　）

5. 机器人控制柜是人与机器人的交互接口。（　　）

6. 通常按作业任务可将机器人划分为焊接机器人、搬运机器人、装配机器人、码垛机器人和喷涂机器人等。（　　）

项目三　松下焊接机器人薄壁试件编程与焊接

近年来在我国自动化技术发展背景下，工程机械的焊接逐步向着自动化、柔性化、智能化发展，焊接机器人在工程机械行业中的应用已经非常成熟。本项目针对中联重科混凝土机械分公司典型生产案例，按照"1＋X"《特殊焊接技术职业技能等级标准》中级职业技能等级要求，面向企业弧焊机器人操作员、弧焊机器人工艺设计员等工作岗位，讲解松下焊接机器人薄壁试件的编程与焊接。

本项目主要内容包括薄壁试件对接平焊缝、T形接头平角焊缝、立角焊缝以及管板（骑坐式）平角焊缝的焊接与编程。

最新标准：

1. AWS D16.1《Specification for Robotic Arc Welding Safety》
2. GB/T 6417.1—2005《金属熔化焊接头缺欠分类及说明》
3. GB/T 19418—2003《钢的弧焊接头缺陷质量分级指南》
4. GB/T 19805—2005《焊接操作工技能评定》
5. "1＋X"《特殊焊接技术职业技能等级标准》

项目任务

任务 3－1　薄板对接平焊缝示教编程与焊接

任务 3－2　薄板 T 形接头平角焊缝示教编程与焊接

任务 3－3　薄板立角焊缝示教编程与焊接

任务 3－4　管板（骑坐式）平角焊缝示教编程与焊接

任务 3－1　薄板对接平焊缝示教编程与焊接

任务引入

中联重科混凝土机械分公司 5 桥 67M 国五泵车第三节臂架腹板采用机器人焊接，属于典型的薄板对接平位置焊，焊缝长度为 100～200 mm，如图 3－1 所示。通过前序项目的学习，同学们都已经掌握了焊接机器人基本操作。本任务将以混凝土输送泵车第三节臂架腹板对接机器人自动焊为例，按照"1＋X"《特殊焊接技术职业技能等级标准》中级职业技能等级要求，讲解薄板对接平焊缝的示教编程与焊接。

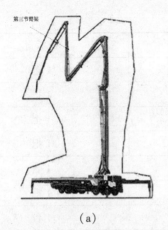

第三节臂架

(a)

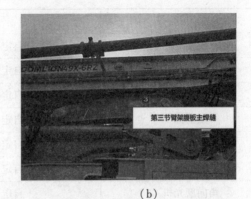

第三节臂架腹板主焊缝

(b)

图 3-1　第三节臂架腹板对接平位置焊缝

任务描述

本任务在焊接机器人实训场进行，使用设备为唐山松下 TA/B1400 型焊接机器人，手动操作机器人完成 2 块尺寸为 200 mm×125 mm×3 mm 的 Q235B 型钢板对接平焊缝轨迹示教及焊接，试件如图 3-2 所示。薄板水平对接不开坡口，焊枪不需要横向摆动。

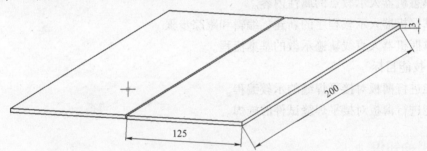

图 3-2　薄板对接平焊缝试件图

本任务使用工具和设备如表 3-1 所示。

表 3-1　本任务使用工具和设备

名　称	型　号	数　量
机器人本体	TA/B 1400	1 台
焊接电源	松下 YD-35GR W 型	1 个
控制柜（含变压器）	G Ⅲ型	1 个
示教器	AUR01060 型	1 个
焊丝	ER50-6、φ1.2 mm	1 盘
保护气瓶	80% Ar + 20% CO_2	1 瓶
头戴式面罩	自定	1 个
纱手套	自定	1 副
钢丝刷	自定	1 把

名　称	型　号	数　量
尖嘴钳	自定	1 把
活动扳手	自定	1 把
钢直尺	自定	1 把
敲渣锤	自定	1 把
焊接夹具	自定	1 套
焊缝测量尺	自定	1 把
角向磨光机	自定	1 台
劳保用品	帆布工作服、工作鞋	1 套

● 知识目标

1. 熟悉机器人示教点的属性内容。

2. 掌握机器人示教程序的新建、编辑和跟踪步骤。

3. 掌握机器人直线轨迹示教的基本流程。

● 技能目标

1. 能进行薄板对接平焊缝的示教编程。

2. 能进行薄板对接平焊缝试件的施焊。

相关知识

一、机器人示教程序及基本操作

机器人边移动边记忆的动作称为示教，对机器人示教时，使机器人在两点或两点以上的多个点之间进行移动，机器人手臂的动作登录为一个一个叫作"示教点"的点，用来存储改示教点的位置、改示教点的动作方式以及是否焊接到下一示教点。

1. 新建示教程序

将机器人的动作以及动作顺序通过示教操作记忆起来，并可作为程序保存在机器人内。在开始示教之前，必须新建一个示教程序用于保存示教点，示教程序的创建与项目2-2中程序文件的新建步骤一致，在"文件类别"选项中选择"程序"，如图3-3所示。

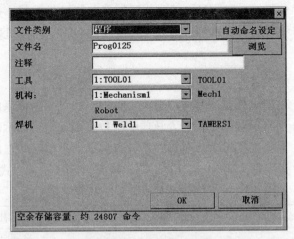

图 3-3　示教程序的新建

随后在该示教文件中进行示教操作产生程序，图 3-4 所示为一个正在编辑的示教程序。

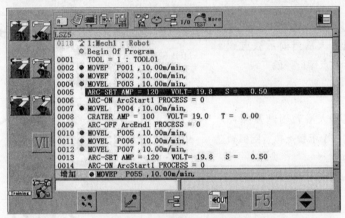

图 3-4　正在编辑的示教程序

使用跟踪操作，在示教操作完成或过程中，检查和/或更正示教数据。图 3-5 所示为示教程序跟踪界面。

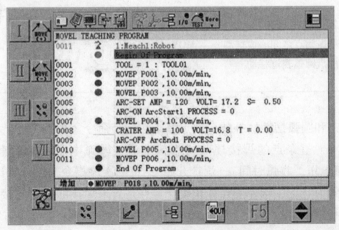

图 3-5　示教程序跟踪界面

在示教程序文件编辑时，可以结合示教点编辑和跟踪操作进行，最后再编辑细节完成程序。示教程序编辑完成后，在 AUTO 模式中运转程序来实际操作机器人。

2. 示教点的属性

每个示教点包括以下属性。

（1）位置坐标：是指示教点的具体位置坐标数据，如直角坐标系的 X、Y、Z 值。

（2）移动速度：是指示教焊接机器人从前一示教点移动到当前示教点的速度。

（3）插补方式：是指焊接机器人从前一示教点移动到当前示教点的动作类型。松下焊接机器人五种插补方式如表 3-2 所示。在进行示教时，默认插补方式是 "PTP"。

表 3-2 松下焊接机器人五种插补方式

插补形态	方式说明	移动命令	插补图示
PTP	机器人在未规定采取何种轨迹移动时，使用关节插补	MOVEP	
直线插补	机器人从当前示教点到下一示教点运行一段直线	MOVEL	
圆弧插补	机器人沿着用圆弧插补示教的 3 个示教点执行圆弧轨迹移动	MOVEC	
直线摆动	机器人在用直线摆动示教的 2 个振幅点之间一边摆动一边向前沿直线轨迹移动	MOVELW	
圆弧摆动	机器人在用圆弧摆动示教的 2 个振幅点之间一边摆动一边向前沿圆弧轨迹移动	MOVECW	

注：直线摆动和圆弧摆动插补的振幅点登录在运动命令 "WEAVEP"。

（4）次序指令：登录点的焊接规范（焊接电流、电弧电压、焊接速度），收弧规范（收弧电流、收弧电压、收弧时间），焊接开始/结束的次序指令、输入输出信号。

示教点可以分为空走点与焊接点，其中空走点是指未焊接的点和焊接终了点；焊接点是指焊接开始点和焊接中间点，如图 3-6 所示。空走点和焊接点可通过修改次序指令来修改其属性。

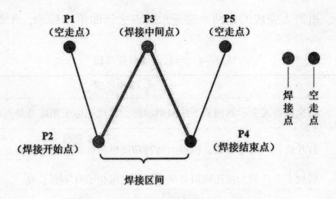

图 3 – 6　空走点与焊接点

3. 示教点的登录

当登录示教点时，机器人定位数据和运行方式（插补及其他运行速度）同时被保存，如图 3 – 7 所示。示教点保存的更改及运行方式是从前一示教点到现在示教点的运行方式。

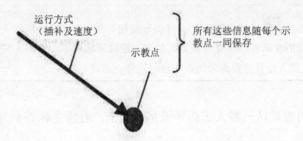

图 3 – 7　示教点登录信息

示教点的登录步骤如表 3 – 3 所示。

表 3 – 3　示教点的登录步骤

序号	操作步骤
1	新建文件或打开已有文件
2	使用【拨动按钮】将光标移动到想要登录示教点的前一行
3	确认程序编辑模式处于 ![icon]【追加】状态
4	按【动作功能键Ⅷ】，打开机器人动作图标 ![icon]
5	移动机器人至想要登录的位置
6	按下【右切换键】，对动作功能图标区显示的示教点属性进行选配，按 ![icon] 追加示教点

4. 示教点的跟踪

程序编辑完成后需要对程序进行检查，判断机器人示教轨迹与期望轨迹是否一致。在轨迹跟踪时，因不执行 ARC – ON 等作业输出命令，所以只是程序的空运行。TA/B1400 型焊接机器人采用两种方式来确认轨迹：跟踪操作和程序测试。

跟踪操作时，机器人完成的是两个临近示教点之间的单步移动，示教点的跟踪步骤如表 3 – 4 所示。

表 3 – 4　示教点的跟踪步骤

序号	操作步骤
1	切换机器人至示教模式下的编辑状态，移动光标至跟踪开始点所在命令行
2	打开机器人运行功能，机器人运行功能键图标 上的绿灯点亮
3	轻握安全开关，按压伺服开关，保持伺服指示灯 长亮
4	单击对应示教功能开关图标 的用户功能键 ，开启跟踪功能，绿灯亮
5	按住 【正向跟踪】+【拨动按钮】或【+ 键】，机器人将从当前位置移动到光标所在示教点位置（机器人位置与跟踪开始点不一致时）或下一临近示教点位置（机器人位置与跟踪开始点一致时）停止运动
6	按住 【逆向跟踪】+【拨动按钮】或【- 键】，机器人将从当前位置移动到光标所在示教点位置（机器人位置与跟踪开始点不一致时）或上一临近示教点位置（机器人位置与跟踪开始点一致时）停止运动

进行程序跟踪前要确认机器人工作环境是否安全，看清光标在程序中的位置，确认在跟踪运行过程中不会遇到障碍。除了正向跟踪 之外，TA/B1400 型焊接机器人还提供了逆向跟踪，即从当前示教点开始向程序上一临近示教点进行轨迹跟踪确认。逆向跟踪操作与正向跟踪类似，按住 图标对应的功能键，侧压并拨动滚轮。

程序测试时，完成的是多个示教点的连续移动，程序测试的操作步骤如表 3 – 5 所示。

表 3 – 5　程序测试的操作步骤

序号	操作步骤
1	切换机器人至示教模式下的编辑状态，移动光标至跟踪开始点所在命令行
2	使用【窗口切换键】选中 → ，打开程序测试界面
3	按住 的同时，持续按住【拨动按钮】或【+ 键】，机器人将从当前位置连续移动到作业结束位置停止运动

为了准确拾取焊缝上的示教点，取点时焊丝端部碰触试件，程序跟踪时可能产生刮擦到试件。所以，在示教跟踪时将焊丝回抽一些，回抽焊丝操作与送丝操作相同。有关程序跟踪与测试的图标与功能如表 3 – 6 所示。

表 3 – 6　有关程序跟踪与测试的图标与功能

图标	定义	功能	图标	定义	功能
	跟踪 ON	绿灯亮→跟踪动作功能已开启。按下该键，关闭跟踪功能		跟踪 OFF	绿灯灭→跟踪动作功能关闭。按下该键，打开跟踪功能
	正向跟踪	示教模式下机器人程序的正向单步检查运行		反向跟踪	用于示教模式下机器人程序的反向单步检查运行
	程序测试 ON	绿灯亮→程序测试功能已开启。按下该键，关闭程序测试功能		程序测试 OFF	绿灯灭→程序测试功能关闭。按下该键，打开程序测试功能
	测试实行	用于示教模式下机器人程序的正向连续检查运行			

二、薄板对接平焊缝轨迹示教点规划

1. 规划薄板对接平焊缝轨迹示教点

焊接机器人走直线轨迹只需要设置 2 个特征点，插补方式选 "MOVEL"。所以，薄板对接平焊只需要设置 6 个示教点，如图 3 – 8 所示。

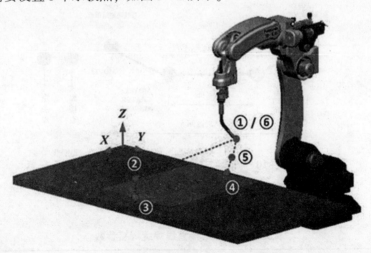

图 3 – 8　薄板对接平焊示教点规划图

薄板对接直线焊缝轨迹示教流程如图3-9所示。

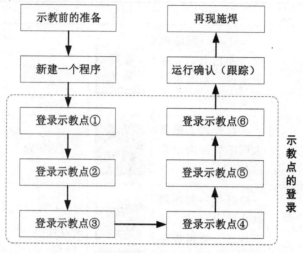

图3-9　薄板对接直线焊缝轨迹示教流程

2. 薄板对接平焊缝轨迹示教点属性设置

薄板对接平焊缝轨迹上示教点的属性和状态如图3-10所示。P001点为原点,在新建程序后直接拾取登录(若机器人TCP不在原点,则需要先复位)。P002为直线轨迹开始点,P003为焊接开始点,P004为焊接结束点,P005为直线轨迹结束点,P006是程序结束后回到原点。

其中P002又称为作业临近点,P005称为退枪避让点,该两点的设置主要是调整焊枪焊接姿态,其位置必须高于工件和夹具,以免机器人机械臂在运行时发生碰撞。机器人在P002到P003、P004到P005两段运动轨迹为直线,以避免机器人本体与工件发生碰撞。

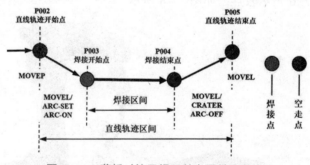

图3-10　薄板对接平焊示教点属性和状态

3. 薄板对接平焊缝焊接参数

薄板对接直线焊缝焊接参数如表3-7所示。

表3-7　薄板对接直线焊缝焊接参数

焊接电流/A	焊接电压/V	收弧电流/A	收弧电压/V	收弧时间/s	焊接速度/(m·min⁻¹)	气体流量/(L·min⁻¹)
120	17.2	100	16.8	0	0.35	12~15

为便于描述焊枪相对应试件的姿态，我们记焊枪与工装上的坐标系 X 的夹角 U、与 Y 的夹角 V、与 Z 轴的夹角 W 来进行表示，如图 3-11 所示。以薄板对接平焊为例，图3-12（a）中焊枪轴线与焊缝中心线在一个平面内，轴线与焊接前进方向（图中由左向右）之间的夹角称为焊枪倾角，即与 X 之间的夹角 V。图3-12（b）中，焊枪轴线与焊缝中心线决定的平面与试件表平面之间的夹角称为焊枪转角，即与 Y 轴之间的夹角 U。

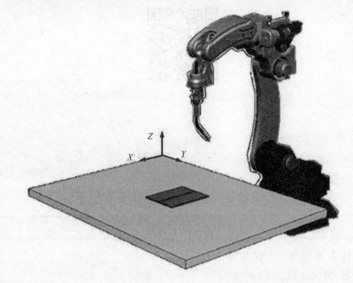

图 3-11　工装坐标系说明

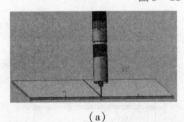 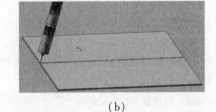

（a）　　　　　　　　　　　　　　　（b）

图 3-12　焊枪角度示意图

（a）焊枪倾角示意图；（b）焊枪转角示意图

　　薄板对接平焊焊枪角度如表 3-8 所示，数值仅供参考，以图 3-12 所示的焊枪姿态为目标调整姿态。

表 3-8　薄板对接平焊焊枪姿态

编号	焊枪姿态			位置点
	$U/(°)$	$V/(°)$	$W/(°)$	
P001	180	45	180	原点（起始）
P002	70~110	90	180	作业临近点
P003	70~110	90	180	焊接开始点
P004	70~110	90	180	焊接结束点
P005	70~110	90	180	退枪避让点
P006	180	45	180	原点（终了）

焊枪倾角的选择与焊件厚度有关，3 mm 板焊枪倾角可选择 70°～110°。选择合适的焊枪角度能保证焊接时电弧稳定性和焊接质量。CO$_2$ 气体保护焊焊枪垂直焊接时飞溅率最小，焊枪倾角越大，飞溅越多。实际作业中，拉焊法焊枪倾角在 70°～80°时，飞溅明显减少；推焊法焊枪倾角＜120°时，飞溅明显减少。对比两种手法，使用推焊法进行焊接，飞溅明显比拉焊法小得多。薄板对接时，焊枪最适宜的转角是 90°。

任务 3 – 1　薄板对接平焊缝示教编程与焊接

一、示教前准备

示教前准备步骤如表 3 – 9 所示。

表 3 – 9　示教前准备步骤

操作步骤	操作方法	图示
工件准备	工件表面清理，清除焊缝两侧各 20 mm 范围内的油、锈、水分及其他污物，并用角向磨光机打磨出金属光泽	
装配定位	①起始端装配间隙为 2.5 mm，收尾端装配间隙为 3.2 mm，错边量≤0.5 mm。②装配定位焊在工件两端 20 mm 范围内，定位焊缝的长度为 10～15 mm，定位焊预置反变形量 3°，也可采用刚度固定法防止变形。定位焊焊接参数与正式焊接相同	
工件装夹	利用夹具将工件固定在机器人工作台上	

二、示教编程

机器人薄板对接平焊缝示教操作步骤如表3-10所示。

表3-10 机器人薄板对接平焊缝示教操作步骤

操作步骤	操作方法	图示	补充说明
新建程序	①机器人原点确认。 ②新建程序		
P001 登录原点 （起始）	①机器人原点，在追加状态下，直接按 ⇨ 登录。 ②将插补方式设定为 MOVEP。 ③示教点属性设定为 ✎ （空走点）。 ④按 ⇨ 保存示教点 P001 为原点		焊前检查工件间隙及反变形是否合适，注意将间隙小的一端放在焊接开始一侧
P002 登录作业 临近点	①机器人移动到作业临近点，在追加状态下，按 ⇨ 登录。 ②将插补方式设定为 MOVEP。 ③示教点属性设定为 ✎ （空走点）。 ④按 ⇨ 保存示教点 P002 为作业临近点		将焊枪移动至过渡点，约在焊接开始点上方50 mm位置
P003 登录焊接 开始点	①机器人移动到焊接开始点，在追加状态下，按 ⇨ 登录。 ②将插补方式设定为 MOVEL。 ③示教点属性设定为 ✎ （焊接点）。 ④按 ⇨ 保存示教点 P003 为焊接开始点		保持焊枪P002点的姿态不变，把焊枪移到焊接作业开始位置

操作步骤	操作方法	图示	补充说明
P004 登录焊接结束点	①机器人移动到焊接结束点，在追加状态下，按 ⬦ 登录。②将插补方式设定为 MOVEL。③示教点属性设定为 ✏ （空走点）。④按 ⬦ 保存示教点 P004 为焊接结束点		保持焊枪 P003 点的姿态不变，把焊枪移到焊接作业结束位置
P005 登录退枪避让点	①机器人移动到避让点，在追加状态下，按 ⬦ 登录。②将插补方式设定为 MOVEL。③示教点属性设定为 ✏ （空走点）。④按 ⬦ 保存示教点 P005 为退枪避让点		保持焊枪 P004 点的姿态不变，把焊枪移到不碰触夹具的位置，推荐在工具坐标系下进行操作
P006 登录原点（终了）	①关闭机器人运行，进入编辑状态。②在用户功能键中单击复制图标 🔲 对应的按键。③拨动滚轮选中 P001 所在的行，侧击滚轮，复制该行程序。④拨动滚轮到 P005 所在的行，单击向下粘贴图标 🔲 对应的功能键，将已复制的程序粘贴到当前行的下一行		复制焊接机器人原点指令即可
跟踪确认	①切换机器人至示教模式下的编辑状态，移动光标至跟踪开始点所在命令行。②点亮 🔲 ，保持伺服指示灯 ◉ 长亮。③开启跟踪功能，正向逐条跟踪程序直至最后一个示教点	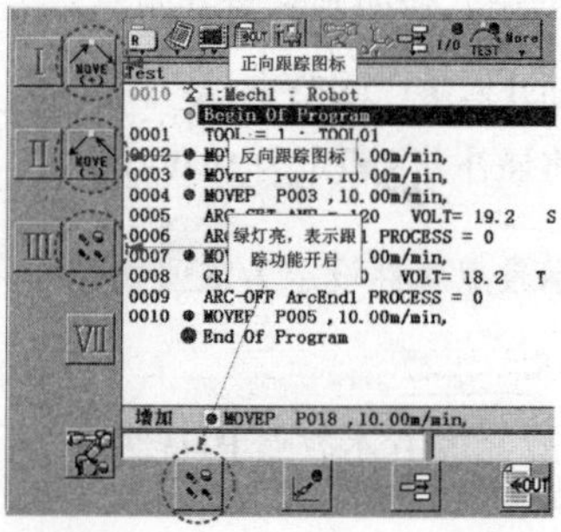	注意整个跟踪过程中光标的位置和程序行标的状态变化

薄板对接平焊示教程序及释义如表 3 - 11 所示。

表 3 - 11　薄板对接平焊示教程序及释义

MOVEL TEACHING PROGRAM			
0011		1：Meach1：Robot	
	●	Begin Of Program	程序开始
0001		TOOL = 1：TOOL01	默认焊枪工具
0002	●	MOVEP P001，10.00m/min，	登录机器人原点
0003	●	MOVEP P002，10.00m/min，	焊接作业临近点
0004	●	MOVEL P003，10.00m/min，	焊接开始点
0005		ARC - SET AMP = 120　VOLT = 17.2　S = 0.35	设定焊接参数
0006		ARC - ON ArcStart1 PROCESS = 0	起弧
0007	●	MOVEL P004，10.00m/min，	焊接终点
0008		CRATER AMP = 100　VOLT = 16.8　T = 0.00	收弧规范
0009		ARC - OFF ArcEnd1 PROCESS = 0	熄弧
0010	●	MOVEL P005，10.00m/min，	退枪避让点
0011	●	MOVEP P006，10.00m/min，	回原点
	●	End Of Program	程序结束

三、试件焊接

机器人薄板对接平焊操作步骤如表 3 - 12 所示。

表 3 - 12　机器人薄板对接平焊操作步骤

操作步骤	操作方法	图示
焊前检查	①程序经过跟踪、确认无误，检查供丝、供气系统及焊接机器人工作环境无误。 ②在编辑状态下，移动光标到程序开始	
模式切换	①插入示教器钥匙。 ②将示教器模式选择开关旋至 AUTO	

操作步骤	操作方法	图示
启动焊接	①轻握安全开关，按压伺服开关，保持伺服指示灯◉长亮。②按下启动按钮开始焊接	启动按钮　伺服ON按钮

◉ 任务评价

焊接完成后，要对焊缝质量进行评价，表 3-13 所示为薄板对接平焊缝外观质量评分表，满分 40 分。缺欠分类按 GB/T 6417.1—2005《金属熔化焊接头缺欠分类及说明》执行，质量分级按 GB/T 19418—2003《钢的弧焊接头缺陷质量分级指南》执行。

表 3-13　薄板对接平焊缝外观质量评分表

明码号		评分员签名				合计分		
检查项目	评判标准及得分	评判等级				测评数据	实得分数	备注
		Ⅰ	Ⅱ	Ⅲ	Ⅳ			
焊缝余高	尺寸标准/mm	0~1	1~2	2~3	<0，>3			
	得分标准	5分	4分	3分	1.5分			
焊缝宽度	尺寸标准/mm	5~6	6~7	7~8	<5，>8			
	得分标准	5分	4分	3分	1.5分			
咬边	尺寸标准/mm	无	深度≤0.5，每5 mm扣1分；最多扣至1.5分		深度>0.5得1.5分			
	得分标准	5分						
正面成型	标准	优	良	中	差			
	得分标准	10分	8分	6分	3分			
背面成型	标准	优	良	中	差			
	得分标准	5分	4分	3分	1.5分			
气孔	数量标准	0	0~1	1~2	>2			
	得分标准	10分	8分	6分	3分			

注：焊缝正反两面有裂纹、未熔合、未焊透缺陷或出现焊件修补、操作未在规定时间内完成，该项做 0 分处理

中联重科混凝土机械分公司 5 桥 67M 国五泵车第三节臂架盖板和腹板主焊缝采用机器人焊接，属于典型的薄板 T 形接头平角焊，长度为 4 000 ~ 5 000 mm，如图 3 - 13 所示。本任务将以混凝土输送泵车第三节臂架盖板和腹板主焊缝的机器人自动焊为例，按照 "1 + X"《特殊焊接技术职业技能等级标准》中级职业技能等级要求，讲解薄板 T 形接头平角焊缝的示教编程与焊接。

图 3 - 13　第三节臂架盖板和腹板主焊缝

任务描述

本任务在焊接机器人实训场进行，使用设备为唐山松下 TA/B1400 型焊接机器人，手动操作机器人，使其 TCP 点沿 T 形接头焊缝（图 3 - 14）移动，试件由 2 块 200 mm × 125 mm × 3 mm 的 Q235B 型钢板组成，接头形式属于薄板 T 形接头，焊接位置为水平位置平角焊。

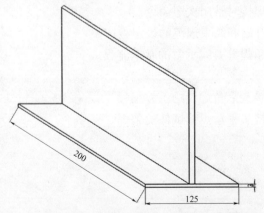

图 3 - 14　薄板 T 形接头平角焊试件图

本任务使用工具和设备如表 3 - 14 所示。

表 3 - 14 本任务使用工具和设备

名　称	型　号	数　量
机器人本体	TA/B 1400	1 台
焊接电源	松下 YD - 35GR W 型	1 个
控制柜（含变压器）	G Ⅲ 型	1 个
示教器	AUR01060 型	1 个
焊丝	ER50 - 6、ϕ1.2 mm	1 盘
保护气瓶	80% Ar + 20% CO_2	1 瓶
头戴式面罩	自定	1 个
纱手套	自定	1 副
钢丝刷	自定	1 把
尖嘴钳	自定	1 把
活动扳手	自定	1 把
钢直尺	自定	1 把
敲渣锤	自定	1 把
焊接夹具	自定	1 套
焊缝测量尺	自定	1 把
角向磨光机	自定	1 台
劳保用品	帆布工作服、工作鞋	1 套

学习目标 NEWS

● 知识目标

1. 了解焊接机器人焊接时常用次序命令。

2. 熟悉焊接机器人开始和结束规范的设定方法。

3. 掌握 T 形接头平角焊缝直线示教的基本流程。

● 技能目标

1. 能进行薄板 T 形接头平角焊缝的示教编程。

2. 能进行薄板 T 形接头平角焊缝试件的施焊。

一、机器人施焊作业条件的设定

在示教程序中，如图 3 – 15 所示，可以通过编辑焊接开始点和焊接结束点程序中的次序命令，来设定焊接机器人再现施焊作业条件。焊接中常用的焊接次序命令如表 3 – 15 所示。

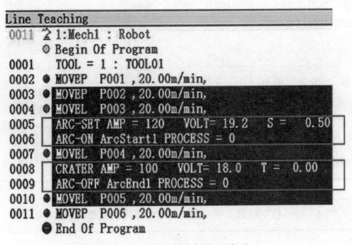

图 3 – 15　设定施焊作业条件

表 3 – 15　焊接中常用的焊接次序命令

命令	命令的内容	命令的含义
ARC – ON	选择焊接开始规范	选择焊枪开关或焊接电流检出等焊接开始程序：ArcStart1 ~ ArcStart5
ARC – OFF	选择焊接结束规范	选择焊枪开关 OFF 或粘丝检测等焊接终了程序：ArcEnd1 ~ ArcEnd5
ARC – SET	选择焊接规范	指定焊接电流、焊接电压、焊接速度
CRATER	选择收弧处理规范	指定收弧电流、收弧电压、收弧时间
AMP	设定焊接电流	仅指定焊接电流
VOLT	设定焊接电压	仅指定焊接电压

接下来将对焊接开始规范、焊接结束规范、焊接开始动作次序、焊接结束动作次序以及保护气体流量的设定进行详细介绍。

1. 焊接开始规范设定

焊接开始规范的设定在 ARC – SET 命令中进行，机器人 CO_2/MAG 焊接开始规范设置内容包括电流、电压和焊接速度，设定的步骤如表 3 – 16 所示。

表 3 – 16　焊接开始规范设定步骤

操作步骤	操作方法	图示	补充说明
程序编辑	①在程序编辑窗口移动光标至 ARC – SET 命令语句上。 ②侧击【拨动按钮】，弹出"ARC – SET"参数设置窗口	● MOVEL　P003, 10.00m/min ARC-SET AMP = 120　VOLT= 17.5　S = 0.5 ARC-ON ArcStart1　PROCESS = 0 ● MOVEL　P004, 10.00m/min CRATER AMP = 100　VOLT= 15　T = 0.00 ARC-OFF ArcEnd1　PROCESS = 0	在程序编辑窗口出现图标，单击【用户功能键 6】，弹出"焊接导航"对话框，机器人会自动对应设定的接头、板厚、焊接速度等参数给出一个标准的焊接规范
设定参数	输入参数，确认无误后，按⏎键或者单击界面上的【OK】按钮完成参数设定	ARC-SET ARC-SET AMP = [电流值] (A) VOLT = [电压值] (V) S = [速度] (m/min) 电流值　120 电压值　19.0　标准 速度　0.50 OK　取消 ARC-SET AMP = 120　VOLT= 19.0　S = 0.50	松下焊接机器人在对应 CO_2/MAG 焊接预设五套焊接开始规范，每个编号对应的参数见表 3 –17

表 3 – 17　松下机器人 CO_2/MAG 焊接预设的五套焊接开始规范

编号 参数	1	2	3	4	5
电流/A	120	160	200	260	320
电压/V	19.2	20.6	22.8	27.2	35.0
速度（m·min^{-1}）	0.50	0.50	0.50	0.50	0.50

2. 焊接结束规范设定

焊接结束时收弧规范的设定在 CRATER 命令中进行，机器人 CO_2/MAG 焊接结束规范设置内容包括电流、电压和填坑时间，设定的步骤如表 3 – 18 所示。

表 3 – 18　焊接结束规范设定步骤

操作步骤	操作方法	图示	补充说明
程序编辑	①在程序编辑窗口移动光标至 CRATER 命令语句上。 ②侧击【拨动按钮】，弹出"CRATER"参数设置窗口	● MOVEL　P003, 10.00m/min ARC-SET AMP = 120　VOLT= 17.5　S = 0.5 ARC-ON ArcStart1　PROCESS = 0 ● MOVEL　P004, 10.00m/min CRATER AMP = 100　VOLT= 15　T = 0.00 ARC-OFF ArcEnd1　PROCESS = 0	

操作步骤	操作方法	图示	补充说明
设定参数	输入参数，确认无误后，按 ⇨ 键或者单击界面上的【OK】按钮完成参数设定		松下焊接机器人在对应 CO_2/MAG 焊接预设五套焊接结束规范，每个编号对应的参数见表 3-19

表 3-19 松下机器人 CO_2/MAG 焊接预设的五套焊接结束规范

编号 参数	1	2	3	4	5
电流/A	100	120	160	200	260
电压/V	18.2	19.2	20.6	22.8	27.2
填坑时间/s	0.00	0.00	0.00	0.00	0.00

3. 焊接开始动作次序设定

焊接开始动作次序的设定在 ARC-ON 命令中进行，机器人 CO_2/MAG 焊接开始动作次序设定内容包括欲开始焊接操作的文件名和要执行再引弧的次数，设定步骤如表 3-20 所示。

表 3-20 焊接开始动作次序设定步骤

操作步骤	操作方法	图示	补充说明
程序编辑	①在程序编辑窗口移动光标至 ARC-ON 命令语句上。 ②侧击【拨动按钮】，弹出"ARC-ON"参数设置窗口	● MOVEL　P003, 10.00m/min ARC-SET AMP = 120　VOLT= 17.5　S = 0.5 ARC-ON ArcStart1　PROCESS = 0 ● MOVEL　P004, 10.00m/min CRATER AMP = 100　VOLT= 15　T = 0.00 ARC-OFF ArcEnd1　PROCESS = 0	
设定参数	输入参数，确认无误后，按 ⇨ 键或者单击界面上的【OK】按钮完成焊接规范设定		松下焊接机器人在对应 CO_2/MAG 焊接预设五套焊接开始动作文件，每个编号对应的文件见表 3-21

表 3-21 松下机器人 CO_2/MAG 焊接预设的五套焊接开始动作文件及功能解读

序号	ArcStart 1	起弧开始动作次序1	ArcStart 2	起弧开始动作次序2	ArcStart 3	起弧开始动作次序3	ArcStart 4	起弧开始动作次序4	ArcStart 5	起弧开始动作次序5
1	GASVALVE ON	打开气阀	GASVALVE ON	打开气阀	GASVALVE ON	打开气阀	DELAY 0.10	延时0.10 s	DELAY 0.10	延时0.10 s
2	TORCHSW ON	打开焊枪	DELAY 0.10	延时0.10 s	DELAY 0.20	延时0.20 s	GASVALVE ON	打开气阀	GASVALVE ON	打开气阀
3	WAIT-ARC	等待起弧	TORCHSW ON	打开焊枪	TORCHSW ON	打开焊枪	DELAY 0.20	延时0.20 s	DELAY 0.20	延时0.20 s
4			WAIT-ARC	等待起弧	WAIT-ARC	等待起弧	TORCHSW ON	打开焊枪	TORCHSW ON	打开焊枪
5							WAIT-ARC	等待起弧	DELAY 0.20	延时0.20 s
6									WAIT-ARC	等待起弧

4. 焊接结束动作次序设定

焊接结束动作次序的设定在 ARC-OFF 命令中进行，机器人 CO_2/MAG 焊接结束动作次序设定内容包括欲终止焊接操作的文件名和要执行自动粘丝解除的次数，设定步骤如表3-22 所示。

表 3-22 焊接结束动作次序设定步骤

操作步骤	操作方法	图示	补充说明

程序编辑	①在程序编辑窗口移动光标至 ARC-OFF 命令语句上。②侧击【拨动按钮】，弹出"ARC-OFF"参数设置窗口	MOVEL P003, 10.00m/min
		ARC-SET AMP = 120 VOLT= 17.5 S = 0.5
		ARC-ON ArcStart1 PROCESS = 0
		MOVEL P004, 10.00m/min
		CRATER AMP = 100 VOLT= 15 T = 0.00
		ARC-OFF ArcEnd1 PROCESS = 0	

设定参数	输入参数，确认无误后，按 键或者单击界面上的【OK】按钮完成焊接规范设定	ARC-OFF [文件名] STRRELEASE = [素面] 文件名 ArcEnd1 RELEASE 0 OK 取消 ARC-OFF ArcEnd1.prg RELEASE = 0	松下焊接机器人在对应 CO_2/MAG 焊接预设五套焊接结束动作次序，每个编号对应的文件见表3-23

表 3-23 松下机器人 CO_2/MAG 焊接预设的五套焊接结束动作文件及功能解读

文件名 序号	ArcEnd 1	起弧结束动作次序1	ArcEnd 2	起弧结束动作次序2	ArcEnd 3	起弧结束动作次序3	ArcEnd 4	起弧结束动作次序4	ArcEnd 5	起弧结束动作次序5
1	TORCHSW OFF	关闭焊枪	DELAY 0.20	延时 0.20 s	DELAY 0.20	延时 0.20 s	DELAY 0.30	延时 0.30 s	DELAY 0.20	延时 0.20 s
2	DELAY 0.40	延时 0.40 s	TORCHSW OFF	关闭焊枪	TORCHSW OFF	关闭焊枪	TORCHSW OFF	关闭焊枪	TORCHSW OFF	关闭焊枪
3	STICKCHK ON	开始粘丝检测	DELAY 0.30	延时 0.30 s	DELAY 0.40	延时 0.40 s	DELAY 0.40	延时 0.40 s	DELAY 0.20	延时 0.20 s
4	DELAY 0.30	延时 0.30 s	STICKCHK ON	开始粘丝检测	STICKCHK ON	开始粘丝检测	STICKCHK ON	开始粘丝检测	AMP = 150	焊接电流值 150A
5	STICKCHK OFF	结束粘丝检测	DELAY 0.30	延时 0.30 s	DELAY 0.30	延时 0.30 s	DELAY 0.30	延时 0.30 s	WIRERWD ON	开始逆送丝
6	GASVALVE OFF	关闭气阀	STICKCHK OFF	结束粘丝检测	STICKCHK OFF	结束粘丝检测	STICKCHK OFF	结束粘丝检测	DELAY 0.10	延时 0.10 s
7			GASVALVE OFF	关闭气阀	GASVALVE OFF	关闭气阀	GASVALVE OFF	关闭气阀	WIRERWD OFF	结束逆送丝
8									STICKCHK ON	开始粘丝检测
9									DELAY 0.30	延时 0.30 s
10									STICKCHK OFF	结束粘丝检测
11									GASVALVE OFF	关闭气阀

5. 保护气体流量设定

为了调整保护气体的流量，需使用送丝·检气功能，其常用图标及功能如表3-24所示。

表3-24 送丝·检气常用图标及功能

图标	定义	功能
	送丝·检气 OFF	绿灯灭，表示点动送丝和气流检查功能关闭，按下该键，打开送丝·检气功能
	送丝·检气 ON	绿灯亮，表示点动送丝和气流检查功能开启，按下该键，关闭送丝·检气功能
	送丝	按住该键，焊丝向前送出，前3 s内焊丝以慢速送出，之后转为高速送出
	抽丝	按住该键，焊丝向后回抽，前3 s内焊丝以慢速回抽，之后转为高速回抽
	检气	按下该键，气流检查功能打开（图标上绿灯亮）。每次按下该键，在检气 ON/OFF 状态之间切换，对程序的示教内容无影响

保护气体流量的调节步骤如表3-25所示。

表3-25 保护气体流量的调节步骤

操作步骤	操作方法	图示	补充说明
打开送丝·检气功能	按【用户功能键】， （绿灯灭）→ （绿灯亮），打开送丝·检气功能		
打开检气功能	①按【动作功能键】， （绿灯灭）→ （绿灯亮），打开检气功能。②手动拧开气瓶，根据实际作业规范调节压力直至合适范围		保护气体流量的调整与焊丝杆伸出长度等参数有关，喷嘴口径为20 mm时保护气体流量的设定见表3-26

表 3-26 喷嘴口径为 2 mm 时保护气体流量的设定

焊丝杆伸长/mm	CO_2气体流量/（L·min^{-1}）	MAG 气体流量/（L·min^{-1}）
8~15	10~20	15~25
12~20	15~25	20~30
15~25	20~30	25~30

二、薄板 T 形接头平角焊缝轨迹示教

1. 薄板 T 形接头平角焊缝轨迹示教点规划

薄板 T 形接头平角焊缝为对称焊缝，共规划 11 个示教点，示教点排列顺序如图 3-16 所示。其中点①为原点，程序开始和结束时都需要记录，第 1 道焊缝结束后机器人回到原点，然后再焊接第 2 道焊缝。

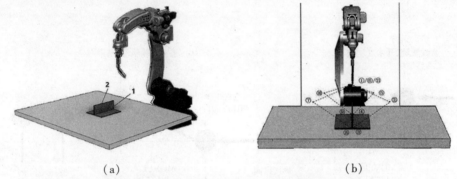

（a） （b）

图 3-16 薄板 T 形接头平角焊缝轨迹示教点规划

（a）焊接顺序；（b）示教点规划

薄板 T 形接头平角焊示教流程如图 3-17 所示。

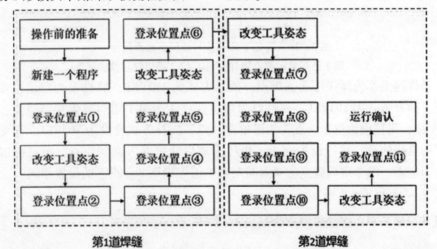

图 3-17 薄板 T 形接头平角焊示教流程

2. 薄板 T 形接头平角焊缝轨迹示教点属性设置

薄板 T 形接头平角焊缝为对称焊缝，两条焊缝 1、2 均为直线焊缝，示教点属性如图 3－18 所示。

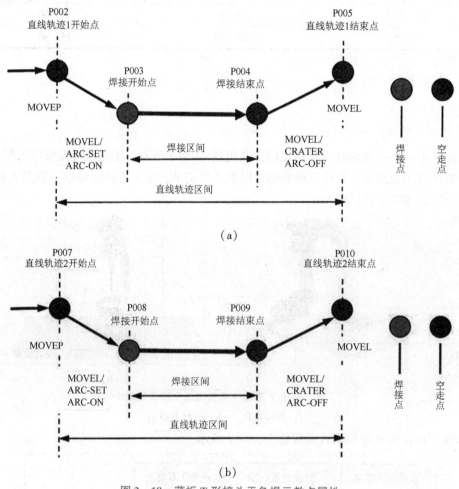

（a）

（b）

图 3－18　薄板 T 形接头平角焊示教点属性

（a）第 1 道焊缝示教点属性；（b）第 2 道焊缝示教点属性

第 1 条焊缝点②为焊接作业临近点，插补方式为 MOVEP，属性设为空走。点③为焊接开始点，插补方式为 MOVEL，属性设为焊接。点④为第 1 道焊缝焊接结束点，插补方式为 MOVEL，属性设为空走。点⑤为退枪避让点，插补方式宜设为 MOVEL，退枪避让最好走确定的直线轨迹，属性设为空走。焊接完成后让机器人回到原点，原点可以复制粘贴，设定为空走。第 2 道焊缝点⑦～点⑩跟第 1 道焊缝点②～点⑤的设置相同。

3. 薄板 T 形接头平角焊缝焊接参数

薄板 T 形接头平角焊缝焊接参数如表 3－27 所示。

表 3 - 27　薄板 T 形接头平角焊缝焊接参数

焊接电流 /A	焊接电压 /V	收弧电流 /A	收弧电压 /V	收弧时间 /s	焊接速度 /(m·min⁻¹)	气体流量 /(L·min⁻¹)
120	17.2	100	16.8	0	0.35	12 ~ 15

　　薄板 T 形接头平角焊焊枪姿态如表 3 - 28 所示。数值仅供参考，以图 3 - 19 所示的焊枪姿态为目标调整姿态。

表 3 - 28　薄板 T 形接头平角焊焊枪姿态

编号	焊枪姿态			位置点
	U / (°)	V / (°)	W / (°)	
P001	180	45	180	原点（起始）
P002	− 75 ~ − 90	45 ~ 50	0	焊缝 1 临近点
P003	− 75 ~ − 90	45 ~ 50	0	焊缝 1 开始点
P004	− 75 ~ − 90	45 ~ 50	0	焊缝 1 结束点
P005	− 75 ~ − 90	45 ~ 50	0	焊缝 1 退让点
P006	180	45	180	原点（终了）
P007	75 ~ 90	45 ~ 50	0	焊缝 2 临近点
P008	75 ~ 90	45 ~ 50	0	焊缝 2 开始点
P009	75 ~ 90	45 ~ 50	0	焊缝 2 结束点
P010	75 ~ 90	45 ~ 50	0	焊缝 2 退让点
P011	180	45	180	原点（终了）

图 3 - 19　薄板 T 形接头平角焊焊枪姿态

一、示教前准备

示教前准备步骤如表3-29所示。

表3-29　示教前准备步骤

操作步骤	操作方法	图示
工件准备	工件表面清理，清除焊缝两侧各30 mm范围内的油、锈、水分及其他污物，并用角向磨光机打磨出金属光泽	
装配定位	①T形接头装配，不留间隙。②在焊件两端前后对称处进行定位焊，定位焊长度为15～20 mm。定位焊焊接参数与正式焊接相同。③装配完毕后校正焊件垂直度，保证立板垂直	
工件装夹	利用夹具将工件固定在机器人工作台上	

二、示教编程

机器人薄板T形接头平角焊缝示教操作步骤如表3-30所示。

表 3 – 30　机器人薄板 T 形接头平角焊缝示教操作步骤

操作步骤	操作方法	图示	补充说明
新建程序	①机器人原点确认。 ②新建程序	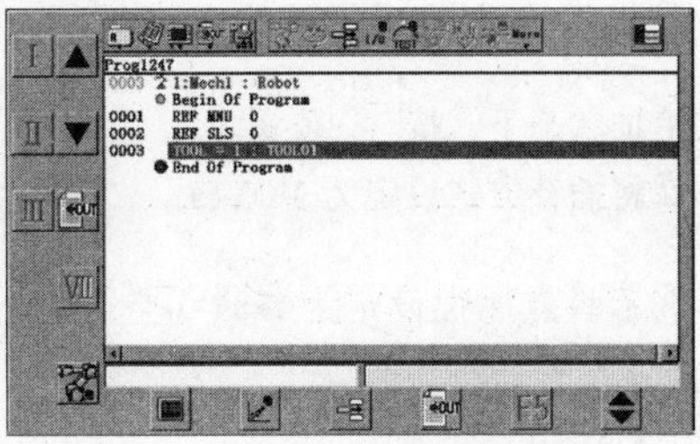	
P001 登录原点（起始）	①机器人原点，在追加状态下，直接按  ⇨ 登录。 ②将插补方式设定为 MOVEP。 ③示教点属性设定为  ✐（空走点）。 ④按  ⇨ 保存示教点 P001 为原点	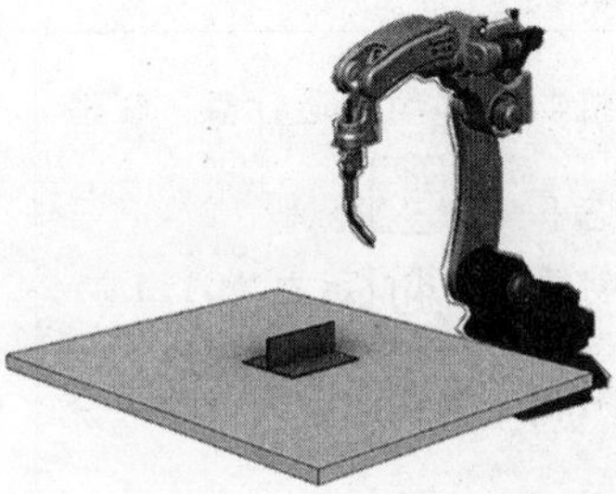	
P002 登录第 1 道焊缝作业临近点	①机器人移动到作业临近点，在追加状态下，按  ⇨ 登录。 ②将插补方式设定为 MOVEP。 ③示教点属性设定为  ✐（空走点）。 ④按  ⇨ 保存示教点 P002 为作业临近点	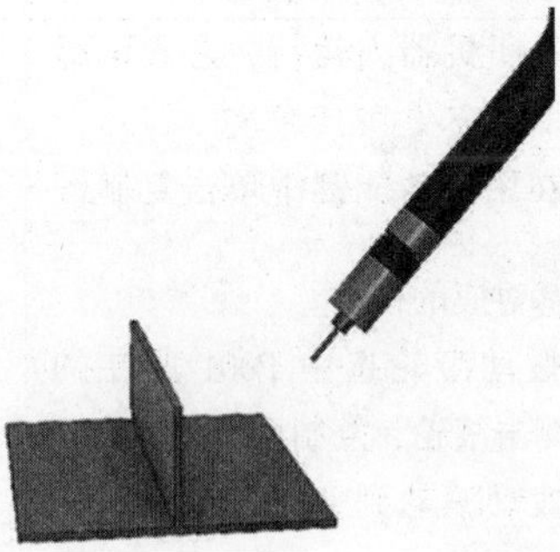	将焊枪移动至过渡点，该点必须高于工件高度，以免焊接时焊枪撞击到工件
P003 登录第 1 道焊缝焊接开始点	①机器人移动到焊接开始点，在追加状态下，按  ⇨ 登录。 ②将插补方式设定为 MOVEL。 ③示教点属性设定为  ✐（焊接点）。 ④按 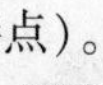 ⇨ 保存示教点 P003 为焊接开始点	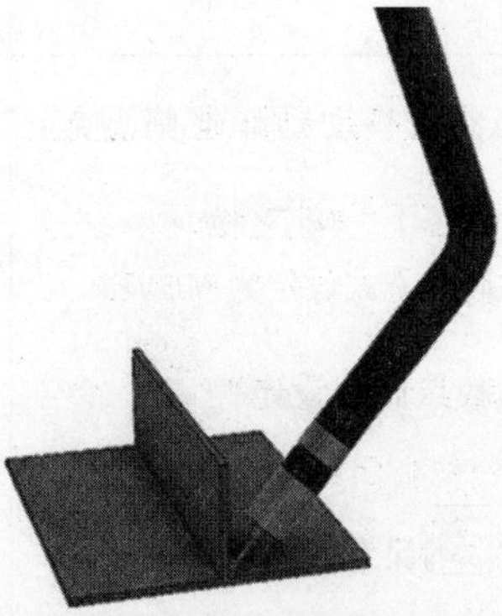	保持焊枪 P002 点的姿态不变，将焊枪移到焊接作业开始位置

操作步骤	操作方法	图示	补充说明
P004 登录第 1 道焊缝焊接结束点	①机器人移动到焊接结束点，在追加状态下，按  ⇨ 登录。 ②将插补方式设定为 MOVEL。 ③示教点属性设定为  ✎ （空走点）。 ④按  ⇨ 保存示教点 P004 为焊接结束点	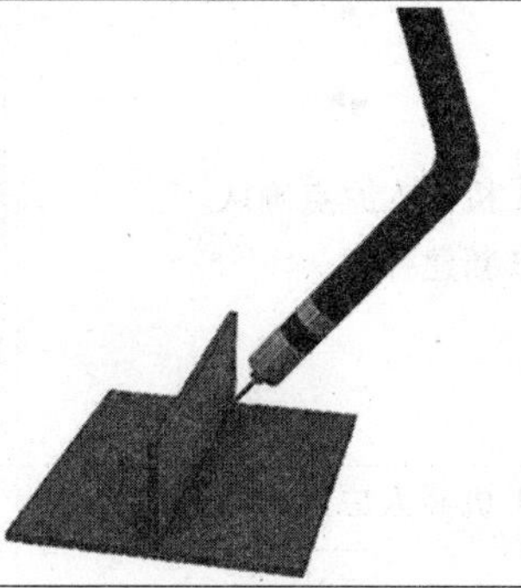	保持焊枪 P003 点的姿态不变，把焊枪移到焊接作业结束位置
P005 登录退枪避让点	①机器人移动到避让点，在追加状态下，按  ⇨ 登录。 ②将插补方式设定为 MOVEL。 ③示教点属性设定为  ✎ （空走点）。 ④按  ⇨ 保存示教点 P005 为退枪避让点		保持焊枪 P004 点的姿态不变，把焊枪移到不碰触夹具和工件的位置
P006 原点（第 1 道焊缝终了）	①关闭机器人运行，进入编辑状态。 ②在用户功能键中单击复制图标  🗐 对应的按键。 ③拨动滚轮选中 P001 所在的行，侧击滚轮，复制该行程序。 ④拨动滚轮到 P005 所在的行，单击向下粘贴图标  🗐 对应的功能键，将已复制的程序粘贴到当前行的下一行	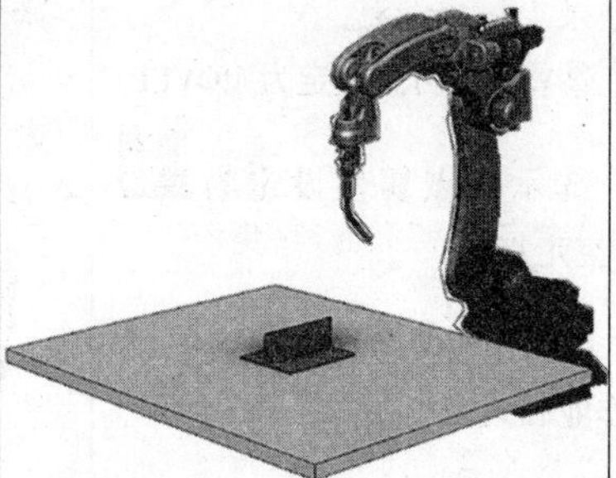	复制焊接机器人原点指令即可
P007 登录第 2 道焊缝作业临近点	①机器人移动到作业临近点，在追加状态下，按  ⇨ 登录。 ②将插补方式设定为 MOVEP。 ③示教点属性设定为  ✎ （空走点）。 ④按  ⇨ 保存示教点 P007 为作业临近点		将焊枪移动至第 2 道焊缝过渡点，该点必须高于工件高度，以免焊接时焊枪撞击到工件

操作步骤	操作方法	图示	补充说明
P008 登录第2道焊缝焊接开始点	①机器人移动到焊接开始点，在追加状态下，按⇨登录。 ②将插补方式设定为MOVEL。 ③示教点属性设定为 🔧（焊接点）。 ④按⇨保存示教点P008为焊接开始点	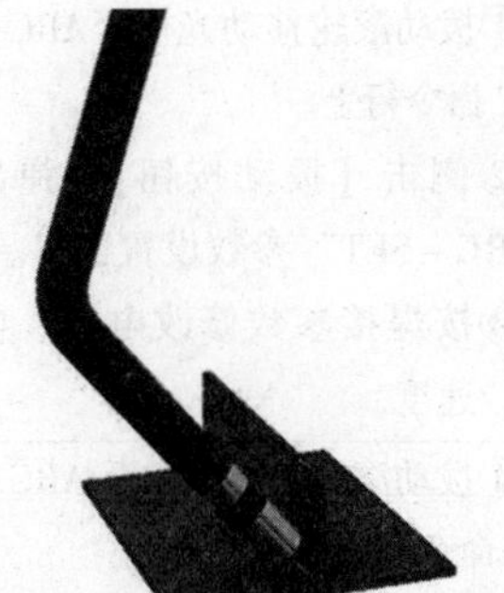	保持焊枪P007点的姿态不变，将焊枪移到焊接作业开始位置
P009 登录第2道焊缝焊接结束点	①机器人移动到焊接结束点，在追加状态下，按⇨登录。 ②将插补方式设定为MOVEL。 ③示教点属性设定为 🔧（空走点）。 ④按⇨保存示教点P009为焊接结束点	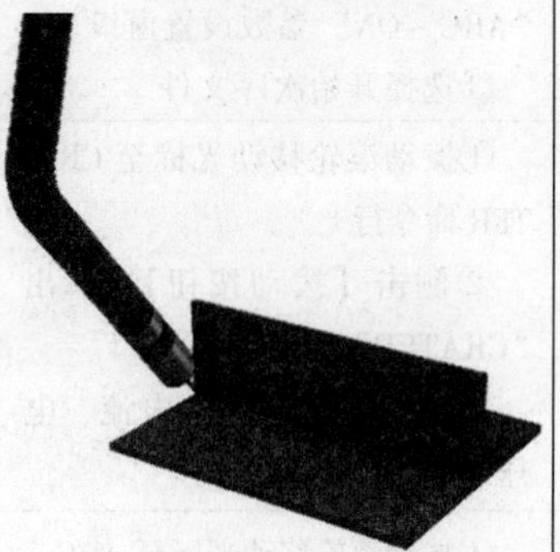	保持焊枪P008点的姿态不变，把焊枪移到焊接作业结束位置
P010 登录第2道焊缝退枪避让点	①机器人移动到避让点，在追加状态下，按⇨登录。 ②将插补方式设定为MOVEL。 ③示教点属性设定为 🔧（空走点）。 ④按⇨保存示教点P010为退枪避让点		保持焊枪P009点的姿态不变，把焊枪移到不碰触夹具和工件的位置
P011 原点（第2道焊缝终了）	①关闭机器人运行，进入编辑状态。 ②在用户功能键中单击复制图标 📋 对应的按键。 ③拨动滚轮选中P001所在的行，侧击滚轮，复制该行程序。 ④拨动滚轮到P010所在的行，单击向下粘贴图标 📋 对应的功能键，将已复制的程序粘贴到当前行的下一行	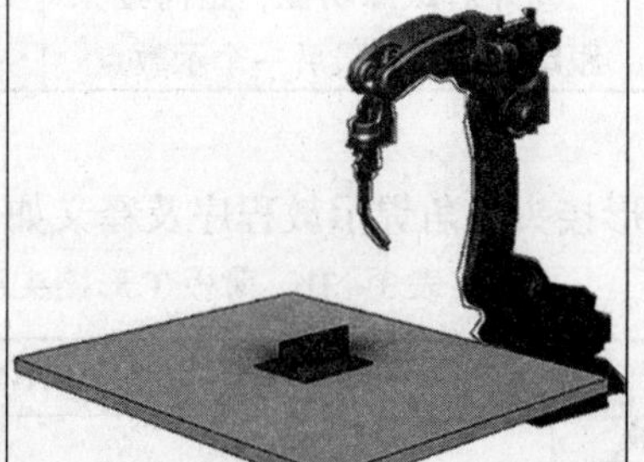	复制焊接机器人原点指令即可

操作步骤	操作方法	图示	补充说明
修改焊接开始规范	①拨动滚轮移动光标至ARC – SET 命令行上。 ②侧击【拨动按钮】，弹出"ARC – SET"参数设置窗口。 ③按焊接参数修改电流、电压、速度	● MOVEL P003, 10.00m/min ARC-SET AMP = 120 VOLT = 17.2 S = 0.35 ARC-ON ArcStart1 PROCESS = 0 ● MOVEL P004, 10.00m/min CRATER AMP = 100 VOLT = 16.8 T = 0.00 ARC-OFF ArcEnd1 PROCESS = 0	
修改焊接开始动作次序	①拨动滚轮移动光标至ARC – ON 命令行上。 ②侧击【拨动按钮】，弹出"ARC – ON"参数设置窗口。 ③选择开始次序文件	● MOVEL P003, 10.00m/min ARC-SET AMP = 120 VOLT = 17.2 S = 0.35 ARC-ON ArcStart1 PROCESS = 0 ● MOVEL P004, 10.00m/min CRATER AMP = 100 VOLT = 16.8 T = 0.00 ARC-OFF ArcEnd1 PROCESS = 0	
修改焊接结束规范	①拨动滚轮移动光标至CRA-TER 命令行上。 ②侧击【拨动按钮】，弹出"CRATER"参数设置窗口。 ③按焊接参数修改电流、电压、时间	● MOVEL P003, 10.00m/min ARC-SET AMP = 120 VOLT = 17.2 S = 0.35 ARC-ON ArcStart1 PROCESS = 0 ● MOVEL P004, 10.00m/min CRATER AMP = 100 VOLT = 16.8 T = 0.00 ARC-OFF ArcEnd1 PROCESS = 0	
修改焊接结束动作次序	①拨动滚轮移动光标至ARC – OFF 命令行上。 ②侧击【拨动按钮】，弹出"ARC – OFF"参数设置窗口。 ③选择结束次序文件	● MOVEL P003, 10.00m/min ARC-SET AMP = 120 VOLT = 17.2 S = 0.35 ARC-ON ArcStart1 PROCESS = 0 ● MOVEL P004, 10.00m/min CRATER AMP = 100 VOLT = 16.8 T = 0.00 ARC-OFF ArcEnd1 PROCESS = 0	
跟踪确认	①切换机器人至示教模式下的编辑状态，移动光标至跟踪开始点所在命令行。 ②点亮 ，保持伺服指示灯 长亮。 ③开启跟踪功能，正向逐条跟踪程序直至最后一个示教点		注意整个跟踪过程中光标的位置和程序行标的状态变化

薄板 T 形接头平角焊示教程序及释义如表 3 – 31 所示。

表 3 – 31 薄板 T 形接头平角焊示教程序及释义

TJOINT TEACHING PROGRAM		
0020		1：Meach1：Robot
	●	Begin Of Program
		程序开始

TJOINT TEACHING PROGRAM			
0001		TOOL = 1 ：TOOL01	默认焊枪工具
0002	●	MOVEP P001 ， 10.00m/min，	登录机器人原点
0003	●	MOVEP P002 ， 10.00m/min，	焊接作业临近点
0004	●	MOVEL P003 ， 10.00m/min，	焊接开始点
0005		ARC – SET AMP = 120　VOLT = 17.2　S = 0.35	设定焊接参数
0006		ARC – ON ArcStart1 PROCESS = 0	起弧
0007	●	MOVEL P004 ， 10.00m/min，	焊接终点
0008		CRATER AMP = 100　VOLT = 16.8　T = 0.00	收弧规范
0009		ARC – OFF ArcEnd1 PROCESS = 0	熄弧
0010	●	MOVEL P005 ， 10.00m/min，	退枪避让点
0011	●	MOVEP P006 ， 10.00m/min，	回原点
0012	●	MOVEP P007 ， 10.00m/min，	焊接作业临近点
0013	●	MOVEL P008 ， 10.00m/min，	焊接开始点
0014		ARC – SET AMP = 120　VOLT = 17.2　S = 0.35	焊接参数
0015		ARC – ON ArcStart1 PROCESS = 0	起弧
0016	●	MOVEL P009 ， 10.00m/min，	焊接终了点
0017		CRATER AMP = 100　VOLT = 16.8　T = 0.00	收弧规范
0018		ARC – OFF ArcEnd1 PROCESS = 0	熄弧
0019	●	MOVEL P010 ， 10.00m/min，	退枪避让点
0020	●	MOVEP P011 ， 10.00m/min，	回原点
	●	End Of Program	程序结束

三、试件焊接

机器人薄板 T 形接头平角焊操作步骤如表 3 – 32 所示。

表 3 – 32　机器人薄板 T 形接头平角焊操作步骤

操作步骤	操作方法	图示
焊前检查	①程序经过跟踪、确认无误，检查供丝、供气系统及焊接机器人工作环境无误。 ②在编辑状态下，移动光标到程序开始	**Tjoint Teaching.prg** □–📄 **Tjoint Teaching.prg** 　　👤 **1:Mech1 : Robot** 　　○ Begin Of Program 　　**TOOL = 1 : TOOL01** 　　● **MOVEP　P001, 10.00m/min**

操作步骤	操作方法	图示
模式切换	①插入示教器钥匙。 ②将示教器模式选择开关旋至 AUTO。 ③关闭电弧并锁定 🔲（绿灯灭）	
启动焊接	①轻握安全开关，按压伺服开关，保持伺服指示灯 ◎ 长亮。 ②按下启动按钮开始焊接	

任务评价

焊接完成后，要对焊缝质量进行评价，表 3-33 所示为薄板 T 形接头平角焊缝外观质量评分表，满分 40 分。缺欠分类按 GB/T 6417.1—2005《金属熔化焊接头缺欠分类及说明》执行，质量分级按 GB/T 19418—2003《钢的弧焊接头缺陷质量分级指南》执行。

表 3-33 薄板 T 形接头平角焊缝外观质量评分表

明码号		评分员签名				合计分		
检查项目	评判标准及得分	评判等级				测评数据	实得分数	备注
		I	II	III	IV			
焊脚 K1	尺寸标准/mm	2~3	3~4	4~5	<2, >5			
	得分标准	5 分	4 分	3 分	1.5 分			
焊脚 K2	尺寸标准/mm	2~3	3~4	4~5	<2, >5			
	得分标准	5 分	4 分	3 分	1.5 分			
焊脚差	尺寸标准/mm	≤1	1~2	2~3	>3			
	得分标准	5 分	4 分	3 分	1.5 分			
咬边	尺寸标准/mm	无	深度≤0.5，每 5 mm 扣 1 分；最多扣至 1.5 分		深度>0.5 得 1.5 分			
	得分标准	5 分						
正面成型	标准	优	良	中	差			
	得分标准	10 分	8 分	6 分	3 分			
气孔	数量标准	0	0~1	1~2	>2			
	得分标准	10 分	8 分	6 分	3 分			
注：焊缝表面有裂纹、未熔合缺陷或出现焊件修补、操作未在规定时间内完成，该项做 0 分处理								

任务引入

中联重科混凝土机械分公司 5 桥 67M 国五泵车第三节臂架内腹板与隔板采用机器人焊接，属于典型的薄板立角焊缝，焊缝长度为 100~200 mm，如图 3-20 所示。本任务将以混凝土输送泵车第三节臂架内腹板与隔板立角焊缝机器人自动焊为例，按照"1+X"《特殊焊接技术职业技能等级标准》中级职业技能等级要求，讲解薄板立角焊缝的示教编程与焊接。

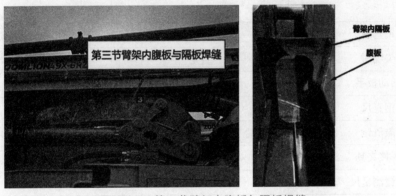

图 3-20　第三节臂架内腹板与隔板焊缝

任务描述

本任务在焊接机器人实训场进行，使用设备为唐山松下 TA/B1400 型焊接机器人，手动操作机器人，对三角形试件（图 3-21）3 条立角焊缝进行示教编程，试件由 3 块 100 mm×60 mm×3 mm 的 Q235B 型钢板组装成，接头形式属于薄板角接接头，焊接位置为由上而下立焊。

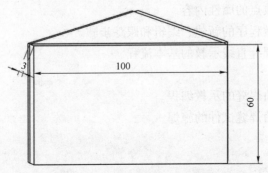

图 3-21　薄板立角焊缝试件图

本任务使用工具和设备如表 3 – 34 所示。

表 3 – 34　本任务使用工具和设备

名　称	型　号	数　量
机器人本体	TA/B 1400	1 台
焊接电源	松下 YD – 35GR W 型	1 个
控制柜（含变压器）	G Ⅲ 型	1 个
示教器	AUR01060 型	1 个
焊丝	ER50 – 6、$\phi1.2$ mm	1 盘
保护气瓶	80% Ar + 20% CO_2	1 瓶
头戴式面罩	自定	1 个
纱手套	自定	1 副
钢丝刷	自定	1 把
尖嘴钳	自定	1 把
活动扳手	自定	1 把
钢直尺	自定	1 把
敲渣锤	自定	1 把
焊接夹具	自定	1 套
焊缝测量尺	自定	1 把
角向磨光机	自定	1 台
劳保用品	帆布工作服、工作鞋	1 套

学习目标　NEW!

● 知识目标

1. 熟悉机器人示教点的属性内容。

2. 熟悉机器人示教程序的新建、编辑和跟踪步骤。

3. 掌握直线立角焊缝直线示教的基本流程。

● 技能目标

1. 能进行薄板立角焊缝的示教编程。

2. 能进行薄板立角焊缝试件的施焊。

一、机器人示教程序的编辑

1. 机器人示教程序解读

机器人的示教程序主要是在程序编辑窗口进行，松下机器人程序内容画面主要由光标、行标、命令及附加项等几部分组成，如图 3 - 22 所示。其各部分的含义如表 3 - 35 所示。

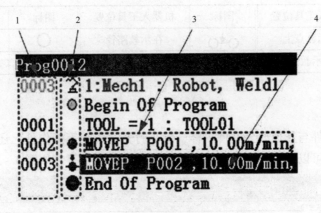

图 3 - 22　松下机器人程序内容画面组成
1—行号；2—行标；3—命令及附加项；4—光标

表 3 - 35　松下机器人程序各部分的含义

序号	名称	含义
1	行号	表示程序的行序号，自动显示，当插入或删除行时，行号会自动改变
2	行标	表示示教点属性以及机器人 TCP 点当前位置的标识。空走点用 "●" 蓝色图标标识，焊接点用 "●" 红色图标标识，摆动振幅点用 "○" 黄色图标标识
3	命令及附加项	命令编辑用的光标，侧击【拨动按钮】可对光标所在命令进行编辑。在使机器人前进、后退和试运行时，机器人从光标所在行开始运行
4	光标	示教执行处理或作业。在移动命令状态下，示教位置数据后，会自动显示与当前插补方式相应的命令

根据识读窗口程序内容画面中行标，可以清楚地知道机器人工具（焊枪的焊丝前端）在示教点还是在示教路径中，如图 3 - 23 和表 3 - 36 所示。

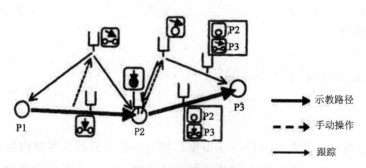

图 3 - 23 程序行标

表 3 - 36 程序行标解读

图标	机器人工具位置	图标	机器人工具位置	图标	机器人工具位置
	在示教点上		在示教路径	○	以上都没有
	不在示教点上		不在示教路径		

2. 文件的编辑

松下机器人文件与其他办公文件一样，除了打开、关闭等操作外，还可以进行内容编辑。程序编辑窗口可以进行语句的剪切、复制、粘贴和替换等，如图 3 - 24 所示。

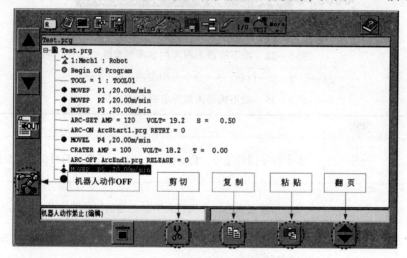

图 3 - 24 机器人程序编辑界面

1）程序编辑的常用图标

松下机器人程序编辑操作常用图标说明如表 3 - 37 所示。

表 3 - 37 松下机器人程序编辑操作常用图标说明

图标	定义	功能	图标	定义	功能
	示教内容	用于程序编辑模式的选择，如增加、修改和删除		追加	用于程序编辑状态下的追加模式选择

图标	定义	功能	图标	定义	功能
	修改	用于程序编辑状态下的修改模式选择		删除	用于程序编辑状态下的删除模式选择
	剪切	用于程序编辑状态下的剪切操作		复制	用于程序编辑状态下的复制操作
	粘贴（顺）	用于程序编辑状态下的顺序粘贴操作		粘贴（逆）	用于程序编辑状态下的逆序粘贴操作
	查找	用于程序编辑状态下的查找操作		替换	用于程序编辑状态下的替换操作
	摆动	设定摆动样式		PTP	用于视角模式下的 PTP 方式选择
	直线插补	用于示教模式下的直线插补方式选择		圆弧插补	用于示教模式下的圆弧插补方式选择
	直线摆动	用于示教模式下的直线摆动方式选择		圆弧摆动	用于示教模式下的圆弧摆动方式选择
	空走点	用于示教模式下将示教点设置为空走点		焊接点	用于示教模式下将示教点设置为焊接点

2）剪切

剪切是将选中的若干命令行从程序文件中删除，将其移动到剪贴板上的操作。程序剪切命令的操作步骤如表 3 – 38 所示。

表 3 – 38　程序剪切命令的操作步骤

序号	操作步骤
1	在机器人动作图标 （绿灯灭）状态下，移动光标到要开始剪切的行上
2	按 移动光标至菜单图标上，选中 【编辑】→ 【剪切】，或通过按用户功能区图标也可实现
3	转动【拨动旋钮】，选中要剪切的行（选中后反显），然后侧击【拨动旋钮】确认剪切，如图 3 – 25 所示
4	按 或单击确认窗口中的【OK】按钮，完成所选命令的剪切

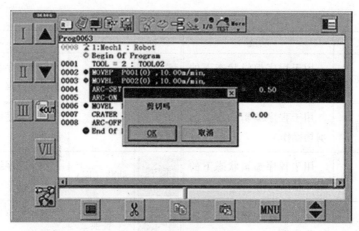

图 3 – 25　命令行的剪切

　　剪贴板是暂时存储需要移动或复制的若干文字的位置。要将剪切的文字粘贴到其他位置时，运行"粘贴"即可，粘贴步骤见后。执行剪切后，之前暂存在剪贴板中的内容将被自动删除。

　　3）复制

　　复制是指将选择的内容复制到剪贴板上的操作。程序复制命令的操作步骤如表 3 – 39 所示。

表 3 – 39　程序复制命令的操作步骤

序号	操作步骤
1	在机器人动作图标 ![]（绿灯灭）状态下，移动光标到要开始复制的行上
2	按 ![]移动光标至菜单图标上，选中 ![]【编辑】→ ![]【复制】，或通过按用户功能区图标也可实现
3	转动【拨动旋钮】，选中要复制的行（选中后反显），然后侧击【拨动旋钮】确认复制，如图 3 – 26 所示
4	按 ![]或单击确认窗口中的【OK】按钮，完成所选命令的复制

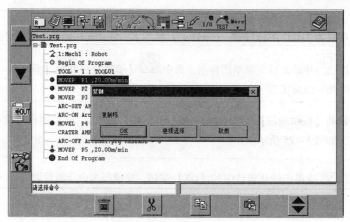

图 3 – 26　命令行的复制

要将复制的内容粘贴到其他位置时，执行"粘贴"即可，粘贴步骤见后。执行复制后，之前暂存在剪贴板中的内容将被自动删除。

4）粘贴

粘贴是将剪切或复制到剪贴板上的内容粘贴到其他位置的操作。程序粘贴命令的操作步骤如表 3 - 40 所示。

表 3 - 40　程序粘贴命令的操作步骤

序号	操作步骤
1	在机器人动作图标 ![icon]（绿灯灭）状态下，移动光标到要开始粘贴的行上
2	按 ![icon] 移动光标至菜单图标上，选中 ![icon]【编辑】→ ![icon]【粘贴（顺）】或 ![icon]【粘贴（逆）】，或通过按用户功能区图标也可实现

【粘贴（顺）】是将剪贴板中的数据直接粘贴到文件中。【粘贴（逆）】是将剪贴板中的数据倒序粘贴到文件中。当进行往返动作的示教时，使用"粘贴（逆）"非常方便。只需将示教前行路线复制后，使用"粘贴（逆）"完成返回路线。此外，粘贴操作是可以反复进行操作的。

3. 示教点的编辑

示教点的编辑是焊接机器人程序修改中经常遇到的，为了保证程序能正确运行，在示教点跟踪后可对程序进行完善，示教点编辑主要的方式包括示教点的追加、变更和删除。

1）示教点的追加

示教点追加的示意图如图 3 - 27 所示，其操作步骤如表 3 - 41 所示。

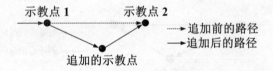

图 3 - 27　示教点追加的示意图

表 3 - 41　示教点追加操作步骤

序号	操作步骤
1	打开文件，使用跟踪功能将机器人移动到示教点 1 位置
2	确认程序编辑处于"追加"模式。如果不是，则按 ![icon] 移动光标至菜单栏图标上，选中 ![icon]【示教内容】→ ![icon]【追加】，或通过按【用户功能键 F3】也可实现
3	机器人动作图标 ![icon]（绿灯亮）状态下，把机器人移动到新的目标示教点位置
4	按下 ![icon]，示教点将被添加到光标所在处的下一行

当程序编辑处于"追加"模式时，标题栏底色为青色。

2）示教点的变更

如图3-28所示，示教点2位置坐标发生了变更，其操作步骤如表3-42所示。

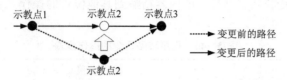

图3-28　示教点变更示意图

表3-42　示教点变更的操作步骤

序号	操作步骤
1	打开文件，将光标对准需要登录更改位置的示教点2上
2	确认程序编辑处于"修改"模式。如果不是，则 ⬜ 按移动光标至菜单栏图标上，选中 ▦【示教内容】→▦【修改】，或通过按【用户功能键F3】也可实现
3	机器人动作图标 ▦（绿灯亮）状态下，把机器人移动到新的目标示教点位置
4	按下 ⇨，显示示教点的更改界面，再次按下 ⇨，更改后的位置数据即被登录

当程序编辑处于"修改"模式时，标题栏底色为蓝色。

3）示教点的删除

示教点的删除示意图如图3-29所示，其操作步骤如表3-43所示。

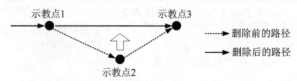

图3-29　示教点的删除示意图

表3-43　示教点删除的操作步骤

序号	操作步骤
1	打开文件，操作【拨动按钮】将光标移到要删除的示教点2上
2	确认程序编辑处于"删除"模式。如果不是，则按 ⬜ 移动光标至菜单栏图标上，选中 ▦【示教内容】→▦【删除】，或通过按【用户功能键F3】也可实现
3	按下 ⇨，显示删除确认界面，再次按下 ⇨，即可将示教点删除

当程序编辑处于"删除"模式时，标题栏底色为牡丹色。不论机器人动作图标处于 ![icon] 或 ![icon] 状态都可进行示教点删除操作。

4. 次序指令的编辑

次序指令在任务 3 – 2 机器人施焊作业条件设定中进行了说明，比如焊接开始、焊接结束规范的设定。松下焊接机器人的次序指令大致分为五类，输入/输出、流程、焊接控制、计算和移动。同示教点的编辑操作类似，次序指令的编辑主要设计命令的追加、删除和变更。

1）次序指令的追加

以添加"DELAY"命令为例，进行次序指令的追加操作，具体步骤如表 3 – 44 所示。

表 3 – 44　"DELAY"命令添加的操作步骤

序号	操作步骤
1	关闭机器人动作图标 ![icon]，打开文件，移动光标到添加命令的行上
2	按 ![icon] 移动光标至菜单图标上，选中 ![icon]【追加命令】→ ![icon]【流程控制】→ 弹出"命令一览"界面，如图 3 – 30 所示
3	选择"DELAY"命令，设定参数后，按 ![icon] 保存命令，如图 3 – 31 所示

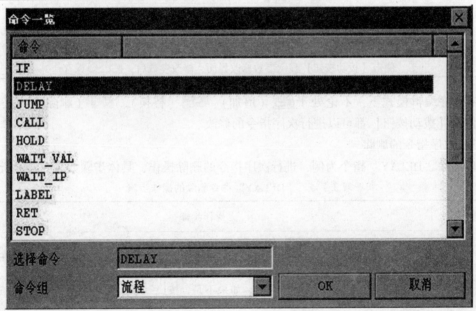

图 3 – 30　【流程控制】的"命令一览"界面

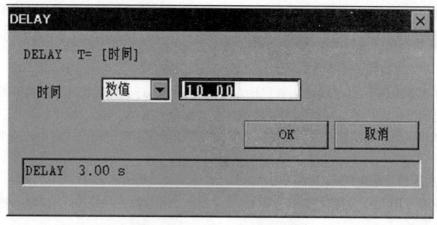

图 3-31　"DELAY" 命令界面

在程序编辑模式下，不论处于 ![追加图标]（追加）、![替换图标]（替换）、![删除图标]（删除）中任何状态，侧击【拨动按钮】都可以进行次序指令的追加。

2）次序指令的变更

以修改 "DELAY" 指令为例，进行次序指令的变更操作，具体步骤如表 3-45 所示。

表 3-45　"DELAY" 命令变更的操作步骤

序号	操作步骤
1	关闭机器人动作图标 ![图标]，打开文件，将光标移动到待修改命令 "DELAY" 所在行
2	侧击【拨动按钮】显示参数修改界面，修改参数后，按 ![保存图标] 保存

在程序编辑模式下，不论处于 ![追加图标]（追加）、![替换图标]（替换）、![删除图标]（删除）中任何状态，侧击【拨动按钮】都可以进行次序指令的修改。

3）次序指令的删除

以删除 "DELAY" 指令为例，进行次序指令的删除操作，具体步骤如表 3-46 所示。

表 3-46　"DELAY" 命令删除的操作步骤

序号	操作步骤
1	关闭机器人动作图标 ![图标]，打开文件，将光标移动到待删除命令 "DELAY" 所在行
2	确认机器人处于 "删除" 模式。如果不是，按 ![图标] 移动光标至菜单图标上，选中 ![图标]【示教内容】→ ![图标]【删除】
3	按 ![图标] 出现删除确认界面，再次按 ![图标] 即可删除次序指令

二、薄板立角焊缝轨迹示教点规划

1. 规划薄板立角焊缝轨迹示教点

薄板立角焊缝工件中有三道立角焊缝，共规划13个示教点。其中点①为原点，程序开始和结束时都需要记录，按图3-32所示焊接顺序，第1道立角焊缝结束后机器人回到原点，然后再焊接第2道立角焊缝，机器人回到原点，最后焊接第3道立角焊缝。

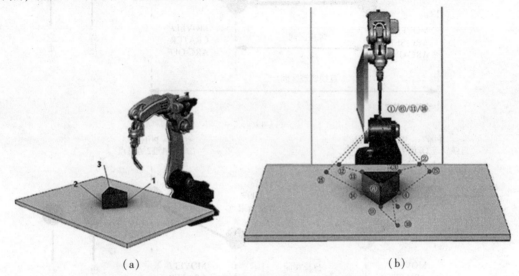

（a）　　　　　　　　　　　　　　　　（b）

图3-32　薄板立角焊缝轨迹示教点规划

薄板立角焊缝示教流程如图3-33所示。

图3-33　薄板立角焊缝示教流程

2. 薄板立角焊缝轨迹示教点属性设置

薄板立角焊缝有三道焊缝，均为直线焊缝，示教点属性如图 3－34 所示。

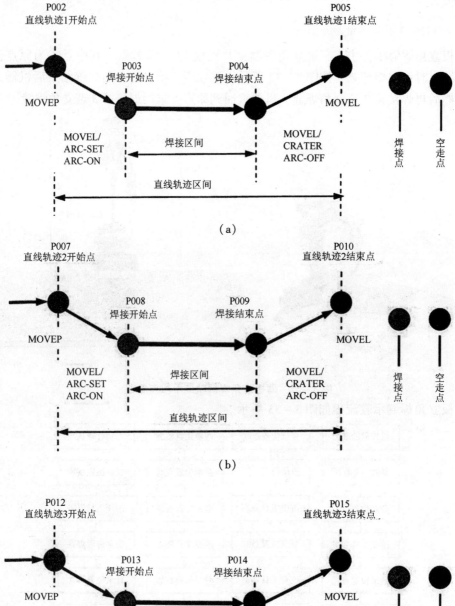

图 3－34　薄板立角焊示教点属性

(a) 第 1 道焊缝；(b) 第 2 道焊缝；(c) 第 3 道焊缝

第 1 道焊缝点②为焊接作业临近点，插补方式为 MOVEP，属性设为空走。点③为焊接开始点，插补方式为 MOVEL，属性设为焊接。点④为第 1 道焊缝焊接结束点，插补方式为 MOVEL，属性设为空走。点⑤为退枪避让点，插补方式宜设为 MOVEL，退枪避让最好走确定的直线轨迹，属性设为空走。焊接完成后让机器人回到原点，原点可以复制粘贴，设定为空走。第 2 道焊缝点⑦~点⑩、第 3 道焊缝点⑫~⑮点与第 1 道焊缝点②~点⑤设置相同。

3. 薄板立角焊缝焊接参数

薄板立角焊缝焊接参数如表 3-47 所示。

表 3-47　薄板立角焊缝焊接参数

焊接电流 /A	焊接电压 /V	收弧电流 /A	收弧电压 /V	收弧时间 /s	焊接速度 /(m·min^{-1})	气体流量 /(L·min^{-1})
120	17.2	100	16.8	0	0.35	12~15

立向下角焊缝时，焊枪倾角从焊接开始点的 90°逐渐转变为焊接结束点处的 60°左右，这样能避免焊枪喷嘴碰触到工作台。调整焊枪转角，使得焊丝端点位于两试板端面的角平分线上。薄板立角焊焊枪姿态如表 3-48 所示。数值仅供参考，以图 3-35 的焊枪姿态为目标调整姿态。

表 3-48　薄板立角焊焊枪姿态

编号	焊枪姿态			位置点
	U/(°)	V/(°)	W/(°)	
P001	180	45	180	原点（起始）
P002	-60	90	0	焊缝 1 临近点
P003	-60	90	0	焊缝 1 开始点
P004	-60	60	0	焊缝 1 结束点
P005	-60	60	0	焊缝 1 避让点
P006	180	45	180	原点（终了）
P007	180	90	180	焊缝 2 临近点
P008	180	90	180	焊缝 2 开始点
P009	180	90	180	焊缝 2 结束点
P010	180	60	180	焊缝 2 避让点
P011	180	45	180	原点（终了）
P012	60	90	0	焊缝 3 临近点
P013	60	90	0	焊缝 3 开始点
P014	60	60	0	焊缝 3 结束点
P015	60	60	0	焊缝 3 避让点
P016	180	45	180	原点（终了）

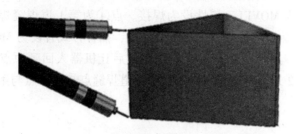

图 3-35　薄板立角焊焊枪姿态

任务 3-3　薄板立角焊缝示教编程与焊接

一、示教前准备

示教前准备步骤如表 3-49 所示。

表 3-49　示教前准备步骤

操作步骤	操作方法	图示
工件准备	工件表面清理，清除焊缝两侧各 30 mm 范围内的油、锈、水分及其他污物，并用角向磨光机打磨出金属光泽	
装配定位	①60°角尺定位装配，不留间隙。②在焊件两端前后对称处进行定位焊，定位焊长度为 15～20 mm。定位焊焊接参数与正式焊接相同。其他两焊缝定位焊位置相同	15～20　15～20　定位焊位置
工件装夹	利用夹具将工件固定在机器人工作台上	

二、示教编程

薄板立角焊缝示教操作步骤如表 3－50 所示。

表 3－50　薄板立角焊缝示教操作步骤

操作步骤	操作方法	图示	补充说明
新建程序	①机器人原点确认。 ②新建程序		
P001 登录原点 （起始）	①机器人原点，在追加状态下，直接按 ⇨ 登录。 ②将插补方式设定为 MOVEP。 ③示教点属性设定为 ✎ （空走点）。 ④按 ⇨ 保存示教点 P001 为原点		
P002 登录第1道焊缝 作业临近点	①机器人移动到作业临近点，在追加状态下，按 ⇨ 登录。 ②将插补方式设定为 MOVEP。 ③示教点属性设定为 ✎ （空走点）。 ④按 ⇨ 保存示教点 P002 为作业临近点		将焊枪移动至第1道焊缝过渡点，该点必须高于工件高度，以免焊接时焊枪撞击到工件。 焊枪角度按参数进行调整

操作步骤	操作方法	图示	补充说明
P003 登录第1道焊缝 焊接开始点	①机器人移动到焊接开始点，在追加状态下，按 ⇨ 登录。 ②将插补方式设定为MOVEL。 ③示教点属性设定为 ↙ （焊接点）。 ④按 ⇨ 保存示教点P003为焊接开始点		保持焊枪 P002点的姿态不变，将焊枪移到焊接作业开始位置
P004 登录第1道焊缝 焊接结束点	①机器人移动到焊接结束点，在追加状态下，按 ⇨ 登录。 ②将插补方式设定为MOVEL。 ③示教点属性设定为 ✎ （空走点）。 ④按 ⇨ 保存示教点P004为焊接结束点		按焊接参数要求，调整焊枪角度，把焊枪移到焊接作业结束位置
P005 登录第1道焊缝 退枪避让点	①机器人移动到避让点，在追加状态下，按 ⇨ 登录。 ②将插补方式设定为MOVEL。 ③示教点属性设定为 ✎ （空走点）。 ④按 ⇨ 保存示教点P005为退枪避让点	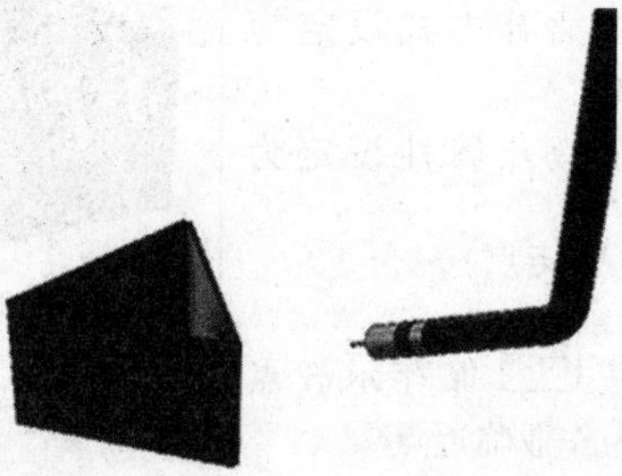	保持焊枪 P004点的姿态不变，把焊枪移到不碰触夹具和工件的位置

操作步骤	操作方法	图示	补充说明
P006 原点 （第1道焊缝终了）	①关闭机器人运行，进入编辑状态。 ②在用户功能键中单击复制图标对应的按键。 ③拨动滚轮选中 P001 所在的行，侧击滚轮，复制该行程序。 ④拨动滚轮到 P005 所在的行，单击向下粘贴图标对应的功能键，将已复制的程序粘贴到当前行的下一行	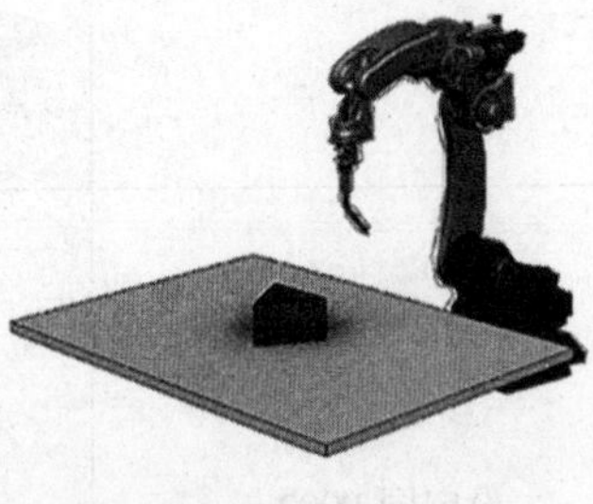	复制焊接机器人原点指令即可
P007 登录第2道焊缝作业临近点	设定同 P002	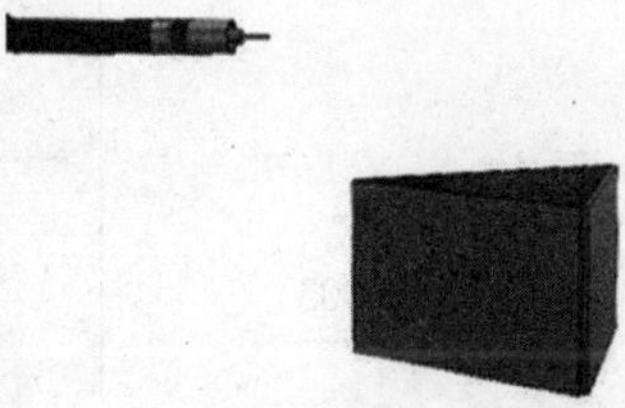	将焊枪移动至第2道焊缝过渡点，该点必须高于工件高度，以免焊接时焊枪撞击到工件。 按焊接参数调整焊枪角度
P008 登录第2道焊缝焊接开始点	设定同 P003	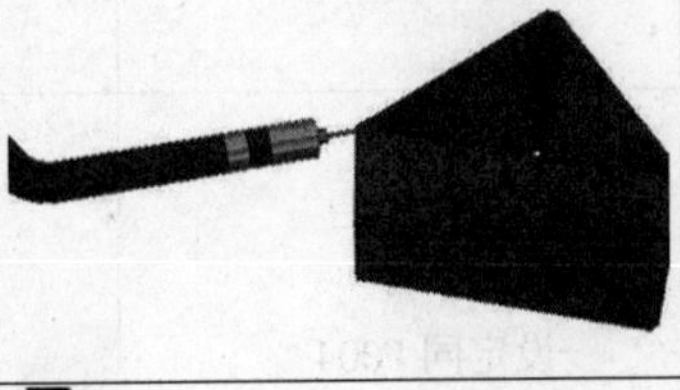	保持焊枪 P007点的姿态不变，将焊枪移到焊接作业开始位置
P009 登录第2道焊缝焊接结束点	设定同 P004	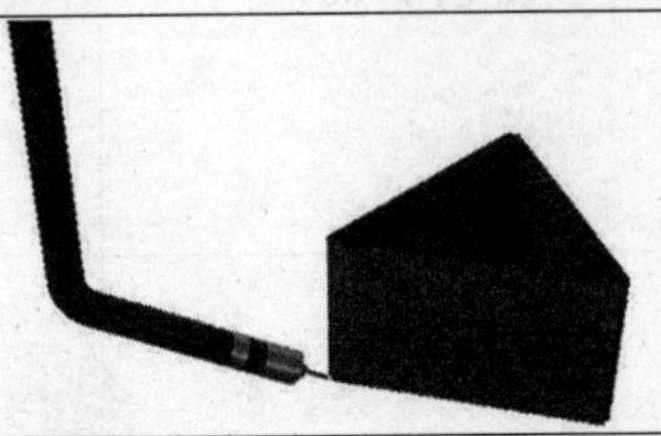	按焊接参数调整焊枪角度，把焊枪移到焊接作业结束位置
P010 登录第2道焊缝退枪避让点	设定同 P005		保持焊枪 P009点的姿态不变，把焊枪移到不碰触夹具和工件的位置

操作步骤	操作方法	图示	补充说明
P011 原点（第2道焊缝终了）	设定同 P006		复制焊接机器人原点指令即可
P012 登录第3道焊缝作业临近点	设定同 P002		将焊枪移动至第3道焊缝过渡点，该点必须高于工件高度，以免焊接时焊枪撞击到工件。按焊接参数调整焊枪角度
P013 登录第3道焊缝焊接开始点	设定同 P003		保持焊枪 P012 点的姿态不变，将焊枪移到焊接作业开始位置
P014 登录第3道焊缝焊接结束点	设定同 P004	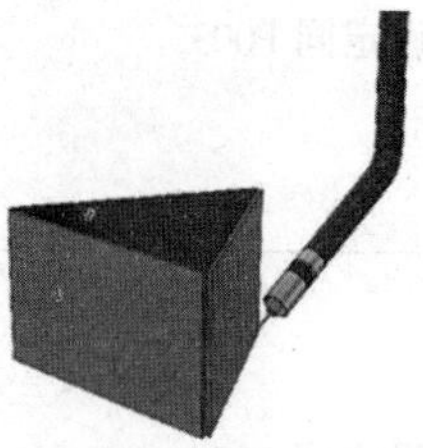	按焊接参数调整焊枪角度，把焊枪移到焊接作业结束位置
P015 登录第3道焊缝退枪避让点	设定同 P005	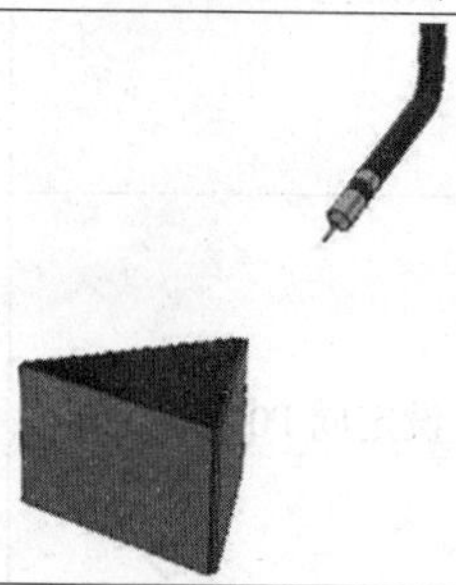	保持焊枪 P014 点的姿态不变，把焊枪移到不碰触夹具和工件的位置

操作步骤	操作方法	图示	补充说明
P016 原点（第3道焊缝终了）	设定同 P006	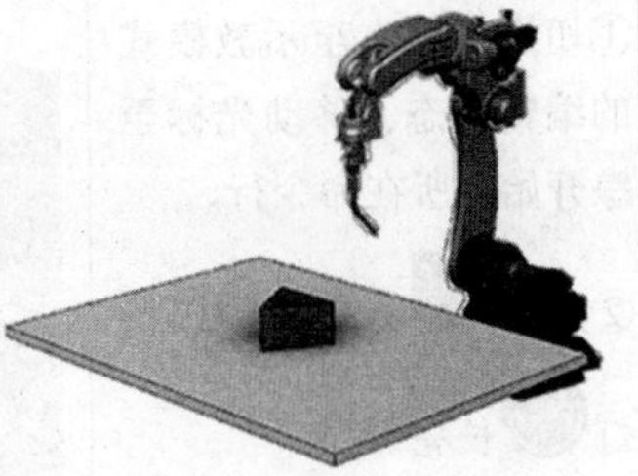	复制焊接机器人原点指令即可

修改焊接开始规范	①拨动滚轮移动光标至 ARC-SET 命令行上。
	②侧击【拨动按钮】，弹出"ARC-SET"参数设置窗口。
	③按焊接参数修改电流、电压、速度
		MOVEL P003, 10.00m/min
		ARC-SET AMP = 120　VOLT= 17.2　S = 0.35
		ARC-ON ArcStart1 PROCESS = 0
		MOVEL P004, 10.00m/min
		CRATER AMP = 100　VOLT= 16.8　T = 0.00
		ARC-OFF ArcEnd1 PROCESS = 0
			注意三道焊缝的焊接开始规范均要修改

修改焊接开始动作次序	①拨动滚轮移动光标至 ARC-ON 命令行上。
	②侧击【拨动按钮】，弹出"ARC-ON"参数设置窗口。
	③选择开始次序文件
		MOVEL P003, 10.00m/min
		ARC-SET AMP = 120　VOLT= 17.2　S = 0.35
		ARC-ON ArcStart1 PROCESS = 0
		MOVEL P004, 10.00m/min
		CRATER AMP = 100　VOLT= 16.8　T = 0.00
		ARC-OFF ArcEnd1 PROCESS = 0
			注意三道焊缝的焊接开始动作次序均要修改

修改焊接结束规范	①拨动滚轮移动光标至 CRATER 命令行上。
	②侧击【拨动按钮】，弹出"CRATER"参数设置窗口。
	③按焊接参数修改电流、电压、时间
		MOVEL P003, 10.00m/min
		ARC-SET AMP = 120　VOLT= 17.2　S = 0.35
		ARC-ON ArcStart1 PROCESS = 0
		MOVEL P004, 10.00m/min
		CRATER AMP = 100　VOLT= 16.8　T = 0.00
		ARC-OFF ArcEnd1 PROCESS = 0
			注意三道焊缝的焊接结束规范均要修改

修改焊接结束动作次序	①拨动滚轮移动光标至 ARC-OFF 命令行上。
	②侧击【拨动按钮】，弹出"ARC-OFF"参数设置窗口。
	③选择结束次序文件
		MOVEL P003, 10.00m/min
		ARC-SET AMP = 120　VOLT= 17.2　S = 0.35
		ARC-ON ArcStart1 PROCESS = 0
		MOVEL P004, 10.00m/min
		CRATER AMP = 100　VOLT= 16.8　T = 0.00
		ARC-OFF ArcEnd1 PROCESS = 0
			注意三道焊缝的焊接结束动作次序均要修改

操作步骤	操作方法	图示	补充说明
跟踪确认	①切换机器人至示教模式下的编辑状态,移动光标至跟踪开始点所在命令行。 ②点亮 ▦ ,保持伺服指示灯 ◉ 长亮。 ③开启跟踪功能,正向逐条跟踪程序直至最后一个示教点		注意整个跟踪过程中光标的位置和程序行标的状态变化

薄板立角焊示教程序及释义如表 3 – 51 所示。

表 3 – 51　薄板立角焊示教程序及释义

TJOINT2 TEACHING PROGRAM			
0029	🤖	1:Meach1:Robot	
	●	Begin Of Program	程序开始
0001		TOOL = 1 : TOOL01	默认焊枪工具
0002	●	MOVEP P001 , 10.00m/min,	记录原点
0003	●	MOVEP P002 , 10.00m/min,	焊接作业临近点
0004	●	MOVEL P003 , 10.00m/min,	焊接开始点
0005		ARC – SET AMP = 120　VOLT = 17.2　S = 0.35	设定焊接参数
0006		ARC – ON ArcStart1 PROCESS = 0	起弧
0007	●	MOVEL P004 , 10.00m/min,	焊接终了点
0008		CRATER AMP = 100　VOLT =16.8　T = 0.00	收弧规范
0009		ARC – OFF ArcEnd1 PROCESS = 0	熄弧
0010	●	MOVEL P005 , 10.00m/min,	退枪避让点
0011	●	MOVEP P006 , 10.00m/min,	回原点
0012	●	MOVEP P007 , 10.00m/min,	焊接作业临近点
0013	●	MOVEL P008 , 10.00m/min,	焊接开始点
0014		ARC – SET AMP = 120　VOLT = 17.2　S = 0.35	设定焊接参数
0015		ARC – ON ArcStart1 PROCESS = 0	起弧
0016		MOVEL P009 , 10.00m/min,	焊接终了点
0017		CRATER AMP = 100　VOLT =16.8　T = 0.00	收弧规范
0018		ARC – OFF ArcEnd1 PROCESS = 0	熄弧
0019	●	MOVEL P010 , 10.00m/min,	退枪避让点

TJOINT2 TEACHING PROGRAM			
0020	●	MOVEP P011 , 10.00m/min,	回原点
0021	●	MOVEP P012 , 10.00m/min,	焊接作业临近点
0022	●	MOVEL P013 , 10.00m/min,	焊接开始点
0023		ARC – SET AMP = 120　VOLT = 17.2　S = 0.35	设定焊接参数
0024		ARC – ON ArcStart1 PROCESS = 0	起弧
0025	●	MOVEL P014 , 10.00m/min,	焊接终了点
0026		CRATER AMP = 100　VOLT = 16.8　T = 0.00	收弧规范
0027		ARC – OFF ArcEnd1 PROCESS = 0	熄弧
0028	●	MOVEL P015 , 10.00m/min,	退枪避让点
0029	●	MOVEP P016 , 10.00m/min,	回原点
	●	End Of Program	程序结束

三、试件焊接

机器人薄板立角焊缝焊接操作步骤如表 3 – 52 所示。

表 3 – 52　机器人薄板立角焊缝焊接操作步骤

操作步骤	操作方法	图示
焊前检查	①程序经过跟踪、确认无误，检查供丝、供气系统及焊接机器人工作环境无误。 ②在编辑状态下，移动光标到程序开始	Tjoint2 Teaching.prg 日 Tjoint2 Teaching.prg 1:Mech1 : Robot Begin Of Program TOOL = 1 : TOOL01 MOVEP　P001, 10.00m/min
模式切换	①插入示教器钥匙。 ②将示教器模式选择开关旋至 AUTO	
启动焊接	①轻握安全开关，按压伺服开关，保持伺服指示灯 ◆ 长亮。 ②按下启动按钮开始焊接	启动按钮　伺服 ON 按钮

任务评价

焊接完成后，要对焊缝质量进行评价，表 3 – 53 所示为薄板立角焊缝外观质量评分表，满分 40 分。缺欠分类按 GB/T 6417.1—2005《金属熔化焊接头缺欠分类及说明》执行，质量分级按 GB/T 19418—2003《钢的弧焊接头缺陷质量分级指南》执行。

表 3 – 53　薄板立角焊缝外观质量评分表

明码号		评分员签名				合计分		
检查项目	评判标准及得分	评判等级				测评数据	实得分数	备注
		I	II	III	IV			
焊脚 K1	尺寸标准/mm	3 ~ 4	4 ~ 5	5 ~ 6	<3，>6			
	得分标准	5 分	4 分	3 分	1.5 分			
焊脚 K2	尺寸标准/mm	3 ~ 4	4 ~ 5	5 ~ 6	<3，>6			
	得分标准	5 分	4 分	3 分	1.5 分			
焊脚差	尺寸标准/mm	≤1	1 ~ 2	2 ~ 3	>3			
	得分标准	5 分	4 分	3 分	1.5 分			
咬边	尺寸标准/mm	无	深度≤0.5，每 5 mm 扣 1 分；最多扣至 1.5 分		深度 >0.5 得 1.5 分			
	得分标准	5 分						
正面成型	标准	优	良	中	差			
	得分标准	10 分	8 分	6 分	3 分			
气孔	数量标准	0	0 ~ 1	1 ~ 2	>2			
	得分标准	10 分	8 分	6 分	3 分			

注：焊缝表面有裂纹、未熔合缺陷或出现焊件修补、操作未在规定时间内完成，该项做 0 分处理

任务 3 – 4　管板（骑坐式）平角焊缝示教编程与焊接

任务引入

中联重科混凝土机械分公司 5 桥 67M 国五泵车第二节臂架砼管支撑采用机器人焊接，属于典型的管板（骑坐式）平角焊，φ60 mm 的圆钢焊接在贴板上，如图 3 – 36 所示。本任务将以混凝土输送泵车第二节臂架砼管支撑机器人自动焊为例，按照"1 + X"《特殊焊接技术职业技能等级标准》中级职业技能等级要求，讲解管板（骑坐式）平角焊缝的示教编程与焊接。

图 3 – 36　第二节臂架砼管支撑环焊缝

任务描述

　　本任务在焊接机器人实训场进行，使用设备为唐山松下 TA/B1400 型焊接机器人，手动操作机器人，对完成管板（骑坐式）平角焊缝（图 3 – 37）轨迹示教及焊接，试件由 1 块 100 mm × 100 mm × 3 mm 的 Q235B 型钢板和一段 $\phi60$ mm × 50 mm × 3 mm 的 A3 钢管组装成，接头形式属于管板骑座式接头，焊接位置为管俯位平角焊。

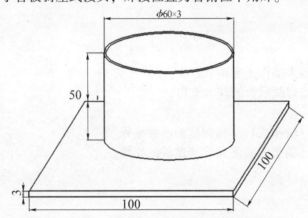

图 3 – 37　管板（骑坐式）平角焊缝示意图

　　本任务使用工具和设备如表 3 – 54 所示。

表 3 – 54　本任务使用工具和设备

名　称	型　号	数　量
机器人本体	TA/B 1400	1 台
焊接电源	松下 YD – 35GR W 型	1 个
控制柜（含变压器）	G Ⅲ 型	1 个
示教器	AUR01060 型	1 个
焊丝	ER50 – 6、$\phi1.2$ mm	1 盘
保护气瓶	80% Ar + 20% CO_2	1 瓶

名　称	型　号	数　量
头戴式面罩	自定	1个
纱手套	自定	1副
钢丝刷	自定	1把
尖嘴钳	自定	1把
活动扳手	自定	1把
钢直尺	自定	1把
敲渣锤	自定	1把
焊接夹具	自定	1套
焊缝测量尺	自定	1把
角向磨光机	自定	1台
劳保用品	帆布工作服、工作鞋	1套

 学习目标

● 知识目标

1. 了解焊接机器人动作速度调节方法。
2. 掌握圆弧轨迹焊缝示教的基本流程。

● 技能目标

1. 能进行管板（骑坐式）平角焊缝的示教编程。
2. 能进行管板（骑坐式）平角焊缝试件的施焊。

 相关知识

一、焊接机器人动作速度调节

在对松下机器人的示教—再现操作过程中，经常涉及三类动作速度：手动操作机器人移动速度（以下简称手动速度）、运动轨迹确认时的跟踪速度（以下简称跟踪速度）和程序自动执行时的再现速度（以下简称再现速度）。

1. 手动速度调节

手动速度是指使用示教盒手动操纵机器人移动的速度，分为点动速度和连续移动速度。机器人手动速度的调节在项目二任务 2 – 3 做了详细介绍。

2. 跟踪速度调节

跟踪速度是指使用示教盒进行运动轨迹确认或程序编辑中跟踪机器人到某一示教点位置时的移动速度。执行跟踪操作时，示教器显示屏右上角的信息提示窗显示跟踪速度的分挡（速度、命令、高、低）和当前所在挡。速度为移动命令中所指定的示教速度，命令为

作业命令中指定的焊接速度，高和低为"跟踪设定"界面中设定的速度，可以使用【右切换键】切换跟踪速度分挡，默认按"命令"挡执行，如图3-38所示。也就是说，出厂默认在焊接区间内按照"ARC-SET"命令中的速度运行，而空走区间按照"MOVE"命令中的速度运行。当然，也可将跟踪时的动作速度默认值更改为"速度"挡：[More ▼]【扩展功能】→[🖐]【扩展设定】→弹出"扩展设定"窗口→选中"跟踪设定"，如图3-39所示。

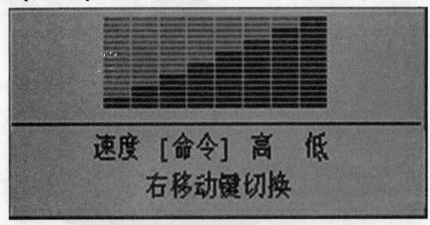

图3-38 跟踪速度分挡提示窗

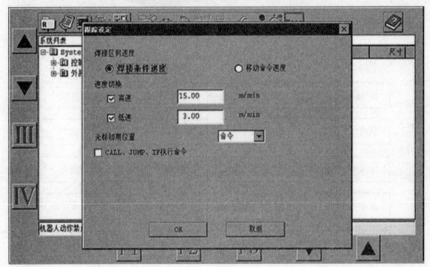

图3-39 "跟踪设定"界面

3. 再现速度调节

再现速度是指示教程序的机器人移动速度。同跟踪速度类似，在焊接区间内按照"ARC-SET"命令中的速度运行，而空走区间按照"MOVE"命令中的速度运行。

二、管板（骑坐式）平角焊缝轨迹示教

1. 管板（骑坐式）平角焊缝轨迹示教点规划

管板（骑坐式）平角焊缝是T形接头的特例，其示教要领与板式T形接头相似。所不

同的是，管板焊缝在管子的圆周根部，即示教时焊枪的角度、电弧对中的位置需随着管板角接接头的弧度变化而变化，并且管子与底板的厚度存在差异，两者散热状况、熔化情况不同，容易产生咬边、焊偏等现象，所以在焊接时要注意焊接参数的设置。共规划9个示教点，其中点①为原点，程序开始和结束时都需要记录，按图3－40所示焊接顺序完成焊接。

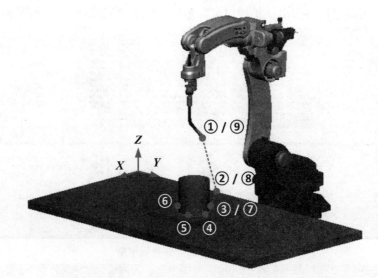

图3－40　管板（骑坐式）平角焊缝轨迹示教点规划

管板（骑坐式）平角焊缝示教流程如图3－41所示。

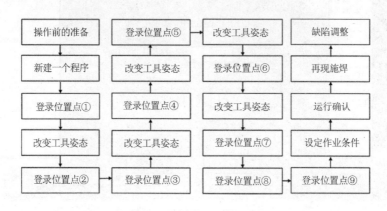

图3－41　管板（骑坐式）平角焊缝示教流程

2. 管板（骑坐式）平角焊缝轨迹示教点属性设置

管板（骑坐式）平角焊缝属于圆周焊缝的焊接，通常需示教三个以上特征点（圆弧开始点、圆弧中间点和圆弧结束点），插补方式为"MOVEC"。只有一段圆弧时，用圆弧插补示教P003～P005三个点。用PTP或者直线插补示教进入圆弧查补前的P002时，P002～P003的轨迹走动成为直线，如图3－42所示。

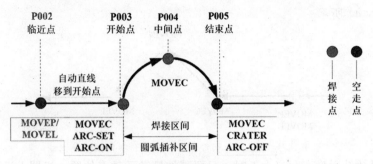

图 3-42　单一圆弧轨迹示意图

示教整圆时，为了使轨迹更加精确，用圆弧插补 P003～P007 五个点，即每隔 90°插入一个示教点，如图 3-43 所示。TA/B1400 型示教再现焊接机器人记录的是示教点，每个示教点都要设置一种插补模式，松下机器人系统提供了 MOVEP、MOVEL、MOVELW、MOVEC、MOVECW 五种插补方式。通常情况下相邻的两个示教点之间的轨迹由后一点的插补方式决定，但圆弧插补（MOVEC）与圆弧摆动插补（MOVECW）除外。例如图 3-42 中，用 PTP 或直线插补示教进入圆弧插补前的 P002 时，P002～P003 的轨迹自动成为直线。当存在多个圆弧中间点时，机器人将通过当前示教点和后面两个临近示教点计算与生成圆弧运动轨迹。只有在圆弧插补区间临近结束时才使用当前示教点、上一临近示教点和下一临近示教点。例如，对图 3-43 而言，机器人将分别按 P003～P005、P004～P006、P005～P007 完成圆弧插补计算。

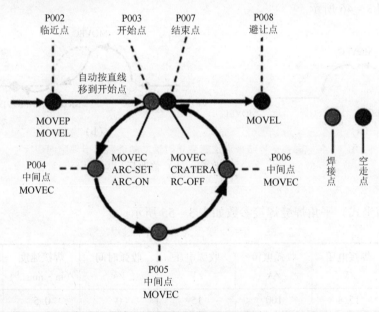

图 3-43　整圆轨迹示意图

轨迹中点②为焊接作业临近点，插补方式为 MOVEP，属性设为空走。点③为焊接开始点，插补方式为 MOVEC，属性设为焊接。点④、⑤、⑥为圆弧中间点，插补方式为MOVEC，属性设为焊接。点⑦为焊接结束点，插补方式为 MOVEC，属性设为空走。点⑧为退枪避让点，插补方式宜设为 MOVEL，退枪避让最好走确定的直线轨迹，属性设为空走。圆弧轨迹示教时，要注意以下三个问题：

（1）连续圆弧插补示教点少于三个点时，机器人无法计算圆弧中心点，将按直线插补运动，如图3-44所示。

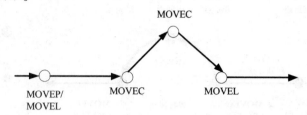

图3-44 圆弧插补示教点少于三个时按直线插补运动

（2）圆弧插补示教点距离太近时，只要稍加挪动示教点位置，机器人运动轨迹将发生很大的改变，如图3-45所示。

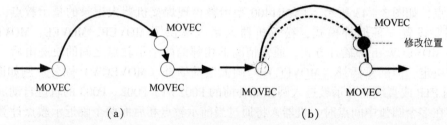

图3-45 圆弧插补示教点距离太近时位置修正易出现轨迹跑偏现象

（a）修改前；（b）修改后

（3）通过增加圆弧插补点来修改圆弧插补结束点位置时，机器人运动轨迹容易发生跑偏现象，如图3-46所示。

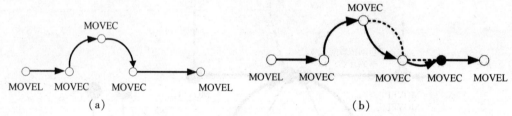

图3-46 圆弧插补结束点位置变更时运动轨迹容易出现跑偏现象

（a）修改前；（b）修改后

3. 管板（骑坐式）平角焊缝焊接参数

管板（骑坐式）平角焊缝焊接参数如表3-55所示。

表3-55 管板（骑坐式）平角焊缝焊接参数

焊接电流 /A	焊接电压 /V	收弧电流 /A	收弧电压 /V	收弧时间 /s	焊接速度 /(m·min⁻¹)	气体流量 /(L·min⁻¹)
120	15.8	100	15	0	0.5	12~15

管板（骑坐式）平角焊焊枪姿态如表3-56所示。数值仅供参考，以图3-47的焊枪姿态为目标调整姿态。

表 3 – 56　管板（骑坐式）平角焊焊枪姿态

编号	焊枪姿态			位置点
	$U/$（°）	$V/$（°）	$W/$（°）	
P001	180	45	180	原点（起始）
P002	0	45	0	焊接临近点
P003	0	45	0	圆弧焊接开始点
P004	– 90	45	180	圆弧焊接中间点
P005	180	45	180	圆弧焊接中间点
P006	90	45	180	圆弧焊接中间点
P007	0	45	0	圆弧焊接结束点
P008	0	45	0	焊枪避让点
P001	180	45	180	原点（终了）

图 3 – 47　管板（骑坐式）平角焊焊枪姿态

任务 3 – 4　管板（骑坐式）平角焊缝示教编程与焊接

一、示教前准备

示教前准备步骤如表 3 – 57 所示。

表 3 – 57　示教前准备步骤

操作步骤	操作方法	图示
工件准备	工件表面清理，清除焊缝两侧各 30 mm 范围内的油、锈、水分及其他污物，并用角向磨光机打磨出金属光泽	

操作步骤	操作方法	图示
装配定位	3 个定位焊点均布管内侧，长度 10 ~ 15 mm	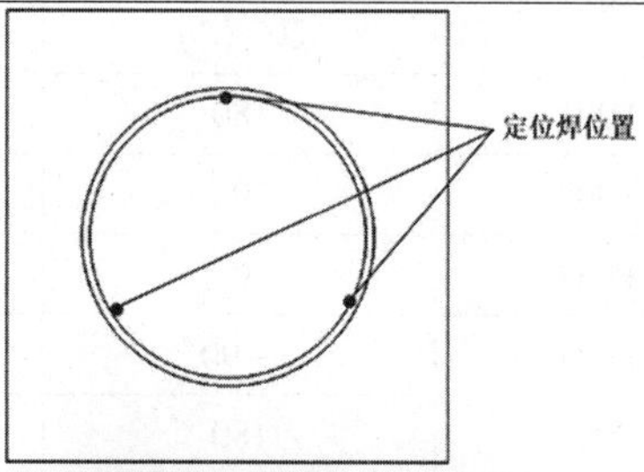 定位焊位置
工件装夹	利用夹具将工件固定在机器人工作台上	

二、示教编程

管板（骑坐式）平角焊缝示教操作步骤如表 3 – 58 所示。

表 3 – 58　管板（骑坐式）平角焊缝示教操作步骤

操作步骤	操作方法	图示	补充说明
新建程序	①机器人原点确认。 ②新建程序	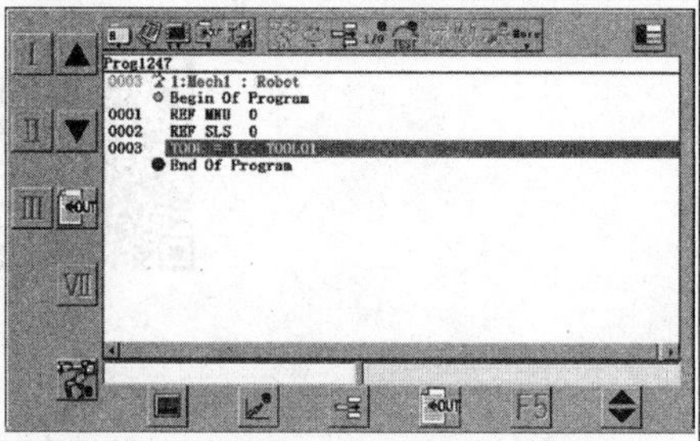	
P001 登录原点（起始）	①机器人原点，在追加状态下，直接按 [图] 登录。 ②将插补方式设定为 MOVEP。 ③示教点属性设定为 [图]（空走点）。 ④按 [图] 保存示教点 P001 为原点	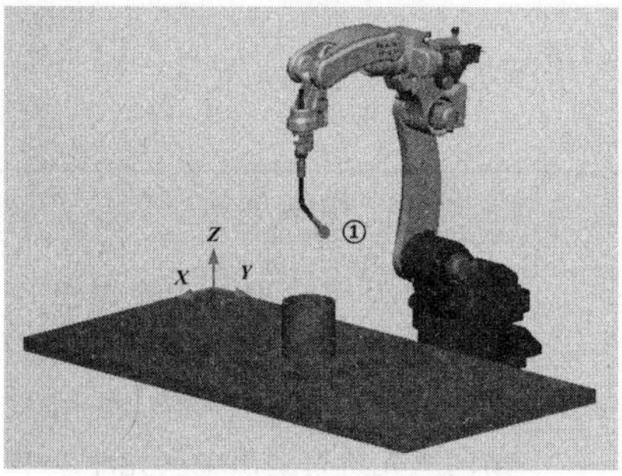	

操作步骤	操作方法	图示	补充说明
P002 登录作业临近点	①机器人移动到作业临近点，在追加状态下，按 ⇨ 登录。 ②将插补方式设定为 MOVEP/MOVEL。 ③示教点属性设定为 ✐ （空走点）。 ④按 ⇨ 保存示教点 P002 为作业临近点	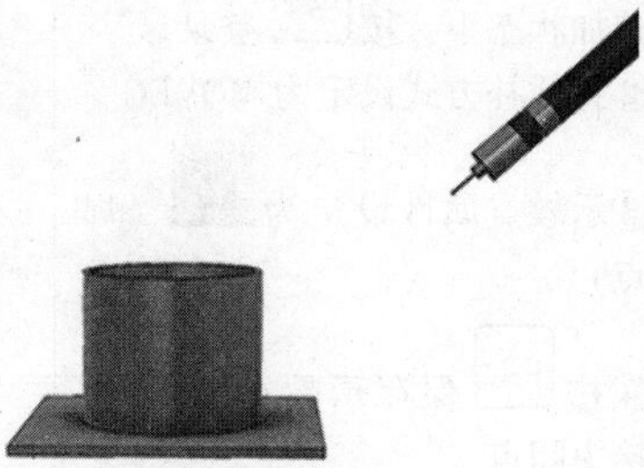	将焊枪移动至过渡点，该点必须高于工件高度，以免焊接时焊枪撞击到工件。 焊枪角度按参数进行调整
P003 登录圆弧焊接开始点	①机器人移动到焊接开始点，在追加状态下，按 ⇨ 登录。 ②将插补方式设定为 MOVEC。 ③示教点属性设定为 ✐ （焊接点）。 ④按 ⇨ 保存示教点 P003 为焊接开始点		保持焊枪 P002 点的姿态不变，将焊枪移到焊接作业开始位置
P004 登录圆弧焊接中间点	①机器人移动到焊接中间点，在追加状态下，按 ⇨ 登录。 ②将插补方式设定为 MOVEC。 ③示教点属性设定为 ✐ （焊接点）。 ④按 ⇨ 保存示教点 P004 为焊接中间点	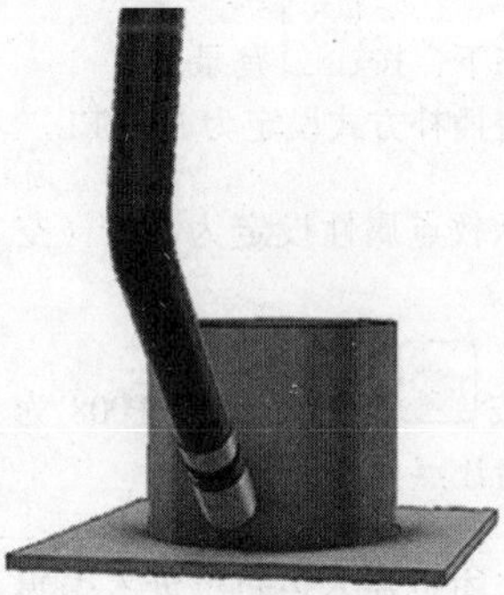	为了保证焊枪角度不变，建议在直角坐标系下，使用 ↻ （U 轴）改变焊枪姿态
P005 登录圆弧焊接中间点	①机器人移动到焊接中间点，在追加状态下，按 ⇨ 登录。 ②将插补方式设定为 MOVEC。 ③示教点属性设定为 ✐ （焊接点）。 ④按 ⇨ 保存示教点 P005 为焊接中间点		与 P004 相似，在直角坐标系下，使用 ↻ （U轴）改变焊枪姿态

操作步骤	操作方法	图示	补充说明
P006 登录圆弧焊接中间点	①机器人移动到焊接中间点，在追加状态下，按 ⇨ 登录。 ②将插补方式设定为 MOVEC。 ③示教点属性设定为 🖊 （焊接点）。 ④按 ⇨ 保存示教点 P006 为焊接中间点		与 P005 相似，在直角坐标系下，使用 ⟨ (U轴) 改变焊枪姿态
P007 登录圆弧焊接结束点	①机器人移动到焊接结束点，在追加状态下，按 ⇨ 登录。 ②将插补方式设定为 MOVEC。 ③示教点属性设定为 🖊 （空走点）。 ④按 ⇨ 保存示教点 P007 为焊接结束点		与 P006 相似，在直角坐标系下，使用 ⟨ (U轴) 改变焊枪姿态。 焊接结束点与开始点 5～10 mm 的重叠，能防止收弧弧坑裂纹
P008 登录退枪避让点	①机器人移动到避让点，在追加状态下，按 ⇨ 登录。 ②将插补方式设定为 MOVEL。 ③示教点属性设定为 🖊 （空走点）。 ④按 ⇨ 保存示教点 P008 为退枪避让点		保持焊枪 P007 点的姿态不变，在工具坐标系下，沿 X 把焊枪移到不碰触夹具和工件的位置
P009 原点（焊接终了）	①关闭机器人运行，进入编辑状态。 ②在用户功能键中单击复制图标 📋 对应的按键。 ③拨动滚轮选中 P001 所在的行，侧击滚轮，复制该行程序。 ④拨动滚轮到 P008 所在的行，单击向下粘贴图标 📷 对应的功能键，将已复制的程序粘贴到当前行的下一行	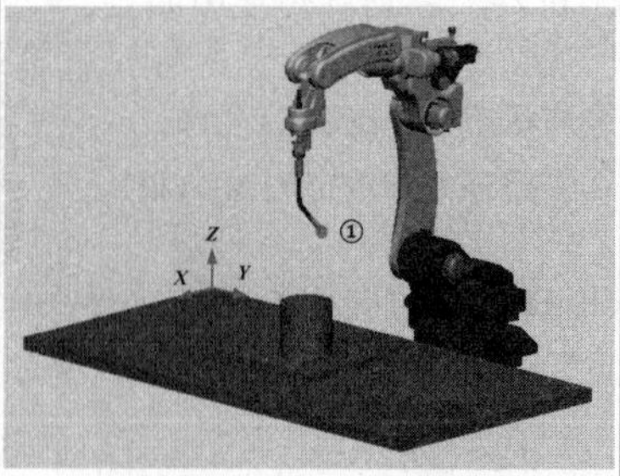	复制焊接机器人原点指令即可

操作步骤	操作方法	图示	补充说明
修改焊接开始规范	①拨动滚轮移动光标至ARC–SET命令行上。 ②侧击【拨动按钮】，弹出"ARC–SET"参数设置窗口。 ③按焊接参数修改电流、电压、速度	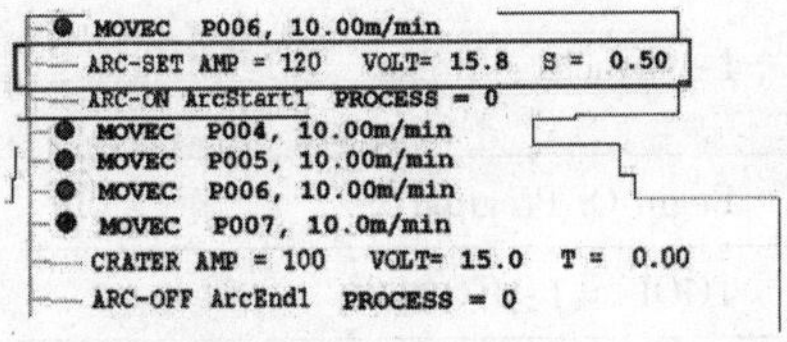 ● MOVEC P006, 10.00m/min — ARC-SET AMP = 120 VOLT= 15.8 S = 0.50 — ARC-ON ArcStart1 PROCESS = 0 ● MOVEC P004, 10.00m/min ● MOVEC P005, 10.00m/min ● MOVEC P007, 10.0m/min — CRATER AMP = 100 VOLT= 15.0 T = 0.00 — ARC-OFF ArcEnd1 PROCESS = 0	
修改焊接开始动作次序	①拨动滚轮移动光标至ARC–ON命令行上。 ②侧击【拨动按钮】，弹出"ARC–ON"参数设置窗口。 ③选择开始次序文件	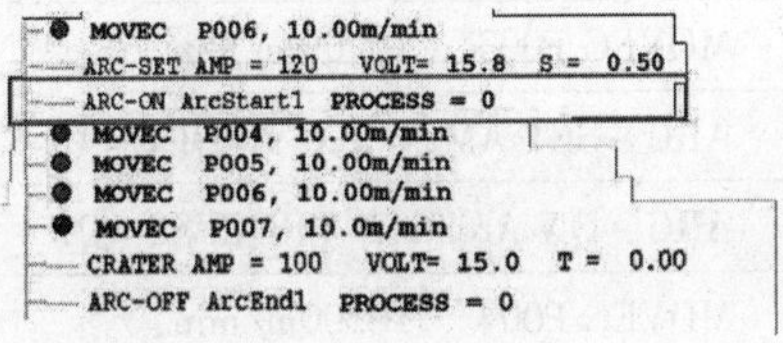 ● MOVEC P006, 10.00m/min — ARC-SET AMP = 120 VOLT= 15.8 S = 0.50 ARC-ON ArcStart1 PROCESS = 0 ● MOVEC P004, 10.00m/min ● MOVEC P005, 10.00m/min ● MOVEC P006, 10.00m/min ● MOVEC P007, 10.0m/min — CRATER AMP = 100 VOLT= 15.0 T = 0.00 — ARC-OFF ArcEnd1 PROCESS = 0	
修改焊接结束规范	①拨动滚轮移动光标至CRATER命令行上。 ②侧击【拨动按钮】，弹出"CRATER"参数设置窗口。 ③按焊接参数修改电流、电压、时间	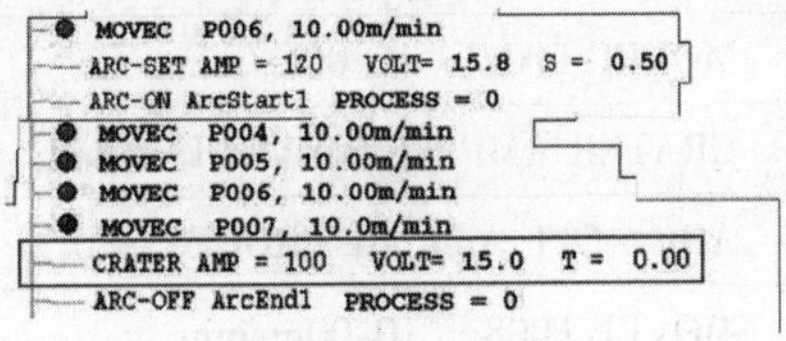 ● MOVEC P006, 10.00m/min — ARC-SET AMP = 120 VOLT= 15.8 S = 0.50 — ARC-ON ArcStart1 PROCESS = 0 ● MOVEC P004, 10.00m/min ● MOVEC P005, 10.00m/min ● MOVEC P006, 10.00m/min ● MOVEC P007, 10.00m/min CRATER AMP = 100 VOLT= 15.0 T = 0.00 — ARC-OFF ArcEnd1 PROCESS = 0	
修改焊接结束动作次序	①拨动滚轮移动光标至ARC–OFF命令行上。 ②侧击【拨动按钮】，弹出"ARC–OFF"参数设置窗口。 ③选择结束次序文件	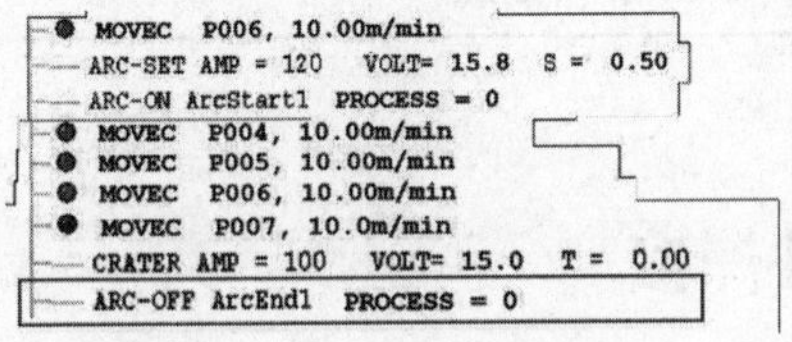 ● MOVEC P006, 10.00m/min — ARC-SET AMP = 120 VOLT= 15.8 S = 0.50 — ARC-ON ArcStart1 PROCESS = 0 ● MOVEC P005, 10.00m/min ● MOVEC P006, 10.00m/min ● MOVEC P007, 10.00m/min — CRATER AMP = 100 VOLT= 15.0 T = 0.00 ARC-OFF ArcEnd1 PROCESS = 0	
跟踪确认	①切换机器人至示教模式下的编辑状态，移动光标至跟踪开始点所在命令行。 ②点亮 ，保持伺服指示灯 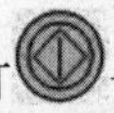 长亮。 ③开启跟踪功能，正向逐条跟踪程序直至最后一个示教点	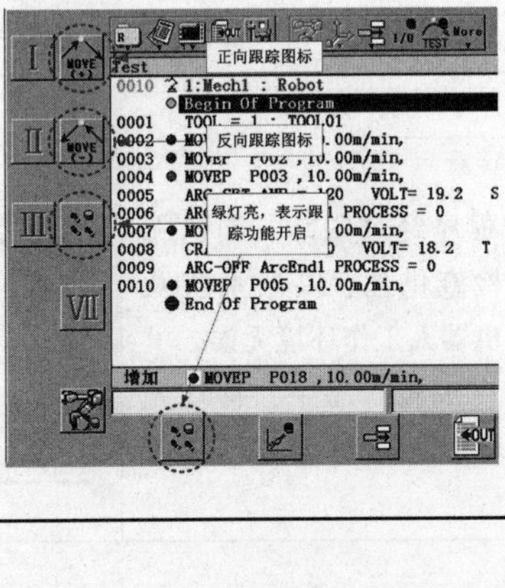	注意整个跟踪过程中光标的位置和程序行标的状态变化

管板（骑坐式）平角焊示教程序及释义如表 3 – 59 所示。

表 3 – 59　管板（骑坐式）平角焊示教程序及释义

CIRCLE TEACHING PROGRAM			
0014	🤖	1：Meach1：Robot	
	●	Begin Of Program	程序开始
0001		TOOL ＝1：TOOL01	默认焊接工具
0002	●	MOVEP P001 , 10.00m/min,	登录原点
0003	●	MOVEP P002 , 10.00m/min,	作业临近点
0004	●	MOVEC P003 , 10.00m/min,	圆弧焊接起点
0005		ARC – SET AMP＝120　VOLT＝15.8　S＝0.50	设定焊接参数
0006		ARC – ON ArcStart1 PROCESS＝0	起弧
0007	●	MOVEC P004 , 10.00m/min,	圆弧焊接中间点
0008	●	MOVEC P005 , 10.00m/min,	
0009	●	MOVEC P006 , 10.00m/min,	
0010	●	MOVEC P007 , 10.00m/min,	圆弧焊接终了点
0011		CRATER AMP＝100　VOLT＝15.0　T＝0.00	收弧规范
0012		ARC – OFF ArcEnd1 PROCESS＝0	熄弧
0013	●	MOVEL P008 , 10.00m/min,	退枪避让点
0014	●	MOVEP P009 , 10.00m/min,	回原点
	●	End Of Program	程序结束

三、试件焊接

管板（骑坐式）平角焊缝焊接操作步骤如表 3 – 60 所示。

表 3 – 60　管板（骑坐式）平角焊缝焊接操作步骤

操作步骤	操作方法	图示
焊前检查	①程序经过跟踪、确认无误，检查供丝、供气系统及焊接机器人工作环境无误。 ②在编辑状态下，移动光标到程序开始	Circle Teaching.prg Circle Teaching.prg 1:Mech1 : Robot Begin Of Program TOOL = 1 : TOOL01 MOVEP　P001, 10.00m/min

操作步骤	操作方法	图示
模式切换	①插入示教器钥匙。 ②将示教器模式选择开关旋至 AUTO	
启动焊接	①轻握安全开关，按压伺服开关，保持伺服指示灯 ⊘ 长亮。 ②按下启动按钮开始焊接	

⬡ 任务评价

焊接完成后，要对焊缝质量进行评价，表 3 - 61 所示为管板（骑坐式）平角焊缝外观质量评分表，满分 40 分。缺欠分类按 GB/T 6417.1—2005《金属熔化焊接头缺欠分类及说明》执行，质量分级按 GB/T 19418—2003《钢的弧焊接头缺陷质量分级指南》执行。

表 3 - 61 管板（骑坐式）平角焊缝外观质量评分表

明码号		评分员签名				合计分		
检查项目	评判标准及得分	评判等级				测评数据	实得分数	备注
		Ⅰ	Ⅱ	Ⅲ	Ⅳ			
焊脚 K1	尺寸标准/mm	5 ~ 6	6 ~ 7	7 ~ 8	<5，>8			
	得分标准	5 分	4 分	3 分	1.5 分			
焊脚 K2	尺寸标准/mm	5 ~ 6	6 ~ 7	7 ~ 8	<5，>8			
	得分标准	5 分	4 分	3 分	1.5 分			
焊脚差	尺寸标准/mm	≤1	1 ~ 2	2 ~ 3	>3			
	得分标准	10 分	8 分	6 分	0 分			
咬边	尺寸标准/mm	无	深度≤0.5，每 5 mm 扣 1 分；最多扣至 1.5 分		深度 >0.5 得 1.5 分			
	得分标准	5 分						
正面成型	标准	优	良	中	差			
	得分标准	10 分	8 分	6 分	3 分			
气孔	数量标准	0	0 ~ 1	1 ~ 2	>2			
	得分标准	5 分	4 分	3 分	1.5 分			

注：焊缝正反两面有裂纹、未熔合、未焊透缺陷或出现焊件修补、操作未在规定时间内完成，该项做 0 分处理

项目练习

一、填空题

1. 焊接机器人的位置控制主要是实现_____和_____两种。当机器人进行_____位置控制时，末端执行器既要保证运动的起点和目标点位姿，又要保证机器人能沿所期望的轨迹在一定精度范围内跟踪运动。

2. 点焊机器人的位置控制方式多为_____控制，即仅保证机器人末端执行器运动的起点和目标点位姿，而这两点之间的运动轨迹是不确定的。

3. TA/B1400 型焊接机器人示教时可使用的五种坐标系有_____坐标系、_____坐标系、_____坐标系、_____坐标系和_____坐标系。

4. TA/B1400 型焊接机器人的___、___和___三轴为关节坐标系的基本轴，可以实现不要求机器人 TCP 点姿态的大范围运动。

5. 当机器人到达离目标作业位置较近位置时，可用___操作模式完成精确定位，同时可以按住_____配合使用_____改变点动运转速度。

6. 连续移动机器人可通过一边按住_____（选中某一运动轴）的同时，一边持续拖动_____或按下_____键即可实现。

7. 焊接机器人的五种插补功能是：_____、_____、_____、_____、_____。

二、判断题

1. 焊接机器人的示教可采用在线和离线两种方式。（　　　）
2. 机器人示教点的移动速度指的是从当前示教点移动到下一示教点的速度。（　　　）
3. 机器人示教点的插补方式指的是从前一示教点移动到当前示教点的动作类型。（　　　）
4. 机器人焊接示教时，仅焊接开始点为焊接点。（　　　）
5. 机器人跟踪的主要目的是为了确认示教生成的动作以及末端工具指向位置是否已登录。（　　　）
6. 机器人属于高科技的机电一体化产品，在工厂生产环境下，受磁、电、光、振动、粉尘等影响，同时，机器人处于长时间、连续工作，会产生发热、磨损等变化，一些小问题可能会酿成大事故，影响整个生产，故而应定期对机器人进行保养维护。（　　　）
7. 当机器人发生故障需要进入安全围栏进行维修时，需要在安全围栏外配备安全监督人员以便在机器人异常运转时能够迅速按下紧急停止按钮。（　　　）
8. 未经正式培训的人员，不能随意打开控制柜和其他部件，以免造成损坏。（　　　）
9. 机器人示教与编程时经常使用直角坐标系来进行基本移动。（　　　）

10. 当机器人配备多个工作台时，使用用户坐标系能使各种示教操作更为简单。（　　）

11. TA/B1400 型焊机器人五大坐标系均可只改变工具姿态而不改变工具尖端点（TCP点）位置。（　　）

12. 进行相对于工件不改变工具姿态的平行移动机器人时（如焊枪避让），常采用工具坐标系。（　　）

项目四　松下焊接机器人中厚试件编程与焊接

通过前序项目的学习，同学们都已经掌握了薄板典型接头的焊接机器人基本操作。在工程机械中，泵车的臂架、支腿、料斗、回转台、支撑台；装载机的动臂、动臂横梁、前车架、后车架、铲斗，挖掘机的主平台、油箱、斗杆、X 形架等都涉及中厚板的焊接，掌握机器人的中厚板焊接技术非常重要。本项目针对中联重科混凝土机械分公司典型生产案例，按照"1＋X"《特殊焊接技术职业技能等级标准》中级职业技能等级要求，面向企业弧焊机器人操作员、弧焊机器人工艺设计员等工作岗位，讲解松下焊接机器人中厚板试件的编程与焊接。

本项目主要内容包括中厚板试件对接平焊缝、平角焊缝、立角焊缝和管板（骑坐式）平角焊缝的焊接与编程。

最新标准

1. AWS D16.1《Specification for Robotic Arc Welding Safety》
2. GB/T 6417.1—2005《金属熔化焊接头缺欠分类及说明》
3. GB/T 19418—2003《钢的弧焊接头缺陷质量分级指南》
4. GB/T 19805—2005《焊接操作工技能评定》
5. "1＋X"《特殊焊接技术职业技能等级标准》

项目任务

任务 4－1　中厚板对接平焊缝示教编程与焊接
任务 4－2　中厚板角焊缝示教编程与焊接
任务 4－3　中厚壁管板（骑坐式）平角焊缝示教编程与焊接

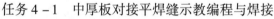

任务 4－1　中厚板对接平焊缝示教编程与焊接

任务引入

中联重科混凝土机械分公司 5 桥 67M 国五泵车第二节臂架腹板采用机器人焊接，属于典型的中厚板对接平焊，焊缝长度约为 200 mm，如图 4－1 所示。本任务将以混凝土输送泵车第二节臂架腹板对接机器人自动焊为例，按照"1＋X"《特殊焊接技术职业技能等级标准》中级职业技能等级要求，讲解中厚板对接平焊缝直线摆动的示教编程与焊接。

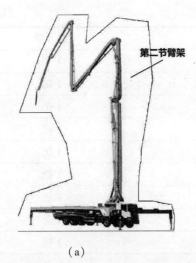
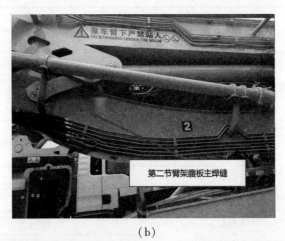

(a)   (b)

图 4 – 1   第二节臂架腹板主焊缝

任务描述

    本任务在焊接机器人实训场进行，使用设备为唐山松下 TA/B1400 型焊接机器人，手动操作机器人，完成中厚板对接平焊缝（图 4 – 2）轨迹示教及焊接，试件由 2 块 300 mm ×150 mm ×8 mm 的 Q235B 型钢板组装成，两板对接开 30°坡口，焊接位置为水平位置。

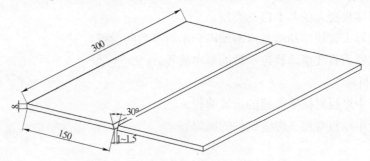

图 4 – 2   中厚板对接平焊缝试件图

本任务使用工具和设备如表 4 – 1 所示。

表 4 – 1   本任务使用工具和设备

名　称	型　号	数　量
机器人本体	TA/B 1400	1 台
焊接电源	松下 YD – 35GR W 型	1 个
控制柜（含变压器）	G Ⅲ型	1 个
示教器	AUR01060 型	1 个
焊丝	ER50 – 6、ϕ1.2 mm	1 盘
保护气瓶	80% Ar + 20% CO_2	1 瓶

名　称	型　号	数　量
头戴式面罩	自定	1个
纱手套	自定	1副
钢丝刷	自定	1把
尖嘴钳	自定	1把
活动扳手	自定	1把
钢直尺	自定	1把
敲渣锤	自定	1把
焊接夹具	自定	1套
焊缝测量尺	自定	1把
角向磨光机	自定	1台
劳保用品	帆布工作服、工作鞋	1套

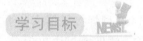

- 知识目标
1. 了解焊接机器人的基本摆动类型。
2. 熟悉机器人直线摆动示教点的编辑和示教参数的设置。
3. 掌握机器人直线摆动轨迹示教的基本流程。
- 技能目标
1. 能进行中厚板对接平焊缝的示教编程。
2. 能进行中厚板对接平焊缝试件的施焊。

一、机器人直线摆动功能操作

1. 机器人直线摆动的示教

在弧焊机器人作业过程中，要求焊枪跟踪工件的焊道运动，并不断填充金属形成焊缝。为了能够有效控制电弧热源对熔敷金属的作用和焊接熔池温度场的分布，机器人在直线和环形运动过程应该进行摆动。

机器人完成直线焊缝的摆动焊接通常需要示教四个以上特征点，包括一个摆动开始点、两个摆动振幅点和一个摆动结束点，其中摆动开始点和结束点插补方式选"MOVELW"，摆动振幅点设置用"WEAVEP"指令，如图4-3所示。

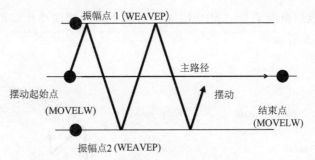

图4-3 直线摆动轨迹示意图

直线摆动轨迹的操作步骤如表4-2所示。

表4-2 直线摆动轨迹的操作步骤

序号	操作步骤
1	移动机器人到直线摆动开始点,将示教点属性设定为焊接点 ⬉ ,插补方式选择 MOVELW ⬒ ,按 ⇨ 保存示教点
2	在弹出的对话框中(图4-4),按 ⇨ 或单击界面上的【Yes】按钮将后面紧跟着的2点或4点(取决于摆动类型)的插补形态自动变成"WEAVEP"
3	将机器人移动到设定摆动宽度的第1个振幅点(振幅点1)。按 ⇨ 保存该点为第一个摆动振幅点。(WEAVEP命令被登录)
4	在弹出的对话框中(图4-4),按 ⇨ 或单击界面上的【Yes】按钮即可
5	将机器人移动到设定摆动宽度的第2个振幅点(振幅点2)。按 ⇨ 保存该点为第二个摆动振幅点。(WEAVEP命令被登录)
6	将机器人移动到直线摆动结束点,将示教点属性设定为空走点 ⬉ ,插补方式选 MOVELW ⬒ ,按 ⇨ 保存示教点
7	在弹出的对话框中(图4-4),按 ⧄ 或单击界面上的【No】按钮即可

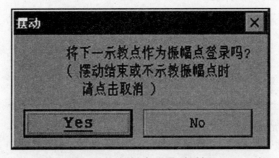

图4-4 振幅点登录对话框

在摆动结束点后继续追加"MOVELW"示教点时，摆动动作将继续被执行，摆动宽度不变，如图4-5所示。

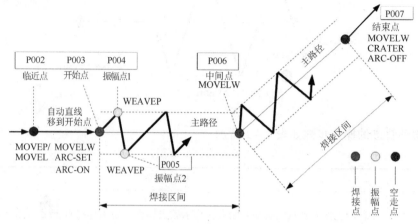

图4-5 追加"MOVELW"不改变摆动宽度

如果在摆动结束后继续追加"MOVELW"示教点，并想改变摆动幅度时，需再次进行"WEAVEP"示教，如图4-6所示。

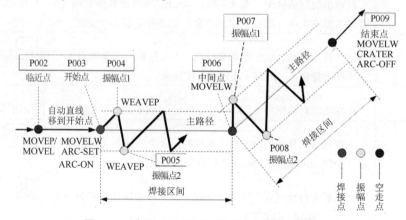

图4-6 追加"MOVELW"并改变摆动宽度

机器人完成直线焊缝的摆动焊接必须示教四个（或六个）特征点，如果任何其中一个点不被保存，虽然那些示教点作为摆动点保存，在跟踪操作和操作中，机器人将以直线形式沿这些点运动，如图4-7所示。

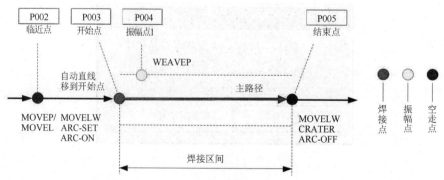

图4-7 直线摆动缺少示教点时将以直线形式运动

2. 焊接机器人的摆动类型

焊接机器人的六种基本摆动类型如表 4 – 3 所示，如果机器人和外部轴同步运行时（例如，在进行圆周焊接时，外部轴带动工件转动，机器人进行摆动焊接），在这六种基本摆动类型编号后"+10"。此外，类型 6 通过手腕的 PTP 动作产生振幅，振幅点通过"关节"坐标轴进行登录。

表 4 – 3　焊接机器人的六种基本摆动类型

类型	图示	类型	图示
类型 1 （低速单摆）	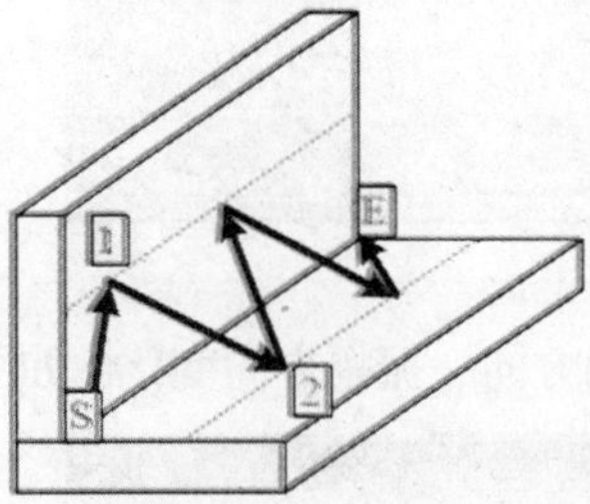	类型 4 （U 形）	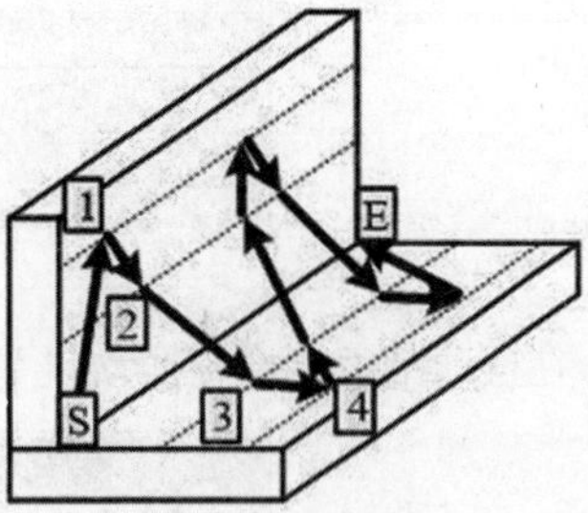
类型 2 （L 形）	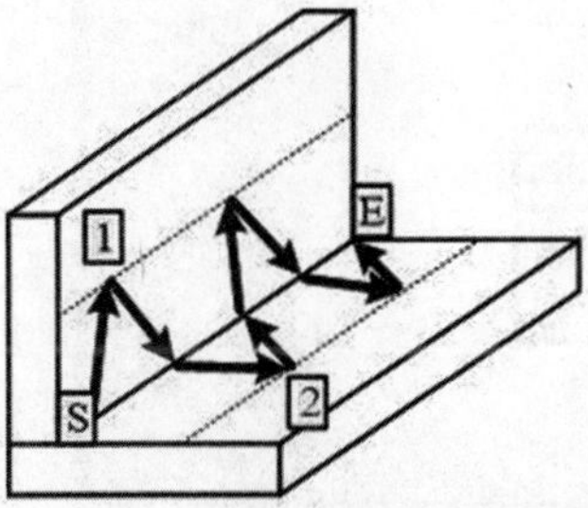	类型 5 （梯形）	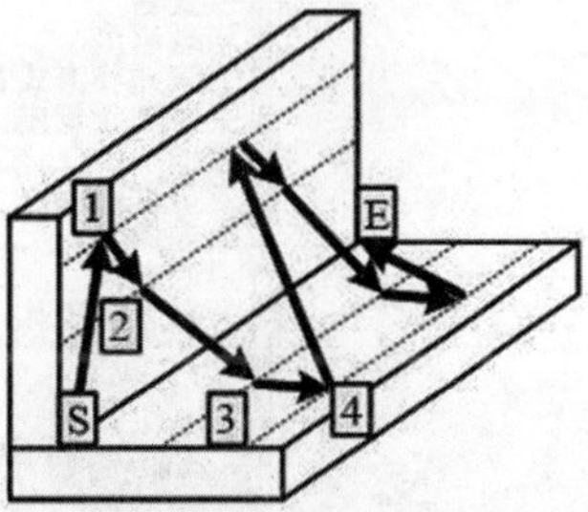
类型 3 （三角形）	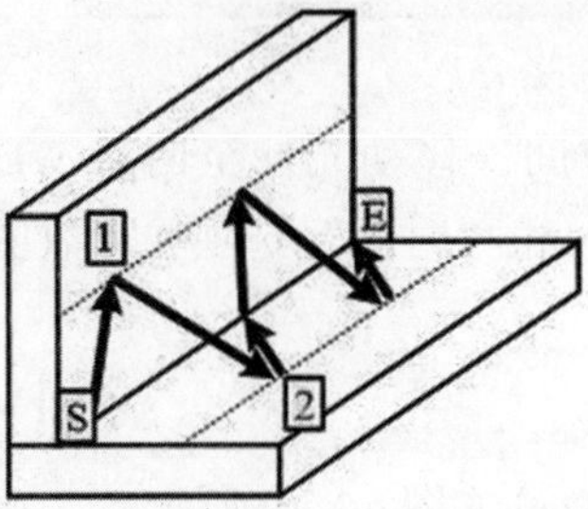	类型 6 （高速单摆）	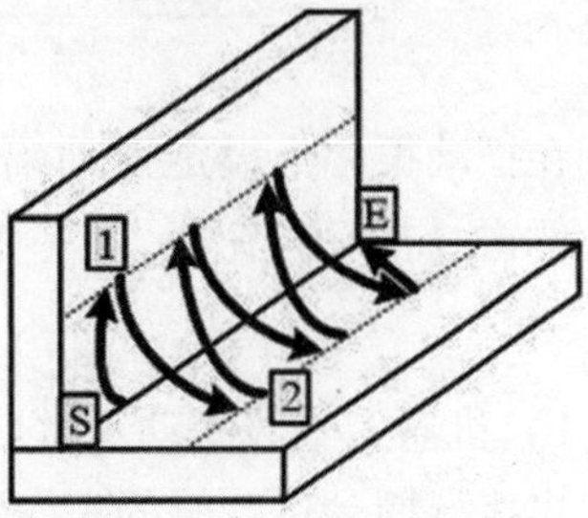

当摆动类型为 4 或 5 时，需要登录 4 个振幅点，其他振幅点登录方式相同。

3. 摆动参数的设置

在摆动开始点仅设置摆动类型，通过示教点属性画面上的"模式编号"选项指定，如图 4 –8 所示。

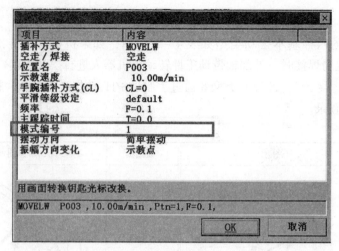

项目	内容
插补方式	MOVELW
空走/焊接	空走
位置名	P003
示教速度	10.00m/min
手腕插补方式(CL)	CL=0
平滑等级设定	default
频率	F=0.1
主跟踪时间	T=0.0
模式编号	1
摆动方向	简单摆动
振幅方向变化	示教点

用画面转换钥匙把光标改换。

MOVELW P003 ,10.00m/min ,Ptn=1,F=0.1,

OK 取消

图 4-8　摆动开始点设置窗口

在摆动结束点设定摆动频率、主跟踪时间、摆动方向、振幅方向变化，如图4-9所示。

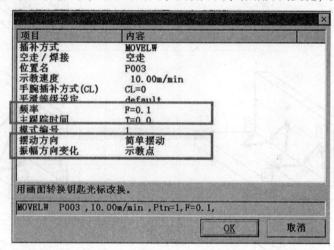

项目	内容
插补方式	MOVELW
空走/焊接	空走
位置名	P003
示教速度	10.00m/min
手腕插补方式(CL)	CL=0
平滑等级设定	default
频率	F=0.1
主跟踪时间	T=0.0
模式编号	1
摆动方向	简单摆动
振幅方向变化	示教点

用画面转换钥匙把光标改换。

MOVELW P003 ,10.00m/min ,Ptn=1,F=0.1,

OK 取消

图 4-9　摆动结束点设置窗口

在摆动振幅点设定摆动幅度和振幅点停留时间，移动光标至两条 WEAVE 命令语句上，侧击【拨动按钮】，在弹出窗口中的"振幅"和"时间"选项输入数值。

4. 机器人直线摆动示教点的编辑

1）机器人直线摆动示教点的跟踪

当执行摆动运动时的正向跟踪，机器人运动轨迹如图4-10所示。

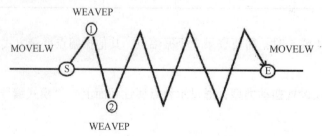

图 4-10　摆动运动正向跟踪

当执行摆动运动时的逆向跟踪时，机器人不摆动，而是按照图4-11所示的轨迹进行运动。

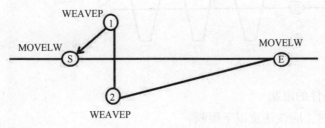

图4-11 摆动运动逆向跟踪

2）机器人直线摆动示教点的删除

当要删除机器人直线摆动运动中的某一示教点时，可以通过逆向跟踪到要删除的点，此时光标移动到改点的命令语句，再进行删除，如图4-12所示。

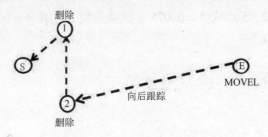

图4-12 机器人直线摆动示教点的删除

3）机器人直线摆动示教点删除后的运动轨迹

振幅点①、②删除后，机器人沿着开始点→结束点做直线运动，如图4-13所示。

图4-13 振幅点①、②删除后机器人运动轨迹

当振幅点②删除后，机器人沿着开始点到结束点做直线运动，但是在逆向跟踪时，将沿着结束点→振幅点①→开始点进行运动，如图4-14所示。

图4-14 删除振幅点②后机器人运动轨迹

4）机器人直线摆动示教点的延时设定

在振幅点可以设置直线摆动示教点的延时，即摆动两端的停留时间，根据设定的停留时间，在摆动方向上机器人将会短暂停止运行，而在主跟踪方向上（从开始点到结束点的方向上）并不停止运行，如图4-15所示。

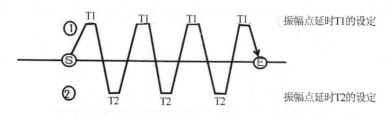

图 4 – 15 机器人直线摆动示教点的延时设定

5）摆动运动条件的限制

在摆动点设置时，应该注意以下限制：

（1）摆动频率的设定应满足最快 5 Hz（摆动类型 1 ~ 5）或最快 9 Hz（摆动类型 6）。

（2）振幅 × 频率应满足最大 60 mm · Hz（摆动类型 1 ~ 5）。

（3）摆角 × 频率应满足最大 125° · Hz（摆动类型 6）。

（4）振幅点停留时间应满足 $1/F - (T0 + T1 + T2 + T3 + T4) > A$，其中 F 为摆动频率，$A = 0.1$（摆动类型 1，2，5）或 $A = 0.075$（摆动类型 3）或 $A = 0.15$（摆动类型 4）或 $A = 0.05$（摆动类型 6）。

二、中厚板对接平焊缝轨迹示教

1. 中厚板对接平焊缝轨迹示教点规划

单面焊双面成形工艺一般用于无法进行双面施焊，但又要求焊透的情况，坡口常选用 V 形或 U 形坡口，采用多层多道焊。本例采用 2 层 2 道焊接，打底焊示教点规划如图 4 – 16 所示，盖面焊示教点规划如图 4 – 17 所示。

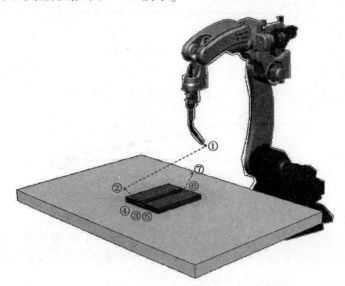

图 4 – 16 打底焊示教点规划

打底层是一直线焊缝，焊接填充量较大，需要在与焊缝垂直的方向上增加焊枪横向摆动。与单纯直线焊缝相比，中厚板打底焊示教编程需要增加两个摆动振幅点，如图 4 – 16

中的点④和点⑤。将点③和点⑥的插补方式由直线焊缝的 MOVEL，改为直线摆动焊接的
MOVELW，将点④和点⑤的插补方式设置为 WAVEP，其他示教点与直线焊缝相同，参见
任务 3 - 1 薄板对接平焊缝示教编程。

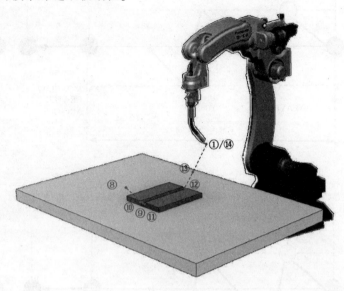

图 4 - 17　盖面焊示教点规划

与打底焊类似，盖面焊也需要进行直线摆动焊。将点⑧和⑪的插补方式由直线插补
MOVEL 改为直线摆动插补 MOVELW，设置点⑨和点⑩为摆动振幅点 WAVEP。

中厚板对接平焊缝轨迹示教流程如图 4 - 18 所示。

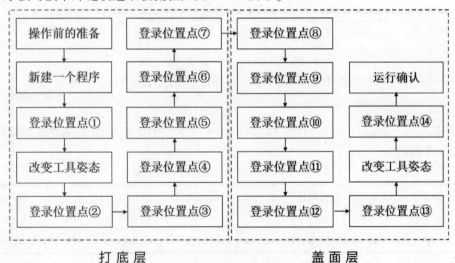

图 4 - 18　中厚板对接平焊缝轨迹示教流程

2. 中厚板对接平焊缝轨迹示教点属性设置

机器人完成直线焊缝的摆动焊接需示教 4 个以上特征点，插补方式选"MOVELW"，
振幅点设置用"WEAVEP"指令。中厚板对接平焊缝示教点属性如图 4 - 19 所示。

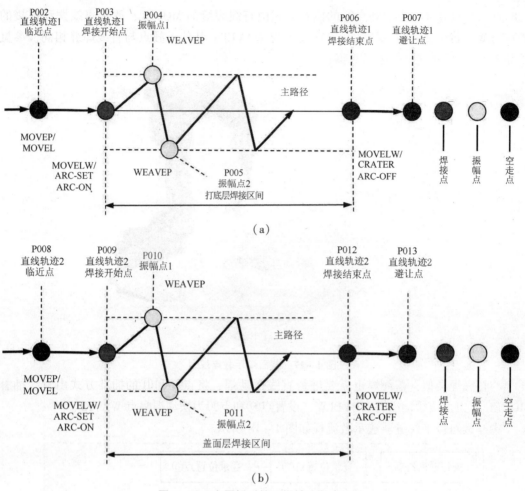

图 4-19 中厚板对接平焊缝示教点属性

（a）打底层示教点属性；（b）盖面层示教点属性

3. 中厚板对接平焊缝焊接参数

中厚板对接平焊缝打底焊焊接参数如表 4-4 所示，中厚板对接平焊缝盖面焊焊接参数如表 4-5 所示。

表 4-4　中厚板对接平焊缝打底焊焊接参数

焊接电流 /A	焊接电压 /V	收弧电流 /A	收弧电压 /V	收弧时间 /s	焊接速度 /(m·min⁻¹)	振幅点停留时间/s	摆动频率 /Hz	气体流量 /(L·min⁻¹)
120	17.2	100	16.8	0	0.35	0.3	0.5	12~15

表 4-5　中厚板对接平焊缝盖面焊焊接参数

焊接电流 /A	焊接电压 /V	收弧电流 /A	收弧电压 /V	收弧时间 /s	焊接速度 /(m·min⁻¹)	振幅点停留时间/s	摆动频率 /Hz	气体流量 /(L·min⁻¹)
160	19.2	120	18.2	0.5	0.35	0.3	0.5	12~15

中厚板对接平焊焊枪姿态如表4-6所示。数值仅供参考，以图4-20的焊枪姿态为目标调整姿态。

表4-6　中厚板对接平焊焊枪姿态

编号	焊枪姿态			位置点
	$U/（°）$	$V/（°）$	$W/（°）$	
P001	180	45	180	原点（起始）
P002	70~110	90	180	打底焊临近点
P003	70~110	90	180	打底焊焊接开始点
P004	70~110	90	180	打底焊振幅点1
P005	70~110	90	180	打底焊振幅点2
P006	70~110	90	180	打底焊焊接结束点
P007	70~110	90	180	打底焊避让点
P008	70~110	90	180	盖面焊临近点
P009	70~110	90	180	盖面焊焊接开始点
P010	70~110	90	180	盖面焊振幅点1
P011	70~110	90	180	盖面焊振幅点2
P012	70~110	90	180	盖面焊焊接结束点
P013	70~110	90	180	盖面焊避让点
P014	180	45	180	原点（终了）

图4-20　中厚板对接平位置焊焊枪姿态

任务 4 – 1　中厚板对接平焊缝示教编程与焊接

一、示教前准备

示教前准备步骤如表 4 – 7 所示。

表 4 – 7　示教前准备步骤

操作步骤	操作方法	图示
工件准备	工件表面清理，清除焊缝两侧各 20 mm 范围内的油、锈、水分及其他污物，并用角向磨光机打磨出金属光泽	
装配定位	装配时注意使板的边线对齐，无错边。装配间隙 1.5 ~ 1.8 mm，定位焊点设置在内侧，长度 10 ~ 15 mm，反变形角度 2°~3°	
工件装夹	利用夹具将工件固定在机器人工作台上	

二、示教编程

中厚板对接平焊缝示教操作步骤如表 4 – 8 所示。

表 4 - 8　中厚板对接平焊缝示教操作步骤

操作步骤	操作方法	图示	补充说明
新建程序	①机器人原点确认。 ②新建程序	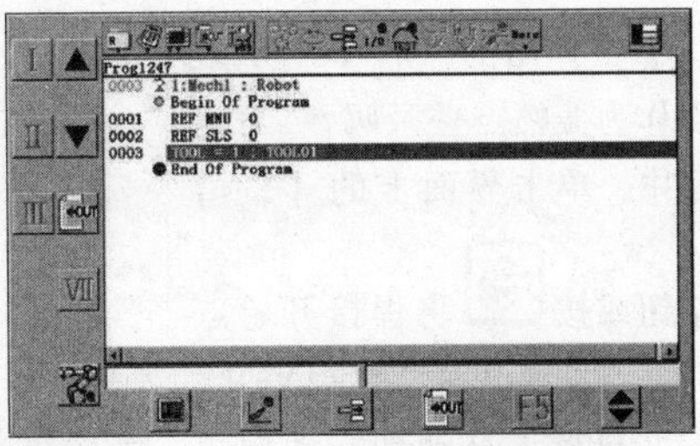	
P001 登录原点（起始）	①机器人原点，在追加状态下，直接按 登录。 ②将插补方式设定为 MOVEP。 ③示教点属性设定为 （空走点）。 ④按 保存示教点 P001 为原点	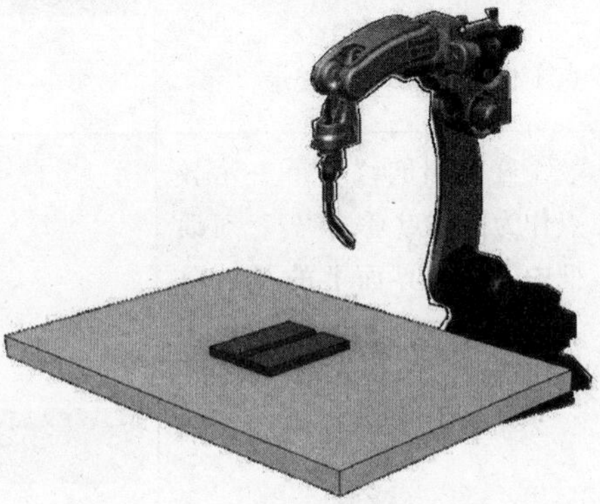	
P002 登录打底焊作业临近点	①机器人移动到作业临近点，在追加状态下，按 登录。 ②将插补方式设定为 MOVEP/MOVEL。 ③示教点属性设定为 （空走点）。 ④按 保存示教点 P002 为作业临近点		将焊枪移动至过渡点，该点必须高于工件高度，以免焊接时焊枪撞击到工件。 焊枪角度按参数进行调整
P003 登录打底焊开始点	①机器人移动到焊接开始点，在追加状态下，按 登录。 ②将插补方式设定为 MOVELW。 ③示教点属性设定为 （焊接点）。 ④按 保存示教点 P003 为焊接开始点	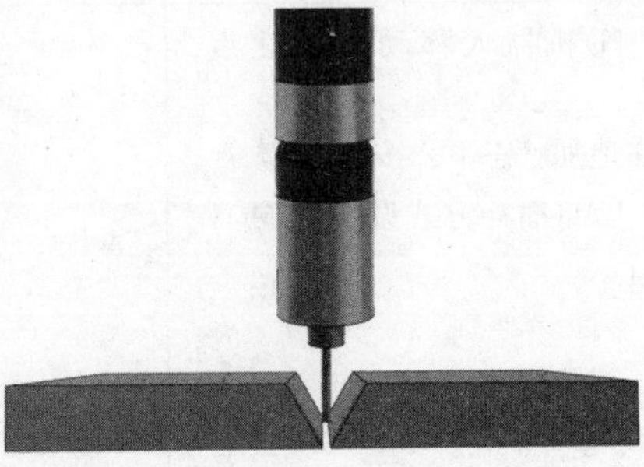	保持焊枪 P002 点的姿态不变，将焊枪移到距工件坡口底部 2～3 mm 中心位置，设置为打底焊开始点

操作步骤	操作方法	图示	补充说明
P004 登录打底焊摆动振幅点1	①在弹出的"将下一示教点作为振幅点登录吗?"对话框中,单击界面上的【Yes】按钮或按 ⬙ 将焊接开始点后2点自动设置为WEAVEP。②机器人移动到摆动振幅点1位置,按 ➡ 登录	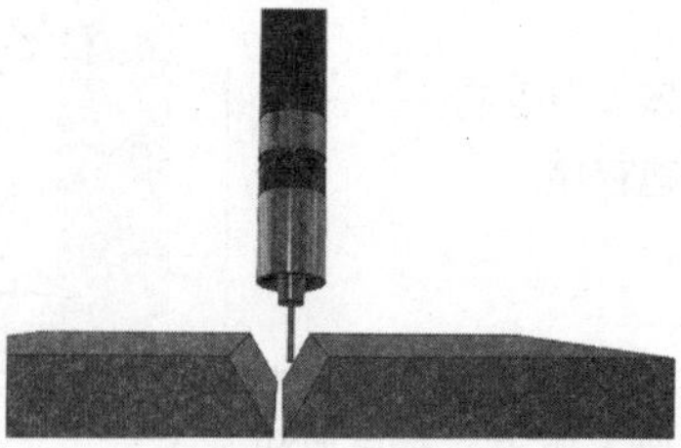	保持焊枪P003点的姿态不变,建议在直角坐标系下将焊枪移到打底焊摆动振幅点1
P005 登录打底焊摆动振幅点2	①在弹出的"将下一示教点作为振幅点登录吗?"对话框中,单击界面上的【Yes】按钮或按 ⬙ 设置WEAVEP。②机器人移动到摆动振幅点2位置,按 🔧 登录	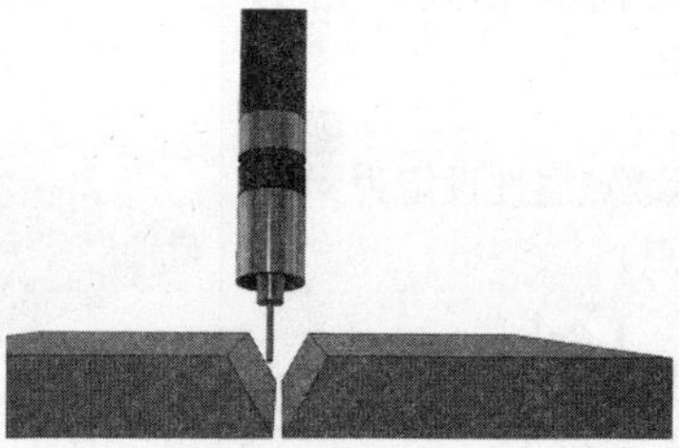	保持焊枪P004点的姿态不变,建议在直角坐标系下将焊枪移到打底焊摆动振幅点2
P006 登录打底焊结束点	①机器人移动到焊接结束点,在追加状态下,按 ⬙ 登录。②将插补方式设定为MOVELW。③示教点属性设定为 🔧 (空走点)。④按 ⬙ 保存示教点P006为焊接结束点	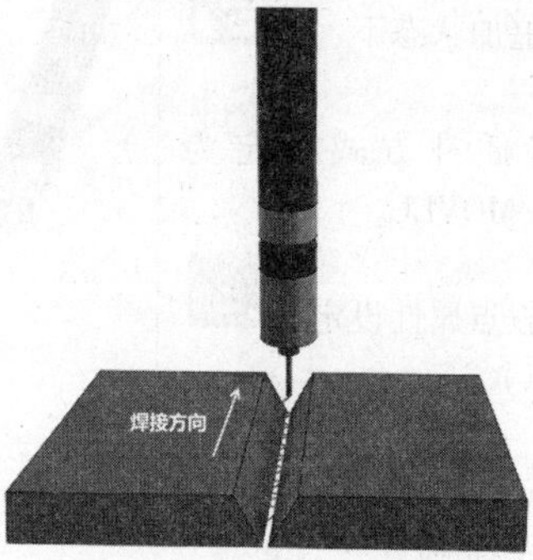 焊接方向	保持焊枪P005点的姿态不变,建议在直角坐标系下将焊枪移到打底焊结束点
P007 登录打底焊退枪避让点	①机器人移动到避让点,在追加状态下,按 ⬙ 登录。②将插补方式设定为MOVEL。③示教点属性设定为 🔧 (空走点)。④按 ⬙ 保存示教点P007为退枪避让点		保持焊枪P006点的姿态不变,在工具坐标系下,沿 把焊枪移到不碰触夹具和工件的位置

操作步骤	操作方法	图示	补充说明
P008 登录盖面焊作业临近点	设定同 P002		保持焊枪 P007 点的姿态不变，将焊枪移到盖面焊作业临近点。该点必须高于工件高度，以免焊接时焊枪撞击到工件
P009 登录盖面焊开始点	设定同 P003	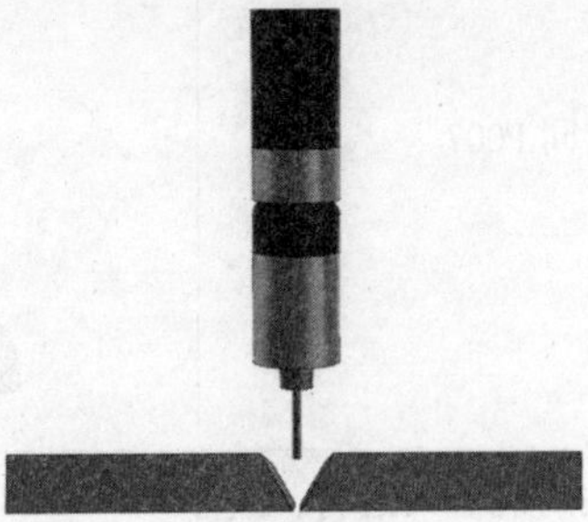	保持焊枪 P008 点的姿态不变，将焊枪移到距工件坡口底部 5 ~ 6 mm 中心位置，设置为盖面焊开始点
P010 登录盖面焊摆动振幅点 1	设定同 P004	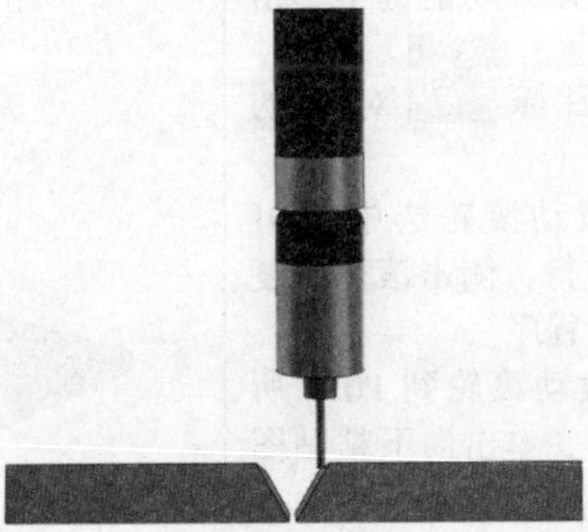	保持焊枪 P009 点的姿态不变，建议在直角坐标系下将焊枪移到盖面焊摆动振幅点 1
P011 登录盖面焊摆动振幅点 2	设定同 P005	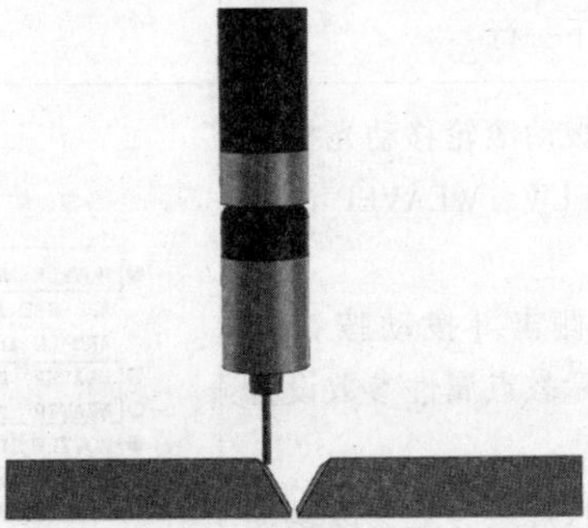	保持焊枪 P010 点的姿态不变，建议在直角坐标系下将焊枪移到盖面焊摆动振幅点 2

操作步骤	操作方法	图示	补充说明
P012 登录盖面焊结束点	设定同 P006	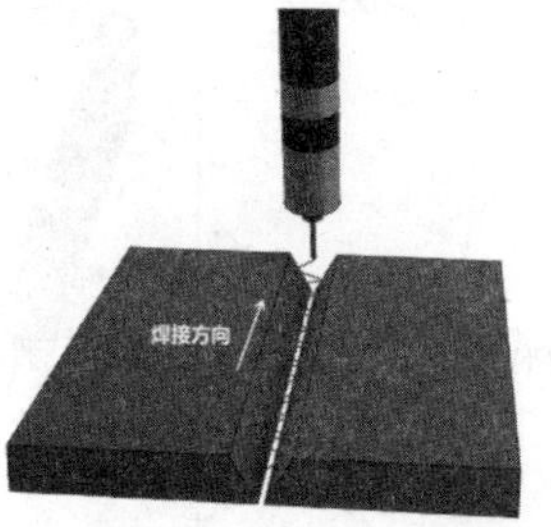	保持焊枪 P011 点的姿态不变，建议在直角坐标系下将焊枪移到盖面焊结束点
P013 登录盖面焊退枪避让点	设定同 P007	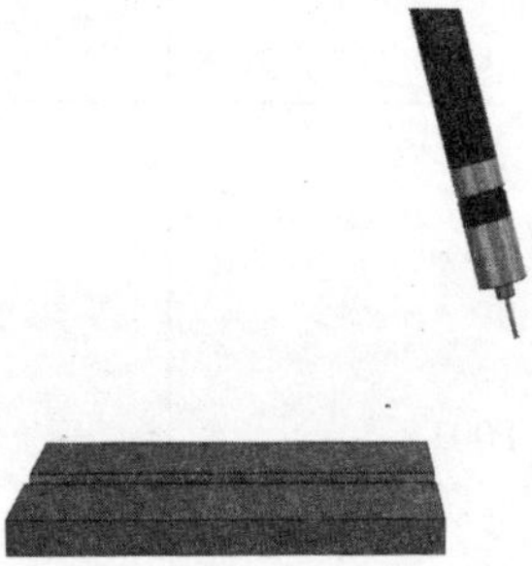	保持焊枪 P012 点的姿态不变，在工具坐标系下，沿  把焊枪移到不碰触夹具和工件的位置
P014 原点（焊接终了）	①关闭机器人运行，进入编辑状态。②在用户功能键中单击复制图标  对应的按键。③拨动滚轮选中 P001 所在的行，侧击滚轮，复制该行程序。④拨动滚轮到 P013 所在的行，单击向下粘贴图标  对应的功能键，将已复制的程序粘贴到当前行的下一行	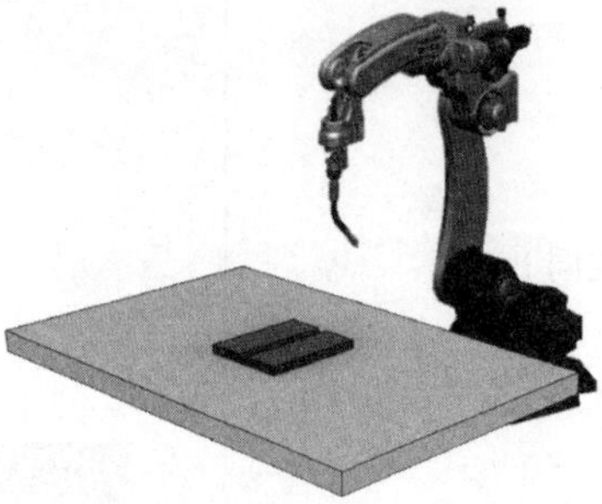	复制焊接机器人原点指令即可
修改摆动参数	①拨动滚轮移动光标至 MOVELW、WEAVEP 命令行上。②侧击【拨动按钮】，弹出示教点属性参数设置窗口。③按焊接参数修改摆动类型、频率、振幅点停留时间	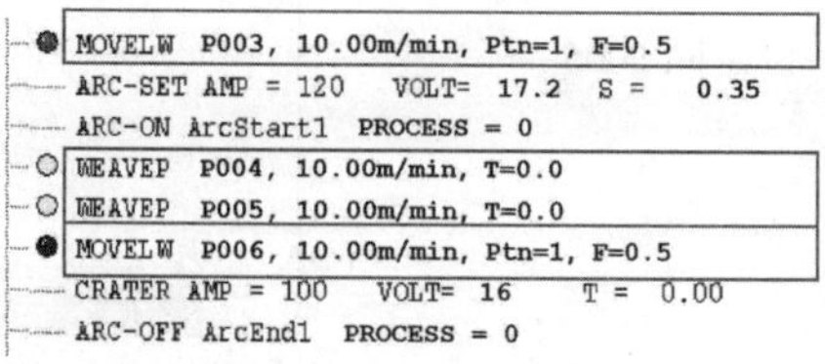 MOVELW P003, 10.00m/min, Ptn=1, F=0.5 ARC-SET AMP = 120　VOLT= 17.2　S =　0.35 ARC-ON ArcStart1　PROCESS = 0 WEAVEP P004, 10.00m/min, T=0.0 WEAVEP P005, 10.00m/min, T=0.0 MOVELW P006, 10.00m/min, Ptn=1, F=0.5 CRATER AMP = 100　VOLT= 16　T = 0.00 ARC-OFF ArcEnd1　PROCESS = 0	

操作步骤	操作方法	图示	补充说明
修改焊接开始规范	①拨动滚轮移动光标至ARC-SET命令行上。 ②侧击【拨动按钮】，弹出"ARC-SET"参数设置窗口。 ③按焊接参数修改电流、电压、速度	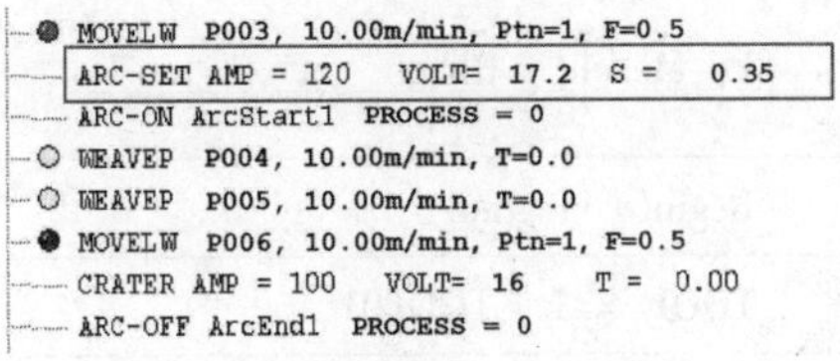 ● MOVELW P003, 10.00m/min, Ptn=1, F=0.5 ARC-SET AMP = 120 VOLT= 17.2 S = 0.35 ── ARC-ON ArcStart1 PROCESS = 0 ○ WEAVEP P004, 10.00m/min, T=0.0 ○ WEAVEP P005, 10.00m/min, T=0.0 ● MOVELW P006, 10.00m/min, Ptn=1, F=0.5 ── CRATER AMP = 100 VOLT= 16 T = 0.00 ── ARC-OFF ArcEnd1 PROCESS = 0	打底焊和盖面焊的焊接开始规范均要修改
修改焊接开始动作次序	①拨动滚轮移动光标至ARC-ON命令行上。 ②侧击【拨动按钮】，弹出"ARC-ON"参数设置窗口。 ③选择开始次序文件	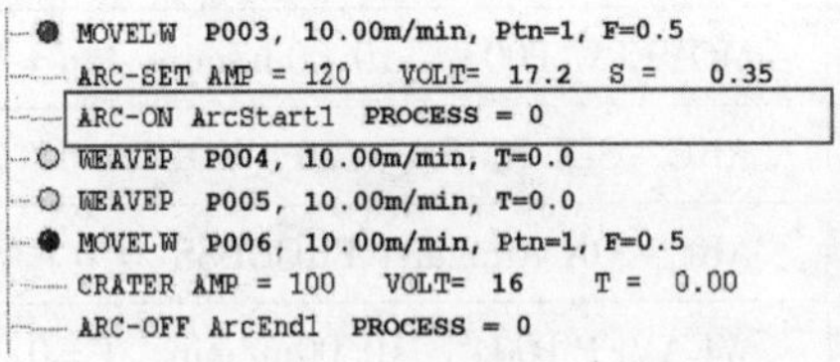 ● MOVELW P003, 10.00m/min, Ptn=1, F=0.5 ── ARC-SET AMP = 120 VOLT= 17.2 S = 0.35 ARC-ON ArcStart1 PROCESS = 0 ○ WEAVEP P004, 10.00m/min, T=0.0 ○ WEAVEP P005, 10.00m/min, T=0.0 ● MOVELW P006, 10.00m/min, Ptn=1, F=0.5 ── CRATER AMP = 100 VOLT= 16 T = 0.00 ── ARC-OFF ArcEnd1 PROCESS = 0	打底焊和盖面焊的焊接开始动作次序均要修改
修改焊接结束规范	①拨动滚轮移动光标至CRATER命令行上。 ②侧击【拨动按钮】，弹出"CRATER"参数设置窗口。 ③按焊接参数修改电流、电压、时间	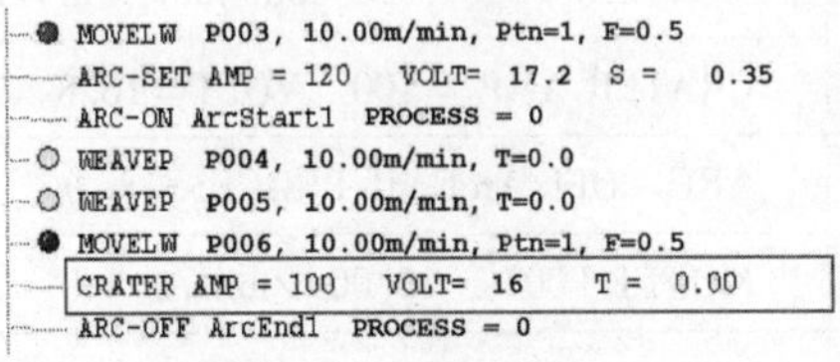 ● MOVELW P003, 10.00m/min, Ptn=1, F=0.5 ── ARC-SET AMP = 120 VOLT= 17.2 S = 0.35 ── ARC-ON ArcStart1 PROCESS = 0 ○ WEAVEP P004, 10.00m/min, T=0.0 ○ WEAVEP P005, 10.00m/min, T=0.0 ● MOVELW P006, 10.00m/min, Ptn=1, F=0.5 CRATER AMP = 100 VOLT= 16 T = 0.00 ── ARC-OFF ArcEnd1 PROCESS = 0	打底焊和盖面焊的焊接结束规范均要修改
修改焊接结束动作次序	①拨动滚轮移动光标至ARC-OFF命令行上。 ②侧击【拨动按钮】，弹出"ARC-OFF"参数设置窗口。 ③选择结束次序文件	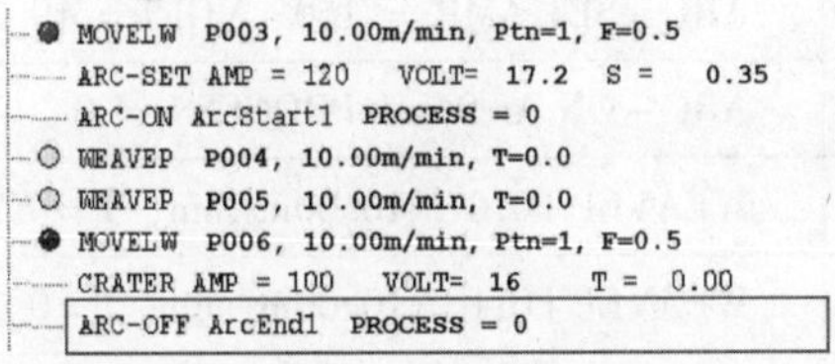 ● MOVELW P003, 10.00m/min, Ptn=1, F=0.5 ── ARC-SET AMP = 120 VOLT= 17.2 S = 0.35 ── ARC-ON ArcStart1 PROCESS = 0 ○ WEAVEP P004, 10.00m/min, T=0.0 ○ WEAVEP P005, 10.00m/min, T=0.0 ● MOVELW P006, 10.00m/min, Ptn=1, F=0.5 ── CRATER AMP = 100 VOLT= 16 T = 0.00 ARC-OFF ArcEnd1 PROCESS = 0	打底焊和盖面焊的焊接结束动作次序均要修改
跟踪确认	①切换机器人至示教模式下的编辑状态，移动光标至跟踪开始点所在命令行。 ②点亮 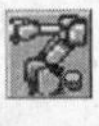 🖼，保持伺服指示灯 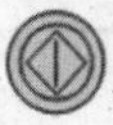 ⊙ 长亮。 ③开启跟踪功能，正向逐条跟踪程序直至最后一个示教点	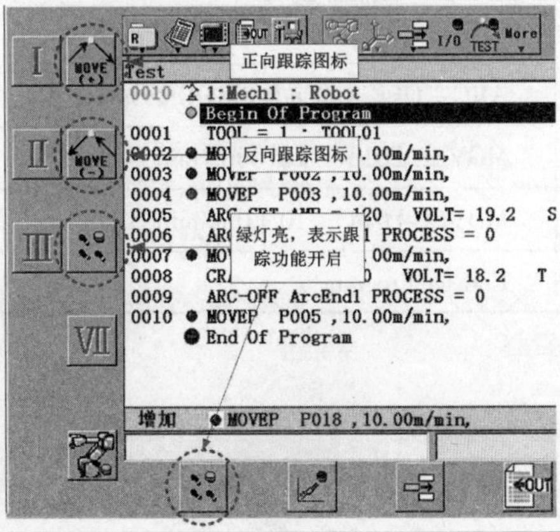	注意整个跟踪过程中光标的位置和程序行标的状态变化

中厚板对接平焊缝示教程序及释义如表4-9所示。

表4-9 中厚板对接平焊缝示教程序及释义

		MOVELW TEACHING PROGRAM	
0013		1：Meach1：Robot	机器人
	●	BeginOf Program	程序开始
0001		TOOL = 1：TOOL01	焊枪工具
0002	●	MOVEP P001，10.00m/min，	记录原点
0003	●	MOVEP P002，10.00m/min，	登录临近点
0004	●	MOVELW P003，10.00m/min，Ptn = 1，F = 0.5，	直线摆动焊接
0005		ARC - SET AMP = 120　VOLT = 17.2　S = 0.35	参数设定
0006		ARC - ON ArcStart1 PROCESS = 0	起弧
0007	●	WEAVEP P004，10.00m/min，T = 0.3，	摆动点1
0008	●	WEAVEP P005，10.00m/min，T = 0.3，	摆动点2
0009	●	MOVELW P006，10.00m/min，Ptn = 1，F = 0.5，	直线摆动空走
0010		CRATER AMP = 100　VOLT = 16.8　T = 0.00	收弧参数设置
0011		ARC - OFF ArcEnd1 PROCESS = 0	熄弧
0012	●	MOVEL P007，10.00m/min，	登录避让点
0013	●	MOVEP P008，10.00m/min，	登录临近点
0014	●	MOVELW P009，10.00m/min，Ptn = 1，F = 1.8，	直线摆动焊接
0015		ARC - SET AMP = 160　VOLT = 19.2　S = 0.35	参数设定
0016		ARC - ON ArcStart1 PROCESS = 0	起弧
0017	●	WEAVEP P010，10.00m/min，T = 0.3，	摆动点1
0018	●	WEAVEP P011，10.00m/min，T = 0.3，	摆动点2
0019	●	MOVELW P012，10.00m/min，Ptn = 1，F = 1.8，	直线摆动空走
0020		CRATER AMP = 120　VOLT = 18.2　T = 0.00	收弧参数设置
0021		ARC - OFF ArcEnd1 PROCESS = 0	熄弧
0022	●	MOVEL P013，10.00m/min，	登录避让点
0023	●	MOVEP P014，10.00m/min，	PTP回原点
	●	End Of Program	程序结束

三、试件焊接

机器人中厚板对接平焊缝焊接操作步骤如表4-10所示。

表4-10　机器人中厚板对接平焊缝焊接操作步骤

操作步骤	操作方法	图示
焊前检查	①程序经过跟踪、确认无误，检查供丝、供气系统及焊接机器人工作环境无误。②在编辑状态下，移动光标到程序开始	MOVELW Teaching.prg 　MOVELW Teaching.prg 　　1:Mech1 : Robot 　　Begin Of Program 　　TOOL = 1 : TOOL01 　　MOVEP P001, 10.00m/min
模式切换	①插入示教器钥匙。②将示教器模式选择开关旋至 AUTO	
启动焊接	①轻握安全开关，按压伺服开关，保持伺服指示灯◎长亮。②按下启动按钮开始焊接	

任务评价

焊接完成后，要对焊缝质量进行评价，表4-11所示为中厚板对接平焊缝外观质量评分表，满分40分。缺欠分类按 GB/T 6417.1—2005《金属熔化焊接头缺欠分类及说明》执行，质量分级按 GB/T 19418—2003《钢的弧焊接头缺陷质量分级指南》执行。

表4-11　中厚板对接平焊缝外观质量评分表

明码号		评分员签名				合计分		
检查项目	评判标准及得分	评判等级				测评数据	实得分数	备注
		I	II	III	IV			
焊缝余高	尺寸标准/mm	0~2	2~3	3~4	<0, >4			
	得分标准	5分	4分	3分	1.5分			
焊缝宽度	尺寸标准/mm	15~17	17~19	19~21	<15, >21			
	得分标准	10分	8分	6分	3分			

明码号		评分员签名				合计分		
检查项目	评判标准及得分	评判等级				测评数据	实得分数	备注
		I	II	III	IV			
咬边	尺寸标准/mm	无咬边	深度≤0.5，每5 mm扣1分；最多扣至1.5分		深度>0.5得1.5分			
	得分标准	5分						
正面成型	标准	优	良	中	差			
	得分标准	10分	8分	6分	0分			
背面成型	标准	优	良	中	差			
	得分标准	5分	4分	3分	1.5分			
气孔	数量标准	0	0~1	1~2	>2			
	得分标准	5分	4分	3分	1.5分			

注：焊缝正反两面有裂纹、未熔合、未焊透缺陷或出现焊件修补、操作未在规定时间内完成，该项做0分处理

任务4-2 中厚板角焊缝示教编程与焊接

任务引入

中联重科混凝土机械分公司5桥67M国五泵车支撑结构后支腿腹板主焊缝采用机器人焊接，属于典型的中厚板平角焊缝和立角焊缝，如图4-21所示。本任务将以混凝土输送泵车后支腿腹板主焊缝机器人自动焊为例，按照"1+X"《特殊焊接技术职业技能等级标准》中级职业技能等级要求，讲解中厚板平角焊缝、立角焊缝直线摆动的示教编程与焊接。

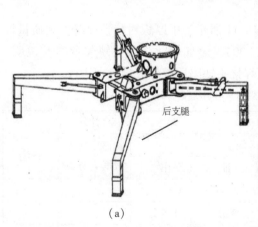

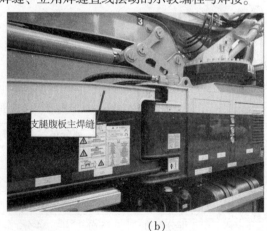

（a）　　　　　　　　　　　（b）

图4-21　后支腿腹板主焊缝

本任务在焊接机器人实训场进行，使用设备为唐山松下 TA/B1400 型焊接机器人，手动操作机器人，完成中厚板立角焊和平角焊缝轨迹示教及焊接，试件由 5 块 100 mm × 100 mm × 8 mm 的 Q235B 型钢板组装成，装配形式如图 4 – 22 所示，接头形式属于中厚板角接接头，焊接位置包括由上而下立焊以及封闭矩形平焊。

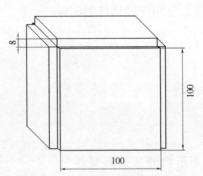

图 4 – 22　中厚板角焊缝试件图

本任务使用工具和设备如表 4 – 12 所示。

表 4 – 12　本任务使用工具和设备

名　称	型　号	数　量
机器人本体	TA/B 1400	1 台
焊接电源	松下 YD – 35GR W 型	1 个
控制柜（含变压器）	GⅢ 型	1 个
示教器	AUR01060 型	1 个
焊丝	ER50 – 6、ϕ1. 2 mm	1 盘
保护气瓶	80% Ar + 20% CO_2	1 瓶
头戴式面罩	自定	1 个
纱手套	自定	1 副
钢丝刷	自定	1 把
尖嘴钳	自定	1 把
活动扳手	自定	1 把
钢直尺	自定	1 把
敲渣锤	自定	1 把
焊接夹具	自定	1 套
焊缝测量尺	自定	1 把
角向磨光机	自定	1 台
劳保用品	帆布工作服、工作鞋	1 套

- 知识目标
1. 掌握封闭矩形轨迹的示教点规划。
2. 掌握机器人平角焊缝、立角焊缝直线摆动轨迹示教的基本流程。
- 技能目标
1. 能进行中厚板平角焊缝、立角焊缝的示教编程。
2. 能进行中厚板平角焊缝、立角焊缝试件的施焊。

相关知识

一、机器人封闭矩形轨迹示教点规划

1. 封闭矩形轨迹示教点规划

当焊缝轨迹为一封闭的矩形轨迹，并需要连续焊接时，需考虑机器人机械臂工作半径和基本轴可旋转角度。受到机器人机械臂基本轴旋转角度限制，封闭矩形轨迹试件中的一边与焊接平台的 Y 轴平行，焊接时先将机器人机械臂逆时针旋转 $180°$，示教焊接开始点选在与 Y 轴平行边的中点处，如图 4 − 23 所示。

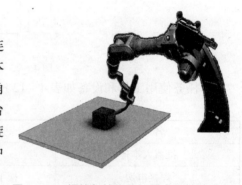

图 4 − 23　焊接起始位置机器人机械臂形态

随后机器人顺时针转动沿着封闭矩形轨迹进行示教点登录，封闭矩形轨迹示教点规划如图 4 − 24 所示，图中点③是焊接开始点，焊枪倾角取 $90°$，焊枪转角保持在 $45°$ 左右，向点④方向焊接。因为从点④到点⑥的转变过程中，焊枪姿态转变角度较大，所以，设置了中间过渡点⑤，点⑧、点⑪、点⑭也是这样的过渡点。

图 4 − 24　封闭矩形轨迹示教点设置

过渡点的位置可适当远离轨迹线，以补偿内侧旋转产生的误差。机器人连续运动平滑通过转角时，会产生内侧旋转，运行速度越高，内侧旋转越大，产生的偏差越大，如图4-25所示。为保证四周焊缝在外形尺寸上的一致性，在对各段焊缝进行示教编程时，尽量保持焊枪高度和转角不发生变化。转角过渡处建议采用绕 Z 轴旋转的方法来改变焊枪姿态，由于机器人系统的精度不是很高，机器人在转角处运行存在一定的转弯弧度，所以要根据机器人行走轨迹的实际情况对过渡点的位置做适当修正。例如，将过渡示教点设置在远离角点 $3\sim5$ mm 处，如图4-25所示。

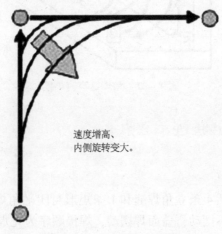

速度增高、
内侧旋转变大。

图4-25　内侧旋转示意图

2. 封闭矩形摆动轨迹示教点规划

封闭矩形摆动轨迹的示教点规划与不摆动轨迹类似，在焊接开始点后增加两个摆动振幅点，如图4-26所示。

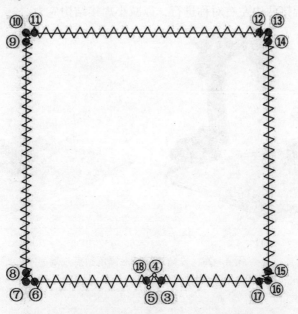

图4-26　封闭矩形摆动轨迹示教点设置

当焊接接头为角接时，建议摆动形式选择第六种类型高速单摆，如图 4 - 27 所示，这种摆动类型必须通过关节坐标系进行示教，调节 RW、BW、TW 轴进行运动。

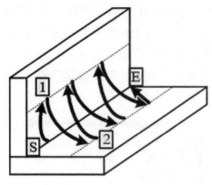

图 4 - 27　角焊缝高速单摆

二、中厚板角焊缝轨迹示教点

1. 中厚板角焊缝轨迹示教点规划

中厚板角焊缝试件包括 4 条立角焊缝和 1 条矩形封闭平角焊缝，5 条焊缝均采用多层多道焊，其中打底焊可以不摆动，盖面焊摆动，焊接顺序为先焊接立角焊缝，最后完成平角焊缝焊接。

其中立角焊缝的示教点规划类似任务 3 - 3，打底焊焊接顺序如图 4 - 28 （a） 所示，示教点规划如图 4 - 28 （b） 所示，示教流程如图 4 - 29 所示，盖面焊焊接顺序如图 4 - 30 （a） 所示，示教点规划如 4 - 30 （b） 所示，示教流程如图 4 - 31 所示。建议 4 条立焊缝的打底焊和盖面焊焊接两边左右对称进行，以减小焊接结构应力。

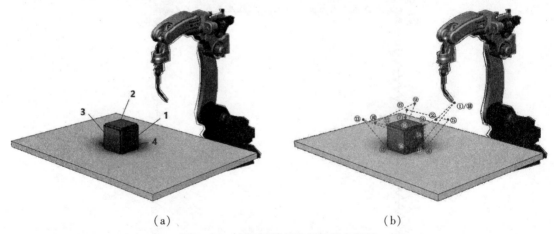

（a）　　　　　　　　　　　　　　　（b）

图 4 - 28　立角焊缝打底焊示教点规划

（a）焊接顺序；（b）示教点规划

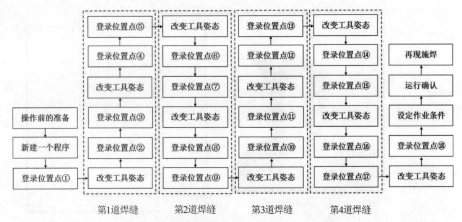

图 4 – 29　立角焊缝打底焊示教流程

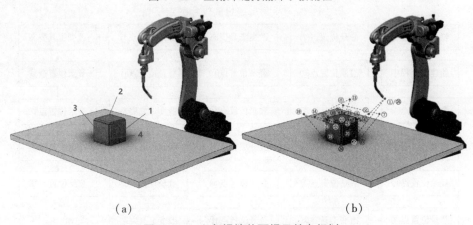

（a）　　　　　　　　　　　　　　　　（b）

图 4 – 30　立角焊缝盖面焊示教点规划

（a）焊接顺序；（b）示教点规划

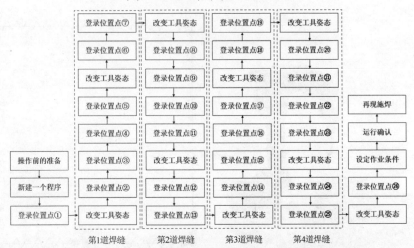

图 4 – 31　立角焊缝盖面焊示教流程

平角焊缝为封闭矩形轨迹，根据封闭矩形轨迹示教点设置要求，打底焊示教点规划如图 4 – 32 所示，示教流程如图 4 – 33 所示，盖面焊示教点规划如图 4 – 34 所示，示教流程如图 4 – 35 所示。

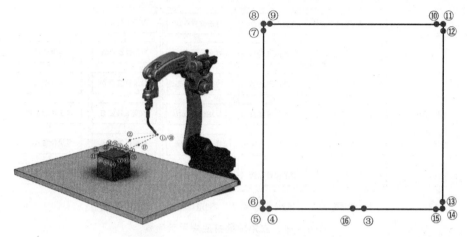

图 4 – 32　平角焊缝打底焊示教点规划

操作前的准备	登录位置点⑦	改变工具姿态	登录位置点⑮	改变工具姿态
新建一个程序	登录位置点⑥	登录位置点⑧	登录位置点⑭	登录位置点⑯
登录位置点①	改变工具姿态	登录位置点⑨	改变工具姿态	登录位置点⑰
改变工具姿态	登录位置点⑤	改变工具姿态	登录位置点⑬	改变工具姿态
登录位置点②	登录位置点④	登录位置点⑩	登录位置点⑫	登录位置点⑱
登录位置点③	改变工具姿态	登录位置点⑪	改变工具姿态	

图 4 – 33　平角焊缝打底焊示教流程

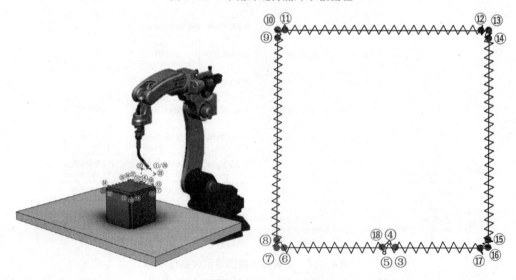

图 4 – 34　平角焊缝盖面焊示教点规划

图4-35 平角焊缝盖面焊示教流程

2. 中厚板角焊缝轨迹示教点属性设置

中厚板焊接的四条立角焊缝打底焊均为直线轨迹，盖面焊为直线摆动轨迹，每条焊缝的示教点的属性如图4-36所示；平角焊缝打底焊为封闭矩形轨迹，盖面焊为封闭矩形摆动轨迹，该焊缝的示教点属性如图4-37所示。

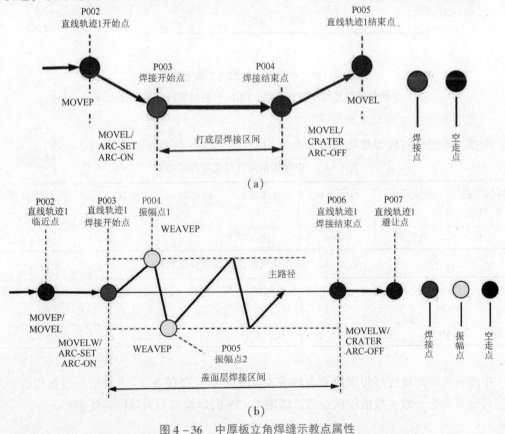

图4-36 中厚板立角焊缝示教点属性

（a）立角焊缝打底层示教点属性；（b）立角焊缝盖面层示教点属性

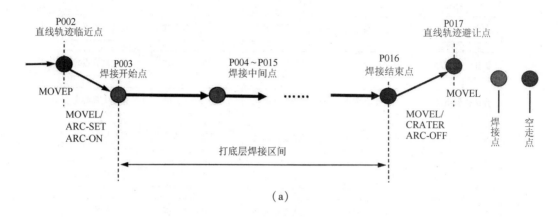

（a）

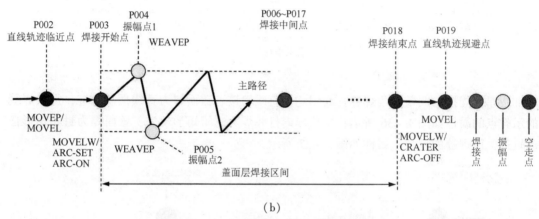

（b）

图 4 - 37　中厚板平角焊缝示教点属性

（a）平角焊缝打底层示教点属性；（b）平角焊缝打底层示教点属性

3. 中厚板角焊缝焊接参数

中厚板角焊缝打底焊焊接参数如表 4 - 13，盖面焊焊接参数如表 4 - 14 所示。

表 4 - 13　中厚板角焊缝打底焊焊接参数

焊接电流 /A	焊接电压 /V	收弧电流 /A	收弧电压 /V	收弧时间 /s	焊接速度 /(m·min⁻¹)	气体流量 /(L·min⁻¹)
120	17.2	100	16.8	0	0.35	12~15

表 4 - 14　中厚板角焊缝盖面焊焊接参数

焊接电流 /A	焊接电压 /V	收弧电流 /A	收弧电压 /V	收弧时间 /s	焊接速度 /(m·min⁻¹)	振幅点停留时间/s	摆动频率 /Hz	气体流量 /(L·min⁻¹)
160	19.2	120	18.2	0.5	0.35	0.3	1.8	12~15

中厚板立角焊缝打底焊焊枪姿态如表 4 - 15 所示，与任务 3 - 3 类似，盖面焊焊枪姿态与打底焊姿态一致。数值仅供参考，以图 4 - 38 的焊枪姿态为目标调整姿态。

表 4-15 中厚板立角焊缝打底焊焊枪姿态

编号	焊枪姿态			位置点
	$U/(°)$	$V/(°)$	$W/(°)$	
P001	180	45	180	原点（起始）
P002	-45	90	0	焊缝1临近点
P003	-45	90	0	焊缝1开始点
P004	-45	60	0	焊缝1结束点
P005	-45	60	0	焊缝1避让点
P006	-135	90	180	焊缝2临近点
P007	-135	90	180	焊缝2开始点
P008	-135	60	180	焊缝2结束点
P009	-135	60	180	焊缝2避让点
P010	135	90	0	焊缝3临近点
P011	135	90	0	焊缝3开始点
P012	135	60	0	焊缝3结束点
P013	135	60	0	焊缝3避让点
P014	45	90	180	焊缝4临近点
P015	45	90	180	焊缝4开始点
P016	45	60	180	焊缝4结束点
P017	45	60	180	焊缝4避让点
P018	180	45	180	原点（终了）

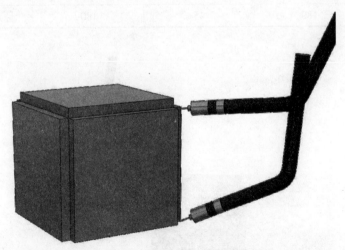

图 4-38　中厚板立角焊缝焊枪姿态

中厚板平角焊缝打底焊焊枪姿态如表4-16所示，盖面焊焊枪姿态与打底焊姿态一致。数值仅供参考，以图4-39的焊枪姿态为目标调整姿态。

表4-16　中厚板平角焊缝打底焊焊枪姿态

编号	焊枪姿态			位置点
	$U/$（°）	$V/$（°）	$W/$（°）	
P001	180	45	180	原点（起始）
P002	0	45	0	作业临近点
P003	0	45	0	焊接开始点
P004	0	45	0	焊接中间点
P005	-45	45	0	焊接中间点（转角1）
P006	-90	45	0	焊接中间点
P007	-90	45	180	焊接中间点
P008	-135	45	180	焊接中间点（转角2）
P009	180	45	180	焊接中间点
P010	180	45	180	焊接中间点
P011	135	45	180	焊接中间点（转角3）
P012	90	45	180	焊接中间点
P013	90	45	0	焊接中间点
P014	45	45	0	焊接中间点（转角4）
P015	0	45	0	焊接中间点
P016	0	45	0	焊接结束点
P017	0	45	0	退枪避让点
P018	180	45	180	原点（终了）

图4-39　中厚板平角焊缝焊枪姿态

一、示教前准备

示教前准备步骤如表 4 – 17 所示。

表 4 – 17　示教前准备步骤

操作步骤	操作方法	图示	补充说明
工件准备	工件表面清理，清除焊缝两侧各 20 mm 范围内的油、锈、水分及其他污物，并用角向磨光机打磨出金属光泽		
装配定位	装配时注意使板内侧的边线对齐，无错边。定位焊点设置在内侧，长度 10 ~ 15 mm		装配时注意使板内侧的边线对齐
工件装夹	利用夹具将工件固定在机器人工作台上		

二、示教编程

中厚板立角焊缝打底焊示教操作步骤如表 4 – 18 所示。

表 4 – 18　中厚板立角焊缝打底焊示教操作步骤

操作步骤	操作方法	图示	补充说明
新建程序	①机器人原点确认。②新建程序		

操作步骤	操作方法	图示	补充说明
P001 登录原点（起始）	①机器人原点，在追加状态下，直接按  登录。 ②将插补方式设定为 MOVEP。 ③示教点属性设定为  （空走点）。 ④按  保存示教点 P001 为原点。	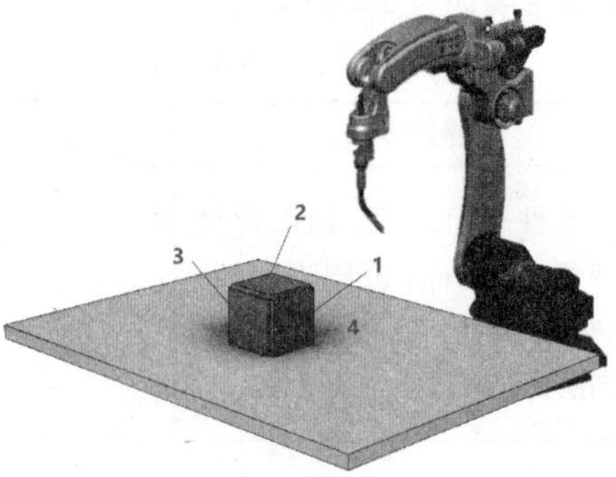	按照 1、2、3、4，四条焊缝的焊接顺序进行
P002 登录打底焊第 1 道焊缝作业临近点	①机器人移动到作业临近点，在追加状态下，按  登录。 ②将插补方式设定为 MOVEP/MOVEL。 ③示教点属性设定为  （空走点）。 ④按  保存示教点 P002 为作业临近点	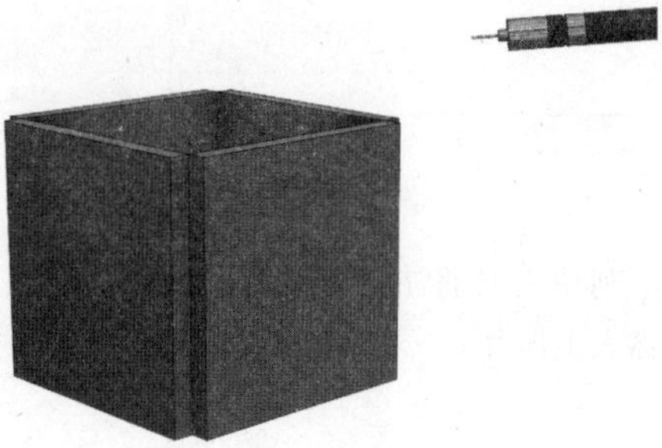	将焊枪移动至第 1 道焊缝过渡点，该点必须高于工件高度，以免焊接时焊枪撞击到工件。 焊枪角度按参数进行调整
P003 登录打底焊第 1 道焊缝开始点	①机器人移动到焊接开始点，在追加状态下，按  登录。 ②将插补方式设定为 MOVEL。 ③示教点属性设定为  （焊接点）。 ④按  保存示教点 P003 为焊接开始点		保持焊枪 P002 点的姿态不变，将焊枪移到距工件坡口底部 2 ~ 3 mm 中心位置，设置为打底焊开始点

操作步骤	操作方法	图示	补充说明
P004 登录打底焊第 1 道焊缝结束点	①机器人移动到焊接结束点，在追加状态下，按  ⬛ 登录。 ②将插补方式设定为 MOVEL。 ③示教点属性设定为  ⬛（空走点）。 ④按  ⬛ 保存示教点 P004 为焊接结束点		按焊接参数要求调整焊枪角度，把焊枪移到焊接作业结束位置
P005 登录打底焊第 1 道焊缝退枪避让点	①机器人移动到避让点，在追加状态下，按  ⬛ 登录。 ②将插补方式设定为 MOVEL。 ③示教点属性设定为  ⬛（空走点）。 ④按  ⬛ 保存示教点 P005 为退枪避让点	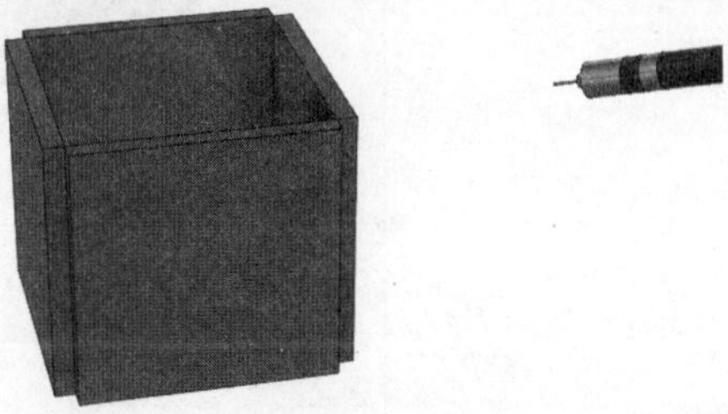	保持焊枪 P004 点的姿态不变，把焊枪移到不碰触夹具和工件的位置，建议在工具坐标系下操作
P006 登录打底焊第 2 道焊缝作业临近点	设定同 P002		将焊枪移动至第 2 道焊缝过渡点，该点必须高于工件高度，以免焊接时焊枪撞击到工件。 按焊接参数调整焊枪角度

操作步骤	操作方法	图示	补充说明
P007 登录打底焊第 2 道焊缝开始点	设定同 P003		保持焊枪 P006 点的姿态不变，将焊枪移到距工件坡口底部 2 ~ 3 mm 中心位置，设置为打底焊开始点
P008 登录打底焊第 2 道焊缝结束点	设定同 P004		按焊接参数调整焊枪角度，把焊枪移到焊接作业结束位置
P009 登录打底焊第 2 道焊缝退枪避让点	设定同 P005		保持焊枪 P008 点的姿态不变，把焊枪移到不碰触夹具和工件的位置
P010 登录打底焊第 3 道焊缝作业临近点	设定同 P002		将焊枪移动至第 3 道焊缝过渡点，该点必须高于工件高度，以免焊接时焊枪撞击到工件按焊接参数调整焊枪角度

操作步骤	操作方法	图示	补充说明
P011 登录打底焊第 3 道焊缝开始点	设定同 P003		保持焊枪 P010 点的姿态不变，将焊枪移到距工件坡口底部 2~3 mm 中心位置，设置为打底焊开始点
P012 登录打底焊第 3 道焊缝结束点	设定同 P004		按焊接参数要求，调整焊枪角度，把焊枪移到焊接作业结束位置
P013 登录打底焊第 3 道焊缝退枪避让点	设定同 P005		保持焊枪 P012 点的姿态不变，把焊枪移到不碰触夹具和工件的位置
P014 登录打底焊第 4 道焊缝作业临近点	设定同 P002		将焊枪移动至第 4 道焊缝过渡点，该点必须高于工件高度，以免焊接时焊枪撞击到工件。按焊接参数调整焊枪角度

操作步骤	操作方法	图示	补充说明
P015 登录打底焊第 4 道焊缝开始点	设定同 P003		保持焊枪 P014 点的姿态不变,将焊枪移到距工件坡口底部 2 ~ 3 mm 中心位置,设置为打底焊开始点
P016 登录打底焊第 4 道焊缝结束点	设定同 P004		按焊接参数要求,调整焊枪角度,把焊枪移到焊接作业结束位置
P017 登录打底焊第 4 道焊缝退枪避让点	设定同 P005		保持焊枪 P016 点的姿态不变,把焊枪移到不碰触夹具和工件的位置
P018 登录原点(结束)	①关闭机器人运行,进入编辑状态。②在用户功能键中单击复制图标  对应的按键。③拨动滚轮选中 P001 所在的行,侧击滚轮,复制该行程序。④拨动滚轮到 P017 所在的行,单击向下粘贴图标  对应的功能键,将已复制的程序粘贴到当前行的下一行	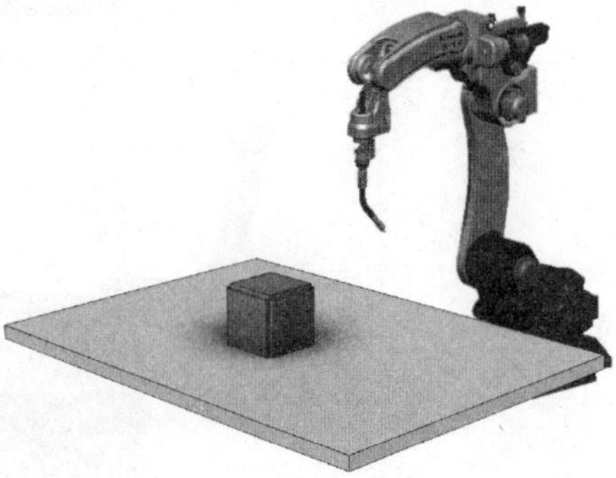	

中厚板立角焊缝打底焊示教程序及释义如表4-19所示。

表4-19 中厚板立角焊缝打底焊示教程序及释义

BACK WELDING TEACHING PROGRAM			
0029		1：Meach1：Robot	
	●	Begin Of Program	程序开始
0001		TOOL = 1：TOOL01	默认焊枪工具
0002	●	MOVEP P001 ，10.00m/min，	记录原点
0003	●	MOVEP P002 ，10.00m/min，	焊缝1临近点
0004	●	MOVEL P003 ，10.00m/min，	焊接开始点
0005		ARC - SET AMP = 120　VOLT = 17.2　S = 0.35	设定焊接参数
0006		ARC - ON ArcStart1 PROCESS = 0	起弧
0007	●	MOVEL P004 ，10.00m/min，	焊接终了点
0008		CRATER AMP = 100　VOLT = 16.8　T = 0.00	收弧规范
0009		ARC - OFF ArcEnd1 PROCESS = 0	熄弧
0010	●	MOVEL P005 ，10.00m/min，	退枪避让点
0011	●	MOVEP P006 ，10.00m/min，	焊缝2临近点
0012	●	MOVEL P007 ，10.00m/min，	焊接开始点
0013		ARC - SET AMP = 120　VOLT = 17.2　S = 0.35	设定焊接参数
0014		ARC - ON ArcStart1 PROCESS = 0	起弧
0015	●	MOVEL P008 ，10.00m/min，	焊接终了点
0016		CRATER AMP = 100　VOLT = 16.8　T = 0.00	收弧规范
0017		ARC - OFF ArcEnd1 PROCESS = 0	熄弧
0018	●	MOVEL P009 ，10.00m/min，	退枪避让点
0019	●	MOVEP P010 ，10.00m/min，	焊缝3临近点
0020	●	MOVEL P011 ，10.00m/min，	焊接开始点
0021		ARC - SET AMP = 120　VOLT = 17.2　S = 0.35	设定焊接参数
0022		ARC - ON ArcStart1 PROCESS = 0	起弧
0023	●	MOVEL P012 ，10.00m/min，	焊接终了点
0024		CRATER AMP = 100　VOLT = 16.8　T = 0.00	收弧规范
0025		ARC - OFF ArcEnd1 PROCESS = 0	熄弧
0026	●	MOVEL P013 ，10.00m/min，	退枪避让点
0027	●	MOVEP P014 ，10.00m/min，	焊缝4临近点
0028	●	MOVEL P015 ，10.00m/min，	焊接开始点
0029		ARC - SET AMP = 120　VOLT = 17.2　S = 0.35	设定焊接参数
0030		ARC - ON ArcStart1 PROCESS = 0	起弧

BACK WELDING TEACHING PROGRAM			
0031	●	MOVEL P016，10.00m/min，	焊接终了点
0032		CRATER AMP ＝ 100　　VOLT ＝ 16.8　T ＝ 0.00	收弧规范
0033		ARC－OFF ArcEnd1 PROCESS ＝ 0	熄弧
0034	●	MOVEL P017，10.00m/min，	退枪避让点
0035	●	MOVEP P018，10.00m/min，	回原点
	●	End Of Program	程序结束

中厚板立角焊缝盖面焊示教操作步骤如表4－20所示。

表4－20　中厚板立角焊缝盖面焊示教操作步骤

操作步骤	操作方法	图示	补充说明
新建程序	①机器人原点确认。 ②新建程序		
P001 登录原点（起始）	①机器人原点，在追加状态下，直接按 [图标] 登录。 ②将插补方式设定为 MOVEP。 ③示教点属性设定为 [图标]（空走点）。 ④按 [图标] 保存示教点 P001 为原点		按照 1、2、3、4 四条焊缝的焊接顺序进行
P002 登录盖面焊第 1 道焊缝作业临近点	①机器人移动到作业临近点，在追加状态下，按 [图标] 登录。 ②将插补方式设定为 MOVEP/MOVEL。 ③示教点属性设定为 [图标]（空走点）。 ④按 [图标] 保存示教点 P002 为作业临近点		将焊枪移动至过渡点，该点必须高于工件高度，以免焊接时焊枪撞击到工件。 焊枪角度按参数进行调整

操作步骤	操作方法	图示	补充说明
P003 登录盖面焊第 1 道焊缝开始点	①机器人移动到焊接开始点，在追加状态下，按  ⇨ 登录。 ②将插补方式设定为 MOVELW。 ③示教点属性设定为  ✐ （焊接点）。 ④按  ⇨ 保存示教点 P003 为焊接开始点		保持焊枪 P002 点的姿态不变，将焊枪移到距工件坡口底部 5 ~ 6 mm 中心位置，设置为盖面焊开始点
P004 登录盖面焊第 1 道焊缝振幅点 1	①在弹出的"将下一示教点作为振幅点登录吗?"对话框中，单击界面上的【Yes】按钮或按  ⇨ 将焊接开始点后 2 点自动设置为 WEAVEP。 ②机器人移动到摆动振幅点 1 位置，按  ⇨ 登录		保持焊枪 P003 点的姿态不变，建议在直角坐标系下将焊枪移到盖面焊摆动振幅点 1
P005 登录盖面焊第 1 道焊缝振幅点 2	①在弹出的"将下一示教点作为振幅点登录吗?"对话框中，单击界面上的【Yes】按钮或按  ⇨ 设置 WEAVEP。 ②机器人移动到摆动振幅点 2 位置，按  ⇨ 登录		保持焊枪 P004 点的姿态不变，建议在直角坐标系下将焊枪移到盖面焊摆动振幅点 2
P006 登录盖面焊第 1 道焊缝结束点	①机器人移动到焊接结束点，在追加状态下，按  ⇨ 登录。 ②将插补方式设定为 MOVEL。 ③示教点属性设定为  ✐ （空走点）。 ④按  ⇨ 保存示教点 P006 为焊接结束点		按焊接参数要求，调整焊枪角度，把焊枪移到焊接作业结束位置

操作步骤	操作方法	图示	补充说明
P007 登录盖面焊第 1 道焊缝退枪避让点	①机器人移动到避让点，在追加状态下，按  ⬗ 登录。 ②将插补方式设定为 MOVEL。 ③示教点属性设定为  ✐（空走点）。 ④按  ⬗ 保存示教点 P007 为退枪避让点	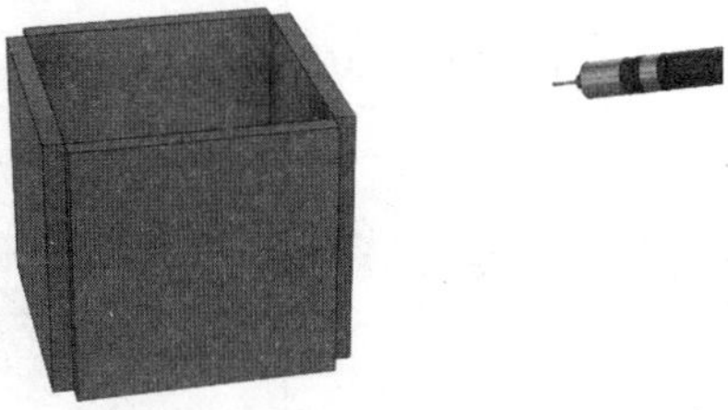	保持焊枪 P006 点的姿态不变，把焊枪移到不碰触夹具和工件的位置，建议在工具坐标系下操作
P008 登录盖面焊第 2 道焊缝作业临近点	设定同 P002		将焊枪移动至第 2 道焊缝过渡点，该点必须高于工件高度，以免焊接时焊枪撞击到工件。 按焊接参数调整焊枪角度
P009 登录盖面焊第 2 道焊缝开始点	设定同 P003		保持焊枪 P008 点的姿态不变，将焊枪移到距工件坡口底部 5～6 mm 中心位置，设置为盖面焊开始点
P010 登录盖面焊第 2 道焊缝振幅点 1	设定同 P004		保持焊枪 P009 点的姿态不变，建议在直角坐标系下将焊枪移到盖面焊摆动振幅点 1

操作步骤	操作方法	图示	补充说明
P011 登录盖面焊第 2 道焊缝振幅点 2	设定同 P005		保持焊枪 P010 点的姿态不变，建议在直角坐标系下将焊枪移到盖面焊摆动振幅点 2
P012 登录盖面焊第 2 道焊缝结束点	设定同 P006		按焊接参数调整焊枪角度，把焊枪移到焊接作业结束位置
P013 登录盖面焊第 2 道焊缝退枪避让点	设定同 P007		保持焊枪 P012 点的姿态不变，把焊枪移到不碰触夹具和工件的位置
P014 登录盖面焊第 3 道焊缝作业临近点	设定同 P002		将焊枪移动至第 3 道焊缝过渡点，该点必须高于工件高度，以免焊接时焊枪撞击到工件。按焊接参数调整焊枪角度

操作步骤	操作方法	图示	补充说明
P015 登录盖面焊第 3 道焊缝开始点	设定同 P003		保持焊枪 P014 点的姿态不变，将焊枪移到距工件坡口底部 5 ~ 6 mm 中心位置，设置为盖面焊开始点
P016 登录盖面焊第 3 道焊缝振幅点 1	设定同 P004	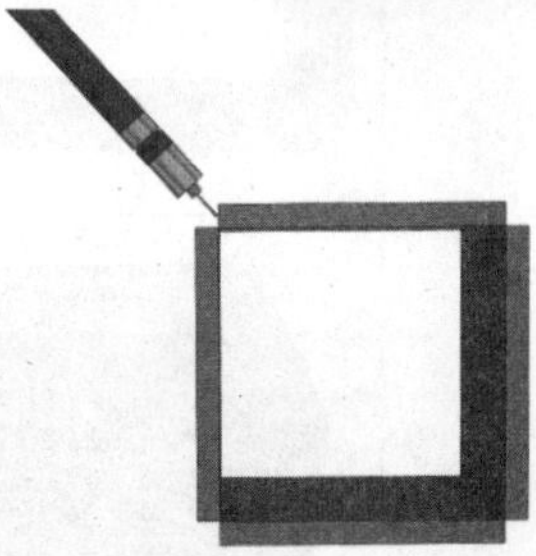	保持焊枪 P015 点的姿态不变，建议在直角坐标系下将焊枪移到盖面焊摆动振幅点 1
P017 登录盖面焊第 3 道焊缝振幅点 2	设定同 P005	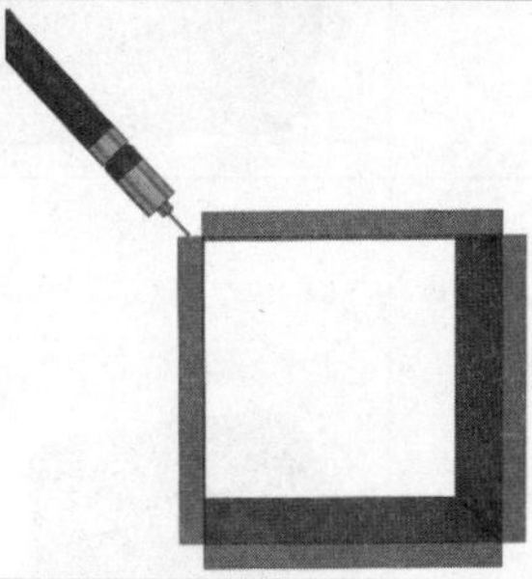	保持焊枪 P016 点的姿态不变，建议在直角坐标系下将焊枪移到盖面焊摆动振幅点 2
P018 登录盖面焊第 3 道焊缝结束点	设定同 P006		按焊接参数调整焊枪角度，把焊枪移到焊接作业结束位置
P019 登录盖面焊第 3 道焊缝退枪避让点	设定同 P007	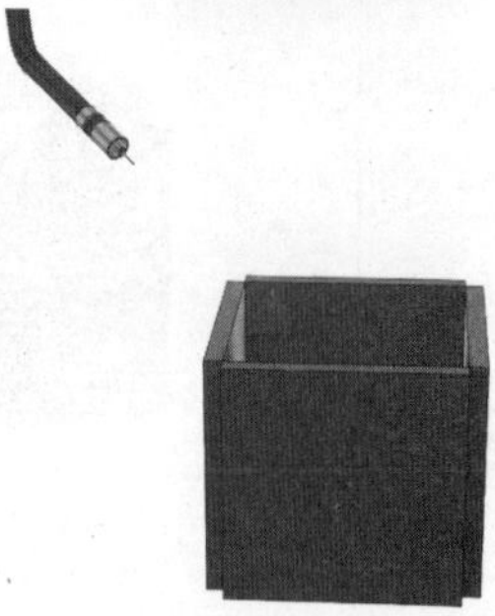	保持焊枪 P018 点的姿态不变，把焊枪移到不碰触夹具和工件的位置

操作步骤	操作方法	图示	补充说明
P020 登录盖面焊第 4 道焊缝作业临近点	设定同 P002		将焊枪移动至第 4 道焊缝过渡点,该点必须高于工件高度,以免焊接时焊枪撞击到工件。按焊接参数调整焊枪角度
P021 登录盖面焊第 4 道焊缝开始点	设定同 P003		保持焊枪 P020 点的姿态不变,将焊枪移到距工件坡口底部 5 ~ 6 mm 中心位置,设置为盖面焊开始点
P022 登录盖面焊第 4 道焊缝振幅点 1	设定同 P004		保持焊枪 P021 点的姿态不变,建议在直角坐标系下将焊枪移到盖面焊摆动振幅点 1
P023 登录盖面焊第 4 道焊缝振幅点 2	设定同 P005		保持焊枪 P022 点的姿态不变,建议在直角坐标系下将焊枪移到盖面焊摆动振幅点 2
P024 登录盖面焊第 4 道焊缝结束点	设定同 P006		按焊接参数调整焊枪角度,把焊枪移到焊接作业结束位置

操作步骤	操作方法	图示	补充说明
P025 登录盖面焊第 4 道焊缝退枪避让点	设定同 P007		保持焊枪 P024 点的姿态不变，把焊枪移到不碰触夹具和工件的位置
P026 登录原点（结束）	①关闭机器人运行，进入编辑状态。 ②在用户功能键中单击复制图标  对应的按键。 ③拨动滚轮选中 P001 所在的行，侧击滚轮，复制该行程序。 ④拨动滚轮到 P025 所在的行，单击向下粘贴图标  对应的功能键，将已复制的程序粘贴到当前行的下一行	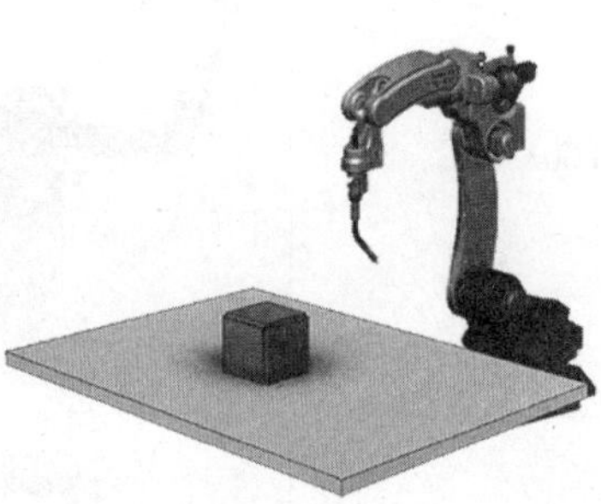	
修改摆动参数	①拨动滚轮移动光标至 MOVELW、WEAVEP 命令行上。 ②侧击【拨动按钮】，弹出示教点属性参数设置窗口。 ③按焊接参数修改摆动类型、频率、振幅点停留时间	MOVELW P003, 10.00m/min, Ptn=6, F=1.8 ARC-SET AMP = 160　VOLT= 19.2　S = 0.35 ARC-ON ArcStart1 PROCESS = 0 WEAVEP P004 10.00m/min, T=0.3 WEAVEP P005, 10.00m/min, T=0.3 MOVELW P006, 10.00m/min, Ptn=6, F=1.8 CRATER AMP = 120　VOLT= 18.2　T = 0.5 ARC-OFF ArcEnd1 PROCESS = 0	修改盖面焊摆动参数

修改焊接开始规范	①拨动滚轮移动光标至 ARC – SET 命令行上。
	②侧击【拨动按钮】，弹出"ARC – SET"参数设置窗口。
	③按焊接参数修改电流、电压、速度
		MOVEL P003, 10.00m/min
		ARC-SET AMP = 120　VOLT= 17.2　S = 0.35
		ARC-ON ArcStart1 PROCESS = 0
		MOVEL P004, 10.00m/min
		CRATER AMP = 100　VOLT= 16.8　T = 0.00
		ARC-OFF ArcEnd: PROCESS = 0
			打底焊和盖面焊开始规范均要修改

操作步骤	操作方法	图示	补充说明
修改焊接开始动作次序	①拨动滚轮移动光标至ARC - ON命令行上。 ②侧击【拨动按钮】，弹出"ARC - ON"参数设置窗口。 ③选择开始次序文件	● MOVEL P003, 10.00m/min ARC-SET AMP = 120 VOLT= 17.2 S = 0.35 ARC-ON ArcStart1 PROCESS = 0 ● MOVEL P004, 10.00m/min CRATER AMP = 100 VOLT= 16.8 T = 0.00 ARC-OFF ArcEnd: PROCESS = 0	打底焊和盖面焊开始动作次序均要修改
修改焊接结束规范	①拨动滚轮移动光标至CRATER命令行上。 ②侧击【拨动按钮】，弹出"CRATER"参数设置窗口。 ③按焊接参数修改电流、电压、时间	● MOVEL P003, 10.00m/min ARC-SET AMP = 120 VOLT= 17.2 S = 0.35 ARC-ON ArcStart1 PROCESS = 0 ● MOVEL P004, 10.00m/min CRATER AMP = 100 VOLT= 16.8 T = 0.00 ARC-OFF ArcEnd: PROCESS = 0	打底焊和盖面焊结束规范均要修改
修改焊接结束动作次序	①拨动滚轮移动光标至ARC - OFF命令行上。 ②侧击【拨动按钮】，弹出"ARC - OFF"参数设置窗口。 ③选择结束次序文件	● MOVEL P003, 10.00m/min ARC-SET AMP = 120 VOLT= 17.2 S = 0.35 ARC-ON ArcStart1 PROCESS = 0 ● MOVEL P004, 10.00m/min CRATER AMP = 100 VOLT= 16.8 T = 0.00 ARC-OFF ArcEnd: PROCESS = 0	打底焊和盖面焊结束动作次序均要修改
跟踪确认	①切换机器人至示教模式下的编辑状态，移动光标至跟踪开始点所在命令行。 ②点亮 ，保持伺服指示灯长亮。 ③开启跟踪功能，正向逐条跟踪程序直至最后一个示教点	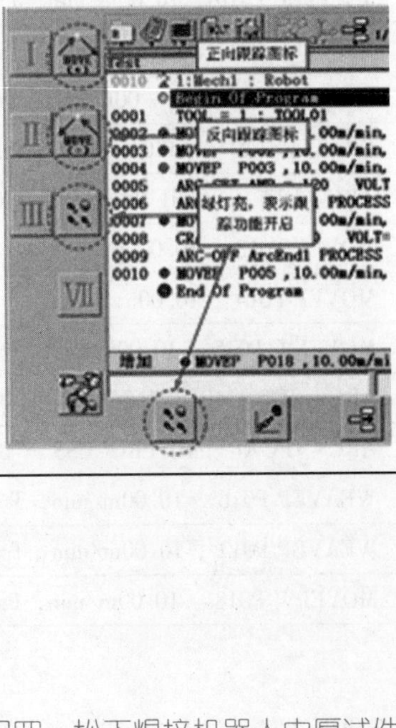	注意整个跟踪过程中光标的位置和程序行标的状态变化

中厚板立角焊缝盖面焊示教程序及释义如表 4 – 21 所示。

表 4 – 21 中厚板立角焊缝盖面焊示教程序及释义

		CAP WELDING TEACHING PROGRAM		
0043		1：Meach1：Robot	机器人
	●	Begin Of Program	程序开始
0001		TOOL = 1：TOOL01	焊枪工具
0002	●	MOVEP P001，10.00m/min，	记录原点
0003	●	MOVEP P002，10.00m/min，	焊缝 1 临近点
0004	●	MOVELW P003，10.00m/min，Ptn = 6，F = 1.8，	直线摆动焊接
0005		ARC – SET AMP = 160　VOLT = 19.2　S = 0.35	参数设定
0006		ARC – ON ArcStart1 PROCESS = 0	起弧
0007	●	WEAVEP P004，10.00m/min，T = 0.3，	摆动点 1
0008	●	WEAVEP P005，10.00m/min，T = 0.3，	摆动点 2
0009	●	MOVELW P006，10.00m/min，Ptn = 6，F = 1.8，	焊接结束点
0010		CRATER AMP = 120　VOLT = 18.2　T = 0.50	收弧参数设置
0011		ARC – OFF ArcEnd1 PROCESS = 0	熄弧
0012	●	MOVEL P007，10.00m/min，	退枪避让点
0013	●	MOVEP P008，10.00m/min，	焊缝 2 临近点
00014	●	MOVELW P009，10.00m/min，Ptn = 6，F = 1.8，	直线摆动焊接
00015		ARC – SET AMP = 160　VOLT = 19.2　S = 0.35	参数设定
00016		ARC – ON ArcStart1 PROCESS = 0	起弧
00017	●	WEAVEP P010，10.00m/min，T = 0.3，	摆动点 1
00018	●	WEAVEP P011，10.00m/min，T = 0.3，	摆动点 2
00019	●	MOVELW P012，10.00m/min，Ptn = 6，F = 1.8，	焊接结束点
0020		CRATER AMP = 120　VOLT = 18.2　T = 0.50	收弧参数设置
0021		ARC – OFF ArcEnd1 PROCESS = 0	熄弧
0022	●	MOVEL P013，10.00m/min，	退枪避让点
0023	●	MOVEP P014，10.00m/min，	焊缝 3 临近点
0024	●	MOVELW P015，10.00m/min，Ptn = 6，F = 1.8，	直线摆动焊接
0025		ARC – SET AMP = 160　VOLT = 19.2　S = 0.35	参数设定
0026		ARC – ON ArcStart1 PROCESS = 0	起弧
0027	●	WEAVEP P016，10.00m/min，T = 0.3，	摆动点 1
0028	●	WEAVEP P017，10.00m/min，T = 0.3，	摆动点 2
0029	●	MOVELW P018，10.00m/min，Ptn = 6，F = 1.8，	焊接结束点

CAP WELDING TEACHING PROGRAM			
0030		CRATER AMP = 120　　VOLT = 18.2　T = 0.50	收弧参数设置
0031		ARC – OFF ArcEnd1 PROCESS = 0	熄弧
0032	●	MOVEL P019，10.00m/min，	退枪避让点
0033	●	MOVEP P020，10.00m/min，	焊缝4临近点
0034	●	MOVELW P021，10.00m/min，Ptn = 6，F = 1.8，	直线摆动焊接
0035		ARC – SET AMP = 160　　VOLT = 19.2　　S = 0.35	参数设定
0036		ARC – ON ArcStart1 PROCESS = 0	起弧
0037	●	WEAVEP P022，10.00m/min，T = 0.3，	摆动点1
0038	●	WEAVEP P023，10.00m/min，T = 0.3，	摆动点2
0039	●	MOVELW P024，10.00m/min，Ptn = 6，F = 1.8，	焊接结束点
0040		CRATER AMP = 120　　VOLT = 18.2　T = 0.50	收弧参数设置
0041		ARC – OFF ArcEnd1 PROCESS = 0	熄弧
0042	●	MOVEL P025，10.00m/min，	退枪避让点
0043	●	MOVEP P026，10.00m/min，	PTP 回原点
	●	End Of Program	程序结束

中厚板平角焊缝打底焊示教操作步骤如表4–22所示。

表4–22　中厚板平角焊缝打底焊示教操作步骤

操作步骤	操作方法	图示	补充说明
新建程序	①机器人原点确认。 ②新建程序		
P001 登录原点（起始）	①机器人原点，在追加状态下，直接按 登录。 ②将插补方式设定为MOVEP。 ③示教点属性设定为 （空走点）。 ④按 保存示教点P001 为原点	 焊接起始点　焊接结束点	按照箭头所示方向进行焊接

操作步骤	操作方法	图示	补充说明
P002 登录打底焊作业临近点	①机器人移动到作业临近点，在追加状态下，按  ⬇ 登录。 ②将插补方式设定为 MOVEP/MOVEL。 ③示教点属性设定为  ✎（空走点）。 ④按  ⬇ 保存示教点 P002 为作业临近点		将焊枪移动至过渡点，该点必须高于工件高度，以免焊接时焊枪撞击到工件。 焊枪角度按参数进行调整
P003 登录打底焊开始点	①机器人移动到焊接开始点，在追加状态下，按  ⬇ 登录。 ②将插补方式设定为 MOVEL。 ③示教点属性设定为  ✎（焊接点）。 ④按  ⬇ 保存示教点 P003 为焊接开始点	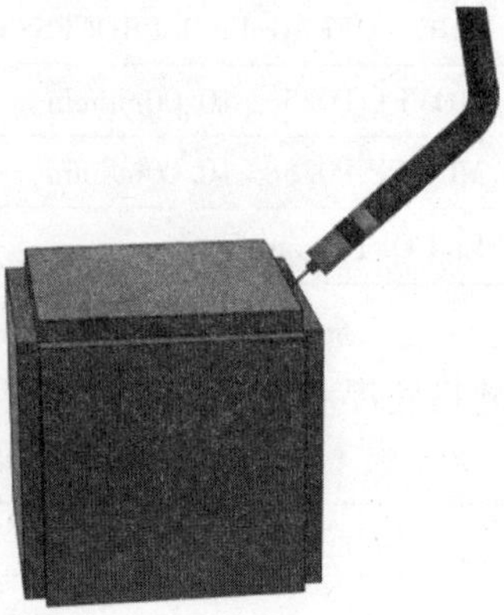	保持焊枪 P002 点的姿态不变，将焊枪移到距工件坡口底部 2 ~ 3 mm 中心位置，设置为打底焊开始点
P004 登录打底焊转角 1 过渡点	①机器人移动到焊接中间点，在追加状态下，按  ⬇ 登录。 ②将插补方式设定为 MOVEL。 ③示教点属性设定为  ✎（焊接点）。 ④按  ⬇ 保存示教点 P004 为焊接过渡点		保持焊枪 P003 点的姿态不变，在直角坐标系下将焊枪移动到图示位置，设置为焊接过渡点

操作步骤	操作方法	图示	补充说明
P005 登录打底焊转角 1 过渡点	设定同 P004		在直角坐标系下，使用（U 轴）将改变焊枪姿态，移动到图示位置，设置为焊接过渡点 
P006 登录打底焊转角 1 过渡点	设定同 P004		在直角坐标系下，使用（U 轴）将改变焊枪姿态，移动到图示位置，设置为焊接过渡点 
P007 登录打底焊转角 2 过渡点	设定同 P004		保持焊枪 P006 点的姿态不变，在直角坐标系下将焊枪移动到图示位置，设置为焊接过渡点
P008 登录打底焊转角 2 过渡点	设定同 P004		在直角坐标系下，使用（U 轴）将改变焊枪姿态，移动到图示位置，设置为焊接过渡点 
P009 登录打底焊转角 2 过渡点	设定同 P004		在直角坐标系下，使用（U 轴）将改变焊枪姿态，移动到图示位置，设置为焊接过渡点 

操作步骤	操作方法	图示	补充说明
P010 登录打底焊转角 3 过渡点	设定同 P004	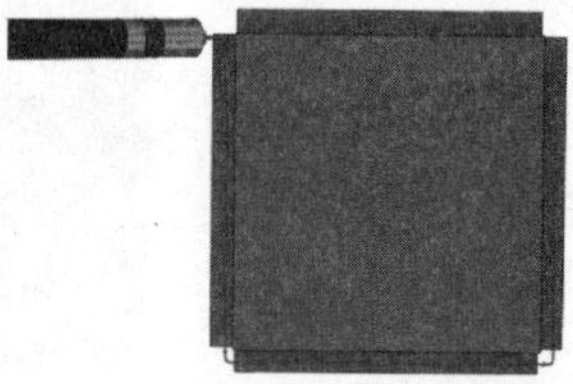	保持焊枪 P009 点的姿态不变，在直角坐标系下将焊枪移动到图示位置，设置为焊接过渡点
P011 登录打底焊转角 3 过渡点	设定同 P004		在直角坐标系下，使用  （U 轴）将改变焊枪姿态，移动到图示位置，设置为焊接过渡点
P012 登录打底焊转角 3 过渡点	设定同 P004		在直角坐标系下，使用  （U 轴）将改变焊枪姿态，移动到图示位置，设置为焊接过渡点
P013 登录打底焊转角 4 过渡点	设定同 P004		保持焊枪 P012 点的姿态不变，在直角坐标系下将焊枪移动到图示位置，设置为焊接过渡点
P014 登录打底焊转角 4 过渡点	设定同 P004	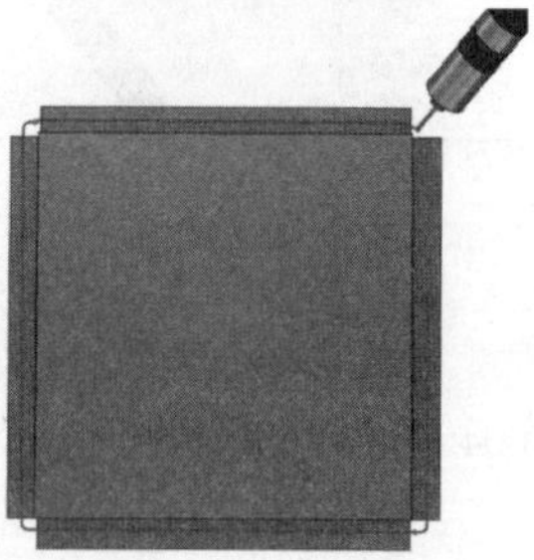	在直角坐标系下，使用  （U 轴）将改变焊枪姿态，移动到图示位置，设置为焊接过渡点

操作步骤	操作方法	图示	补充说明
P015 登录打底焊转角4过渡点	设定同 P004	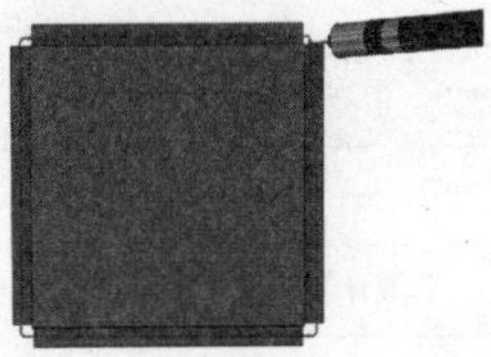	在直角坐标系下,使用  （U轴）将改变焊枪姿态,移动到图示位置,设置为焊接过渡点
P016 登录打底焊焊接结束点	①机器人移动到焊接结束点,在追加状态下,按  登录。②将插补方式设定为 MOVEL。③示教点属性设定为  （空走点）。④按  保存示教点 P016 为焊接结束点	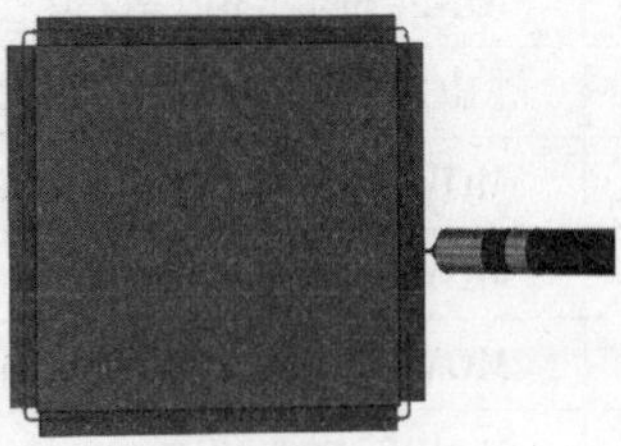	保持焊枪 P015 点的姿态不变,在直角坐标系下将焊枪移动到图示位置,设置为焊接结束点
P017 登录打底焊退枪避让点	①机器人移动到避让点,在追加状态下,按  登录。②将插补方式设定为 MOVEL。③示教点属性设定为 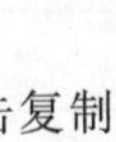 （空走点）。④按  保存示教点 P017 为退枪避让点		保持焊枪 P016 点的姿态不变,把焊枪移到不碰触夹具和工件的位置,建议在工具坐标系下操作
P018 登录原点（结束）	①关闭机器人运行,进入编辑状态。②在用户功能键中单击复制图标  对应的按键。③拨动滚轮选中 P001 所在的行,侧击滚轮,复制该行程序。④拨动滚轮到 P017 所在的行,单击向下粘贴图标  对应的功能键,将已复制的程序粘贴到当前行的下一行	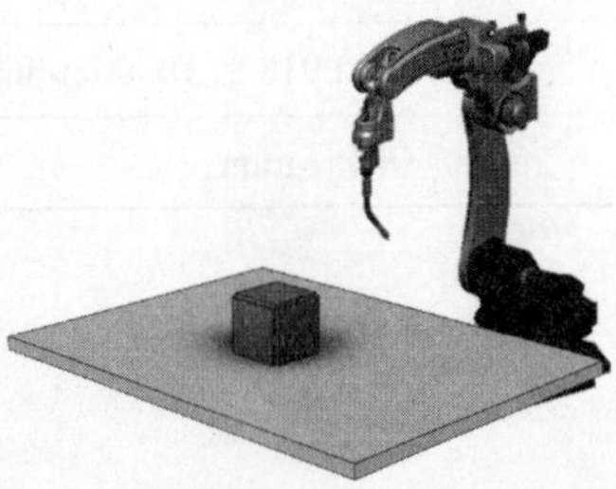	

中厚板平角焊缝打底焊示教程序及释义如表4-23所示。

表4-23 中厚板平角焊缝打底焊示教程序及释义

RECTANGLE BACK WELDING TEACHING PROGRAM			
0014		1：Meach1：Robot	
	●	Begin Of Program	程序开始
0001		TOOL ＝ 1：TOOL01	默认焊接工具
0002	●	MOVEP P001，10.00m/min，	登录原点
0003	●	MOVEP P002，10.00m/min，	作业临近点
0004	●	MOVEL P003，10.00m/min，	圆弧焊接起点
0005		ARC－SET AMP＝120　VOLT＝17.2　S＝0.35	设定焊接参数
0006		ARC－ON ArcStart1 PROCESS＝0	起弧
0007	●	MOVEL P004，10.00m/min，	转角1过渡点
0008	●	MOVEL P005，10.00m/min，	
0009	●	MOVEL P006，10.00m/min，	
0010	●	MOVEL P007，10.00m/min，	转角2过渡点
0011	●	MOVEL P008，10.00m/min，	
0012	●	MOVEL P009，10.00m/min，	
0013	●	MOVEL P010，10.00m/min，	转角3过渡点
0014	●	MOVEL P011，10.00m/min，	
0015	●	MOVEL P012，10.00m/min，	
0016	●	MOVEL P013，10.00m/min，	转角4过渡点
0017	●	MOVEL P014，10.00m/min，	
0018	●	MOVEL P015，10.00m/min，	
0019	●	MOVEL P016，10.00m/min，	圆弧焊接终了点
0020		CRATER AMP＝100　VOLT＝16.8　T＝0.00	收弧规范
0021		ARC－OFF ArcEnd1 PROCESS＝0	熄弧
0022	●	MOVEL P017，10.00m/min，	退枪避让点
0023	●	MOVEP P018，10.00m/min，	回原点
	●	End Of Program	程序结束

中厚板平角焊缝盖面焊示教操作步骤如表4-24所示。

表4-24 中厚板平角焊缝盖面焊示教操作步骤

操作步骤	操作方法	图示	补充说明
新建程序	①机器人原点确认。 ②新建程序	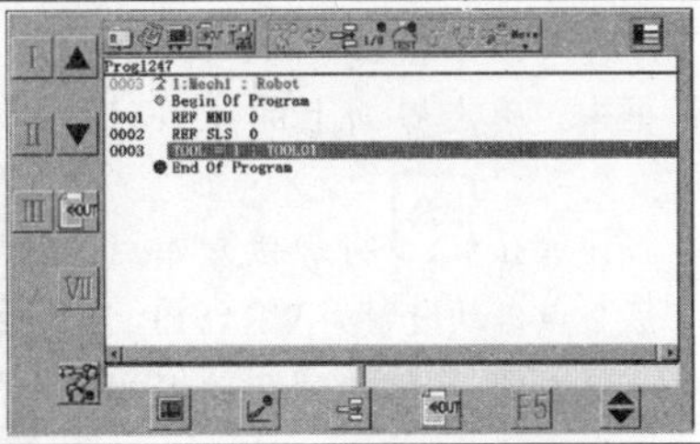	
P001 登录原点（起始）	①机器人原点，在追加状态下，直接按  ⬦ 登录。 ② 将插补方式设定为 MOVEP。 ③示教点属性设定为  ⬚（空走点）。 ④按  ⬦ 保存示教点 P001 为原点	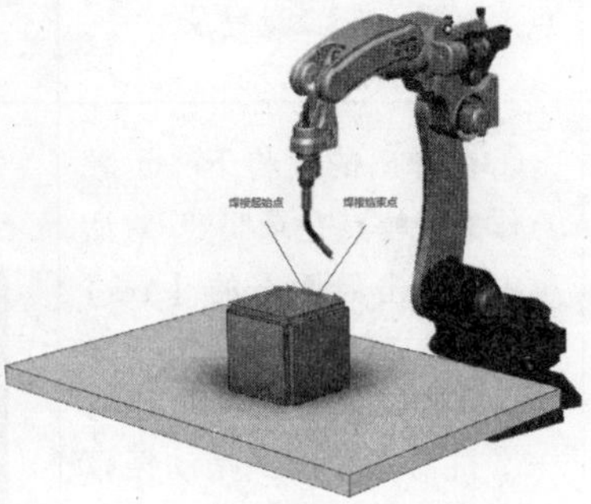	按照箭头所示方向进行焊接
P002 登录盖面焊作业临近点	①机器人移动到作业临近点，在追加状态下，按  ⬦ 登录。 ② 将插补方式设定为 MOVEP/MOVEL。 ③示教点属性设定为  ⬚（空走点）。 ④按  ⬦ 保存示教点 P002 为作业临近点	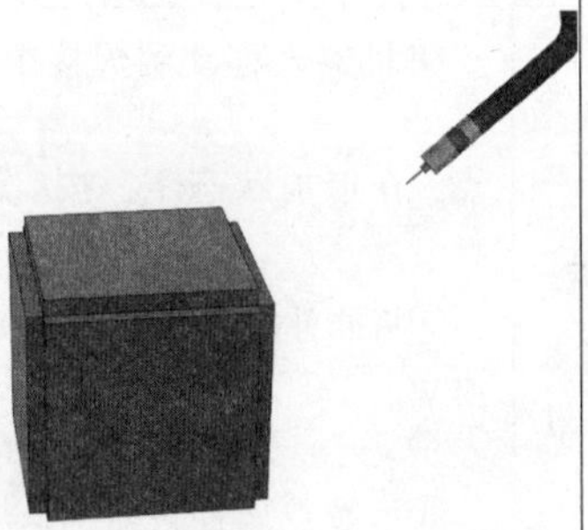	将焊枪移动至临近点，该点必须高于工件高度，以免焊接时焊枪撞击到工件。焊枪角度按参数进行调整
P003 登录盖面焊开始点	①机器人移动到焊接开始点，在追加状态下，按  ⬦ 登录。 ②将插补方式设定为 MOVELW。 ③示教点属性设定为  ⬚（焊接点）。 ④按  ⬦ 保存示教点 P003 为焊接开始点	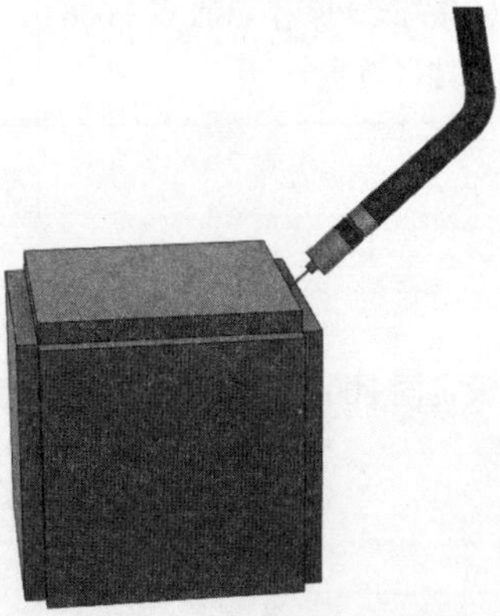	保持焊枪 P002 点的姿态不变，将焊枪移到距工件坡口底部 5~6 mm 中心位置，设置为盖面焊开始点

操作步骤	操作方法	图示	补充说明
P004 登录盖面焊摆动振幅点 1	①在弹出的"将下一示教点作为振幅点登录吗?"对话框中，单击界面上的【Yes】按钮或按  将焊接开始点后 2 点自动设置为 WEAVEP。 ②机器人移动到摆动振幅点 1 位置，按  登录		保持焊枪 P003 点的姿态不变，在关节坐标系下将焊枪移到盖面焊摆动振幅点 1，将摆动类型设置为 6
P005 登录盖面焊摆动振幅点 2	①在弹出的"将下一示教点作为振幅点登录吗?"对话框中，单击界面上的【Yes】按钮或按  设置 WEAVEP。 ②机器人移动到摆动振幅点 2 位置，按  登录		保持焊枪 P004 点的姿态不变，在关节坐标系下将焊枪移到盖面焊摆动振幅点 2，将摆动类型设置为 6
P006 登录盖面焊转角 1 过渡点	①机器人移动到焊接中间点，在追加状态下，按  登录。 ②将插补方式设定为 MOVELW。 ③示教点属性设定为  （焊接点）。 ④按  保存示教点 P006 为焊接过渡点	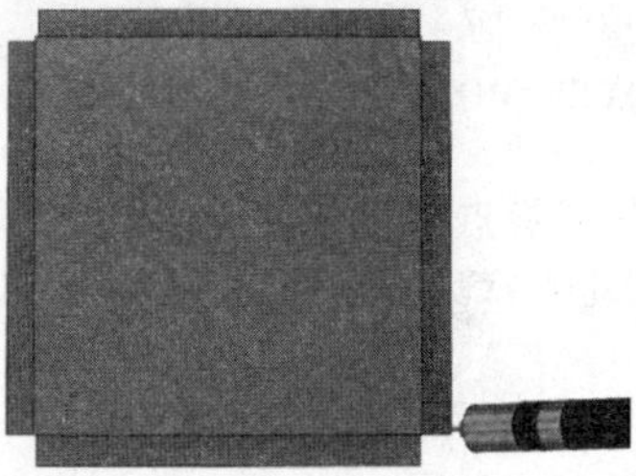	保持焊枪 P005 点的姿态不变，在直角坐标系下将焊枪移动到图示位置，设置为焊接过渡点
P007 登录盖面焊转角 1 过渡点	设定同 P006		在直角坐标系下，使用  （U 轴）将改变焊枪姿态，移动到图示位置，设置为焊接过渡点

操作步骤	操作方法	图示	补充说明
P008 登录盖面焊转角 1 过渡点	设定同 P006		在直角坐标系下，使用  ⬚（U 轴）将改变焊枪姿态，移动到图示位置，设置为焊接过渡点
P009 登录盖面焊转角 2 过渡点	设定同 P006		保持焊枪 P008 点的姿态不变，在直角坐标系下将焊枪移动到图示位置，设置为焊接过渡点
P010 登录盖面焊转角 2 过渡点	设定同 P006		在直角坐标系下，使用  ⬚（U 轴）将改变焊枪姿态，移动到图示位置，设置为焊接过渡点
P011 登录盖面焊转角 2 过渡点	设定同 P006		在直角坐标系下，使用  ⬚（U 轴）将改变焊枪姿态，移动到图示位置，设置为焊接过渡点
P012 登录盖面焊转角 3 过渡点	设定同 P006	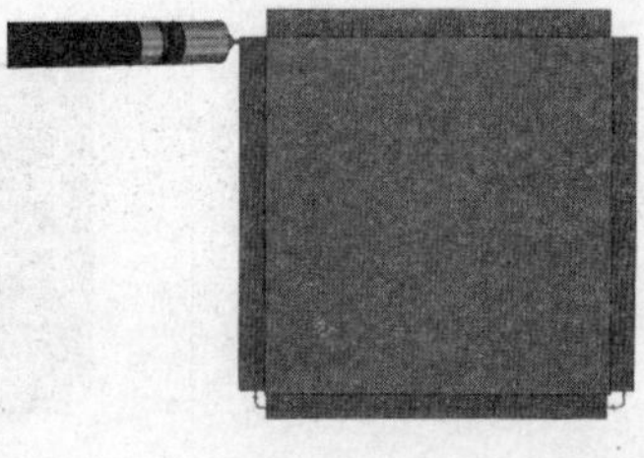	保持焊枪 P011 点的姿态不变，在直角坐标系下将焊枪移动到图示位置，设置为焊接过渡点

操作步骤	操作方法	图示	补充说明
P013 登录盖面焊转角 3 过渡点	设定同 P006		在直角坐标系下,使用  ![U轴图标] (U 轴) 将改变焊枪姿态,移动到图示位置,设置为焊接过渡点
P014 登录盖面焊转角 3 过渡点	设定同 P006		在直角坐标系下,使用  ![U轴图标] (U 轴) 将改变焊枪姿态,移动到图示位置,设置为焊接过渡点
P015 登录盖面焊转角 4 过渡点	设定同 P006	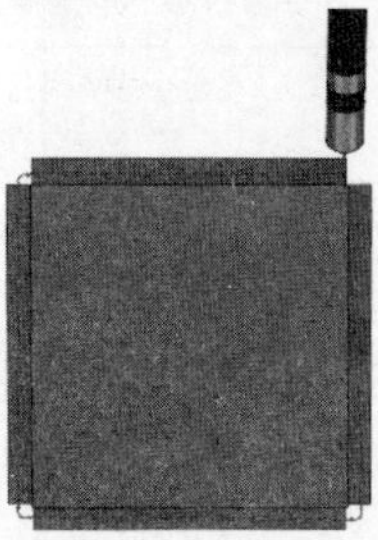	保持焊枪 P014 点的姿态不变,在直角坐标系下将焊枪移动到图示位置,设置为焊接过渡点
P016 登录盖面焊转角 4 过渡点	设定同 P006	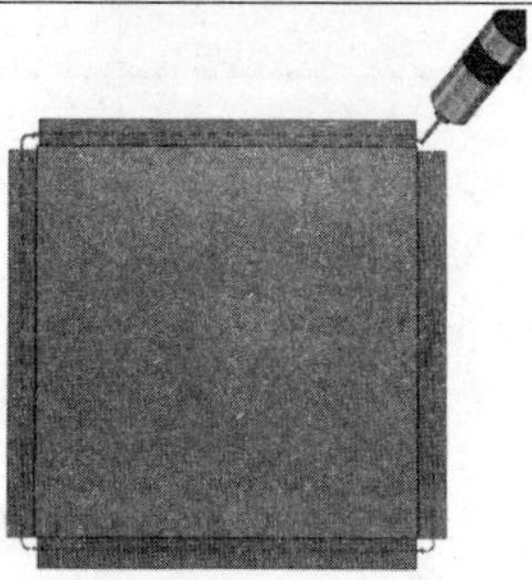	在直角坐标系下,使用  ![U轴图标] (U 轴) 将改变焊枪姿态,移动到图示位置,设置为焊接过渡点
P017 登录盖面焊转角 4 过渡点	设定同 P006	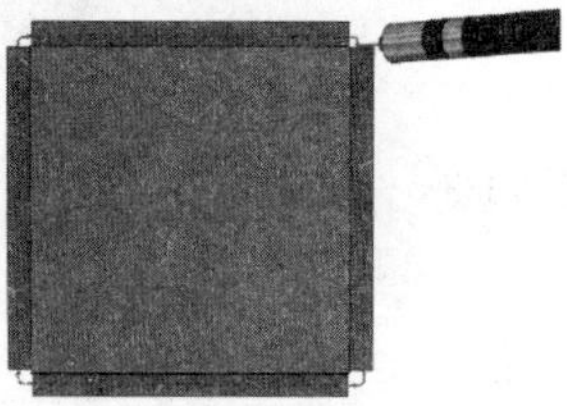	在直角坐标系下,使用  ![U轴图标] (U 轴) 将改变焊枪姿态,移动到图示位置,设置为焊接过渡点

操作步骤	操作方法	图示	补充说明
P018 登录盖面焊焊接结束点	①机器人移动到焊接结束点，在追加状态下，按 ⬦ 登录。 ②将插补方式设定为 MOVELW。 ③示教点属性设定为 ✍ （空走点）。 ④按 ⬦ 保存示教点 P018 为焊接结束点	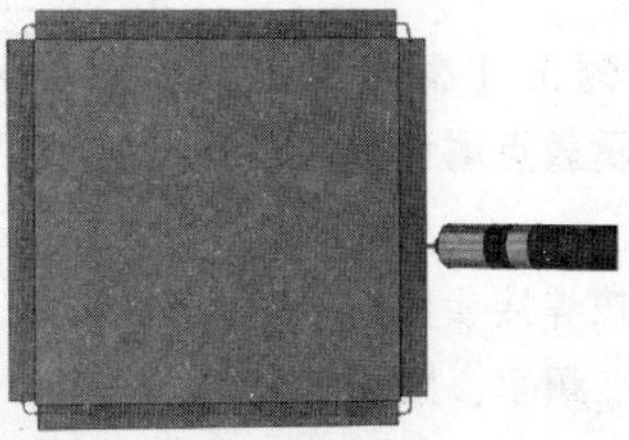	保持焊枪 P017 点的姿态不变，在直角坐标系下将焊枪移动到图示位置，设置为焊接结束点
P019 登录盖面焊退枪避让点	①机器人移动到避让点，在追加状态下，按 ⬦ 登录。 ②将插补方式设定为 MOVEL。 ③示教点属性设定为 ✍ （空走点）。 ④按 ⬦ 保存示教点 P019 为退枪避让点		保持焊枪 P018 点的姿态不变，把焊枪移到不碰触夹具和工件的位置，建议在工具坐标系下操作
P020 登录原点（结束）	①关闭机器人运行，进入编辑状态。 ②在用户功能键中单击复制图标 📋 对应的按键。 ③拨动滚轮选中 P001 所在的行，侧击滚轮，复制该行程序。 ④拨动滚轮到 P019 所在的行，单击向下粘贴图标 📷 对应的功能键，将已复制的程序粘贴到当前行的下一行	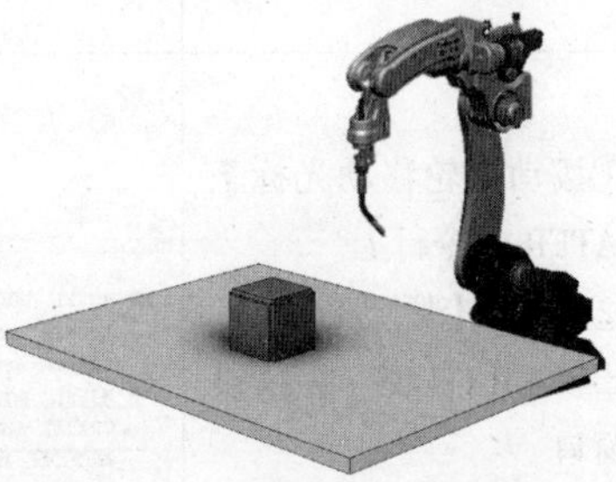	

操作步骤	操作方法	图示	补充说明
修改摆动参数	①拨动滚轮移动光标至MOVELW、WEAVEP命令行上。②侧击【拨动按钮】，弹出示教点属性参数设置窗口。③按焊接参数修改摆动类型、频率、振幅点停留时间	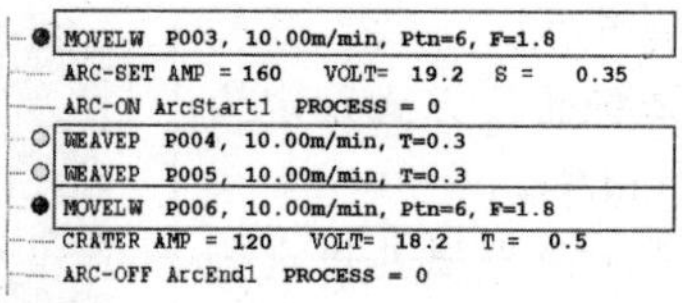 ● MOVELW P003, 10.00m/min, Ptn=6, F=1.8 ── ARC-SET AMP = 160 VOLT= 19.2 S = 0.35 ── ARC-ON ArcStart1 PROCESS = 0 ◎ WEAVEP P004, 10.00m/min, T=0.3 ○ WEAVEP P005, 10.00m/min, T=0.3 ● MOVELW P006, 10.00m/min, Ptn=6, F=1.8 ── CRATER AMP = 120 VOLT= 18.2 T = 0.5 ── ARC-OFF ArcEnd1 PROCESS = 0	修改盖面焊摆动参数
修改焊接开始规范	①拨动滚轮移动光标至ARC-SET命令行上。②侧击【拨动按钮】，弹出"ARC-SET"参数设置窗口。③按焊接参数修改电流、电压、速度	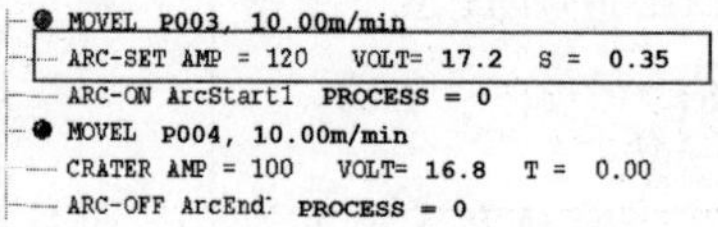 ● MOVEL P003, 10.00m/min ── ARC-SET AMP = 120 VOLT= 17.2 S = 0.35 ── ARC-ON ArcStart1 PROCESS = 0 ● MOVEL P004, 10.00m/min ── CRATER AMP = 100 VOLT= 16.8 T = 0.00 ── ARC-OFF ArcEnd: PROCESS = 0	打底焊和盖面焊开始规范均要修改
修改焊接开始动作次序	①拨动滚轮移动光标至ARC-ON命令行上。②侧击【拨动按钮】，弹出"ARC-ON"参数设置窗口。③选择开始次序文件	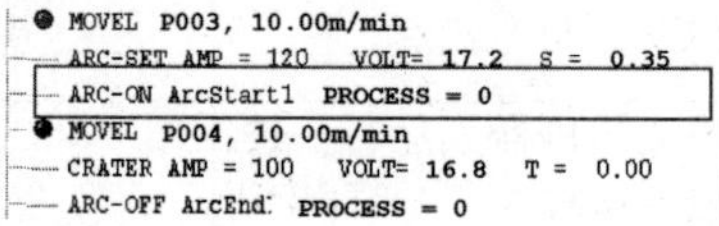 ● MOVEL P003, 10.00m/min ── ARC-SET AMP = 120 VOLT= 17.2 S = 0.35 ── ARC-ON ArcStart1 PROCESS = 0 ● MOVEL P004, 10.00m/min ── CRATER AMP = 100 VOLT= 16.8 T = 0.00 ── ARC-OFF ArcEnd: PROCESS = 0	打底焊和盖面焊开始动作次序均要修改
修改焊接结束规范	①拨动滚轮移动光标至CRATER命令行上。②侧击【拨动按钮】，弹出"CRATER"参数设置窗口。③按焊接参数修改电流、电压、时间	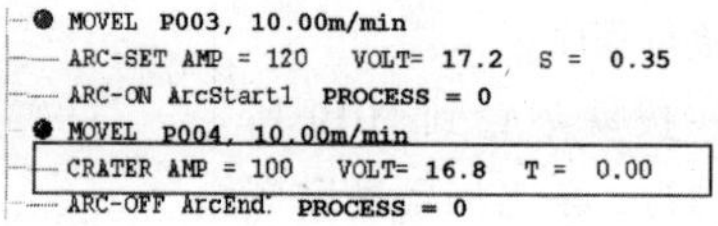 ● MOVEL P003, 10.00m/min ── ARC-SET AMP = 120 VOLT= 17.2 S = 0.35 ── ARC-ON ArcStart1 PROCESS = 0 ● MOVEL P004, 10.00m/min ── CRATER AMP = 100 VOLT= 16.8 T = 0.00 ── ARC-OFF ArcEnd: PROCESS = 0	打底焊和盖面焊结束规范均要修改

操作步骤	操作方法	图示	补充说明
修改焊接结束动作次序	①拨动滚轮移动光标至 ARC – OFF 命令行上。②侧击【拨动按钮】，弹出"ARC – OFF"参数设置窗口。③选择结束次序文件	● MOVEL P003, 10.00m/min —— ARC-SET AMP = 120　VOLT = 17.2　S = 0.35 —— ARC-ON ArcStart1 PROCESS = 0 ● MOVEL P004, 10.00m/min —— CRATER AMP = 100　VOLT= 16.8　T = 0.00 ☐ ARC-OFF ArcEnd: PROCESS = 0	打底焊和盖面焊结束动作次序均要修改
跟踪确认	①切换机器人至示教模式下的编辑状态，移动光标至跟踪开始点所在命令行。②点亮 ，保持伺服指示灯 长亮。③开启跟踪功能，正向逐条跟踪程序直至最后一个示教点		注意整个跟踪过程中光标的位置和程序行标的状态变化

中厚板平角焊缝盖面焊示教程序及释义如表 4 – 25 所示。

表 4 – 25　中厚板平角焊缝盖面焊示教程序及释义

RECTANGLECAP WELDING TEACHING PROGRAM			
0025		1：Meach1：Robot	
	●	Begin Of Program	程序开始
0001		TOOL = 1：TOOL01	焊枪工具
0002	●	MOVEP P001，10.00m/min，	记录原点
0003	●	MOVEP P002，10.00m/min，	登录临近点
0004	●	MOVELW P003，10.00m/min，Ptn = 6，F = 1.8，	直线摆动焊接
0005		ARC – SET AMP = 160　　VOLT = 19.2　S = 0.35	参数设定
0006		ARC – ON ArcStart1 PROCESS = 0	起弧
0007	●	WEAVEP P004，10.00m/min，T = 0.3，	摆动点1
0008	●	WEAVEP P005，10.00m/min，T = 0.3，	摆动点2
0009	●	MOVELW P006，10.00m/min，Ptn = 6，F = 1.8，	
0010	●	MOVELW P007，10.00m/min，Ptn = 6，F = 1.8，	转角1过渡点
0011	●	MOVELW P008，10.00m/min，Ptn = 6，F = 1.8，	

RECTANGLECAP WELDING TEACHING PROGRAM			
0012	●	MOVELW P009 , 10.00m/min, Ptn = 6, F = 1.8,	
0013	●	MOVELW P010 , 10.00m/min, Ptn = 6, F = 1.8,	转角 2 过渡点
0014	●	MOVELW P011 , 10.00m/min, Ptn = 6, F = 1.8,	
0015	●	MOVELW P012 , 10.00m/min, Ptn = 6, F = 1.8,	
0016	●	MOVELW P013 , 10.00m/min, Ptn = 6, F = 1.8,	转角 3 过渡点
0017	●	MOVELW P014 , 10.00m/min, Ptn = 6, F = 1.8,	
0018	●	MOVELW P015 , 10.00m/min, Ptn = 6, F = 1.8,	
0019	●	MOVELW P016 , 10.00m/min, Ptn = 6, F = 1.8,	转角 4 过渡点
0020	●	MOVELW P017 , 10.00m/min, Ptn = 6, F = 1.8,	
0021	●	MOVELW P018 , 10.00m/min, Ptn = 6, F = 1.8,	直线摆动空走
0022		CRATER AMP = 120 VOLT = 18.2 T = 0.50	收弧参数设置
0023		ARC – OFF ArcEnd1 PROCESS = 0	熄弧
0024	●	MOVEL P019 , 10.00m/min,	登录避让点
0025	●	MOVEP P020 , 10.00m/min,	PTP 回原点
	●	End Of Program	程序结束

三、试件焊接

机器人中厚板角焊缝焊接操作步骤如表 4 – 26 所示。

表 4 – 26　机器人中厚板角焊缝焊接操作步骤

操作步骤	操作方法	图示	补充说明
焊前检查	①程序经过跟踪、确认无误，检查供丝、供气系统及焊接机器人工作环境无误。 ②在编辑状态下，移动光标到程序开始	Teaching.prg 日－📄 Teaching.prg 　　👤 1:Mech1 : Robot 　　⊙ Begin Of Program 　　· TOOL = 1 : TOOL01 　　● MOVEP　P001, 10.00m/min	按照各条焊缝焊接顺序进行焊接，先打底、再盖面
模式切换	①插入示教器钥匙。 ②将示教器模式选择开关旋至 AUTO		

操作步骤	操作方法	图示	补充说明
启动焊接	①轻握安全开关，按压伺服开关，保持伺服指示灯◎长亮。 ②按下启动按钮开始焊接	启动按钮　伺服ON按钮	

任务评价

焊接完成后，对焊缝质量进行评价，如表4-27和表4-28所示。

表4-27　中厚板立角焊缝外观质量评分表

明码号		评分员签名				合计分		
检查项目	评判标准及得分	评判等级				测评数据	实得分数	备注
		I	II	III	IV			
焊脚 K1	尺寸标准/mm	12～13	13～14	14～15	<12，>15			
	得分标准	5分	4分	3分	1.5分			
焊脚 K2	尺寸标准/mm	12～13	13～14	14～15	<12，>15			
	得分标准	5分	4分	3分	1.5分			
焊脚差	尺寸标准/mm	≤1	1～2	2～3	>3			
	得分标准	10分	8分	6分	3分			
咬边	尺寸标准/mm	无	深度≤0.5，每5 mm扣1分；最多扣至1.5分		深度>0.5得1.5分			
	得分标准	5分						
正面成型	标准	优	良	中	差			
	得分标准	10分	8分	6分	3分			
气孔	数量标准	0	0～1	1～2	>2			
	得分标准	5分	4分	3分	1.5分			
注：焊缝表面有裂纹、未熔合缺陷或出现焊件修补、操作未在规定时间内完成，该项做0分处理								

表 4 – 28 中厚板平角焊缝外观质量评分表

明码号		评分员签名				合计分		
检查项目	评判标准 及得分	评判等级				测评 数据	实得 分数	备注
		I	II	III	IV			
焊脚 K1	尺寸标准/mm	12 ~ 13	13 ~ 14	14 ~ 15	< 12，> 15			
	得分标准	5 分	4 分	3 分	1.5 分			
焊脚 K2	尺寸标准/mm	12 ~ 13	13 ~ 14	14 ~ 15	< 12，> 15			
	得分标准	5 分	4 分	3 分	1.5 分			
焊脚差	尺寸标准/mm	≤1	1 ~ 2	2 ~ 3	> 3			
	得分标准	10 分	8 分	6 分	3 分			
咬边	尺寸标准/mm	无	深度≤0.5，每 5 mm 扣 1 分；最多扣至 1.5 分		深度 > 0.5 得 1.5 分			
	得分标准	5 分						
正面 成型	标准	优	良	中	差			
	得分标准	10 分	8 分	6 分	3 分			
气孔	数量标准	0	0 ~ 1	1 ~ 2	> 2			
	得分标准	5 分	4 分	3 分	1.5 分			
注：焊缝表面有裂纹、未熔合缺陷或出现焊件修补、操作未在规定时间内完成，该项做 0 分处理								

任务 4 – 3　中厚壁管板（骑坐式）平角焊缝示教编程与焊接

任务引入

　　中联重科土方机械分公司 ZE215GLC 挖掘机动臂腹板主焊缝采用机器人焊接，属于典型的中厚壁圆弧角焊缝平焊，如图 4 – 40 所示。本任务将以挖掘机动臂腹板主焊缝机器人自动焊为例，按照"1 + X"《特殊焊接技术职业技能等级标准》中级职业技能等级要求，讲解中厚壁管板（骑坐式）平角焊缝的示教编程与焊接。

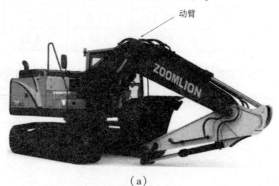

动臂

（a）

图 4 – 40　挖掘机动臂腹板主焊缝

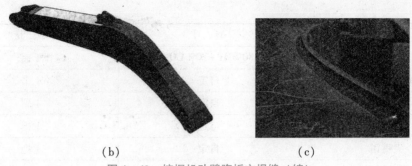

(b)   (c)

图 4 - 40   挖掘机动臂腹板主焊缝（续）

任务描述

本任务在焊接机器人实训场进行，使用设备为唐山松下 TA/B1400 型焊接机器人，手动操作机器人，完成中厚壁管板（骑坐式）平角焊缝（图 4 -41）轨迹示教及焊接，试件由 1 块 200 mm ×200 mm ×10 mm 的 Q235B 型钢板和一段 ϕ108 mm ×100 mm ×10 mm 的 A3 钢管组装成，接头形式属于管板骑坐式接头，焊接位置为管俯位平角焊。

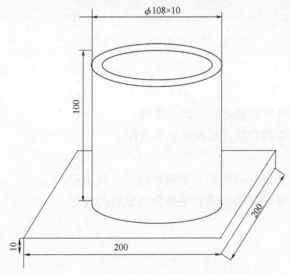

图 4 -41   中厚壁管板（骑坐式）平角焊缝试件图

本任务使用工具和设备如表 4 -29 所示。

表 4 -29   本任务使用工具和设备

名　称	型　号	数　量
机器人本体	TA/B 1400	1 台
焊接电源	松下 YD - 35GR W 型	1 个
控制柜（含变压器）	GIII 型	1 个
示教器	AUR01060 型	1 个
焊丝	ER50 - 6、ϕ1.2 mm	1 盘

名　称	型　号	数　量
保护气瓶	$80\% \, Ar + 20\% \, CO_2$	1 瓶
头戴式面罩	自定	1 个
纱手套	自定	1 副
钢丝刷	自定	1 把
尖嘴钳	自定	1 把
活动扳手	自定	1 把
钢直尺	自定	1 把
敲渣锤	自定	1 把
焊接夹具	自定	1 套
焊缝测量尺	自定	1 把
角向磨光机	自定	1 台
劳保用品	帆布工作服、工作鞋	1 套

学习目标

- ● 知识目标
1. 熟悉机器人特殊圆弧轨迹的示教点规划。
2. 掌握机器人圆弧摆动轨迹示教的基本流程。
- ● 技能目标
1. 能进行中厚壁管板（骑坐式）平角焊缝的示教编程。
2. 能进行中厚壁管板（骑坐式）平角焊缝试件的施焊。

相关知识

一、机器人特殊圆弧轨迹示教点规划

1. 机器人连续圆弧轨迹示教点规划

机器人单一圆弧轨迹和整圆轨迹示教点规划在任务 3 - 4 中已经学习过，当示教单一圆弧轨迹时，需要设置 3 个插补方式为 MOVEC 的特征点，而当两个圆弧相连时，其中有一个点既在前一圆弧轨迹上，又在后一圆弧轨迹上，该特征点必须执行圆弧分离，如图 4 - 42 所示，图中 P005 点为前圆弧与后圆弧的连接点，在这一点实际上插补 3 点程序，分别设置为前一圆弧的结束点、两圆弧轨迹分离点和后一圆弧轨迹开始点。对图 4 - 42 所示的运动轨迹而言，机器人分别按 P003 ~ P005 三点、P007 ~ P009 三点完成前、后圆弧插补计算。具体示教说明如表4-30所示，其程序及释义如表4-31所示。

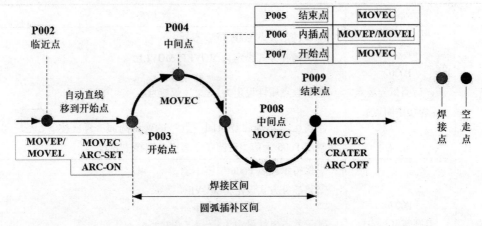

图4-42 连续圆弧轨迹示意图

表4-30 连续圆弧示教说明

序号	示教点	示教方法
1	P002 圆弧临近点 （焊接临近点）	①机器人移动到圆弧轨迹临近点。 ②将插补方式设定为 MOVEP/MOVEL。 ③示教点属性设定为 （空走点）。 ④按 保存示教点 P002 为圆弧/焊接临近点
2	P003 前圆弧开始点 （焊接开始点）	①机器人移动到前圆弧轨迹开始点。 ②将插补方式设定为 MOVEC。 ③示教点属性设定为 （焊接点）。 ④按 保存示教点 P003 为前圆弧开始点、焊接开始点
3	P004 前圆弧中间点 （焊接中间点）	①机器人移动到前圆弧轨迹中间点。 ②将插补方式设定为 MOVEC。 ③示教点属性设定为 （焊接点）。 ④按 保存示教点 P004 为前圆弧中间点、焊接中间点
4	P005 前圆弧结束点 （焊接中间点）	①机器人移动到前圆弧轨迹结束点。 ②将插补方式设定为 MOVEC。 ③示教点属性设定为 （焊接点）。 ④按 保存示教点 P005 为前圆弧结束点、焊接中间点

序号	示教点	示教方法
5	P006 前、后圆弧分离点 （焊接中间点）	①保持示教点 P005 位姿不动。 ②将插补方式设定为 MOVEP/MOVEL。 ③示教点属性设定为 ⬛（焊接点）。 ④按 ⬛ 出现"登录同一点"的确认画面，再次按下 ⬛，保存示教点 P006 为前、后圆弧分离点、焊接中间点
6	P007 后圆弧开始点 （焊接中间点）	①保持示教点 P006 位姿不动。 ②将插补方式设定为 MOVEC。 ③示教点属性设定为 ⬛（焊接点）。 ④按 ⬛ 出现"登录同一点"的确认画面，再次按下 ⬛，保存示教点 P007 为后圆弧开始点、焊接中间点
7	P008 后圆弧中间点 （焊接中间点）	①机器人移动到后圆弧轨迹中间点。 ②将插补方式设定为 MOVEC。 ③示教点属性设定为 ⬛（焊接点）。 ④按 ⬛ 保存示教点 P008 为后圆弧中间点、焊接中间点
8	P009 后圆弧结束点 （焊接结束点）	①机器人移动到后圆弧轨迹结束点。 ②将插补方式设定为 MOVEC。 ③示教点属性设定为 ⬛（空走点）。 ④按 ⬛ 保存示教点 P009 为后圆弧结束点、焊接结束点

表 4-31　连续圆弧示教程序及释义

Continuous Circle TEACHING PROGRAM			
0015		1：Meach1：Robot	
	●	Begin Of Program	程序开始
0001		TOOL = 1：TOOL01	默认焊接工具
0002	●	MOVEP P001 ，10.00m/min，	登录原点
0003	●	MOVEP P002 ，10.00m/min，	作业临近点
0004	●	MOVEC P003 ，10.00m/min，	圆弧焊接起点
0005		ARC - SET AMP = 120　VOLT = 19.2　S = 0.50	设定焊接参数
0006		ARC - ON ArcStart1 PROCESS = 0	起弧

Continuous Circle TEACHING PROGRAM			
0007	●	MOVEC P004，10.00m/min，	圆弧焊接中间点
0008	●	MOVEC P005，10.00m/min，	
0009	●	MOVEC P006，10.00m/min，	
0010	●	MOVEC P007，10.00m/min，	
0011	●	MOVEC P008，10.00m/min，	
0012	●	MOVEC P009，10.00m/min，	圆弧焊接终了点
0013		CRATER AMP = 100　VOLT = 18.2　T = 0.00	收弧规范
0014		ARC – OFF ArcEnd1 PROCESS = 0	熄弧
0015	●	MOVEL P010，10.00m/min，	退枪避让点
0016	●	MOVEP P011，10.00m/min，	回原点
		End Of Program	程序结束

2. 机器人圆弧摆动轨迹示教点规划

机器人完成环形焊缝的摆动焊接通常需要示教 5 个以上特征点，包括一个摆动开始点、两个摆动振幅点、一个摆动中间点和一个摆动结束点，插补方式选择 "MOVECW"，振幅点设置用 "WEAVEP" 指令。圆弧摆动轨迹示意图如图 4 – 43 所示，圆弧摆动示教说明如表 4 – 32 所示，示教程序及释义如表 4 – 33 所示。

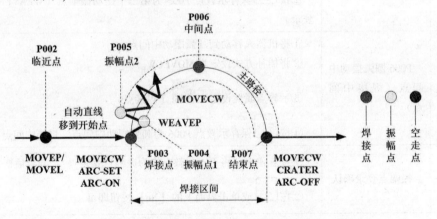

图 4 – 43　圆弧摆动轨迹示意图

表 4 – 32　圆弧摆动示教说明

序号	示教点	示教方法
1	P002 圆弧摆动临近点（焊接临近点）	①机器人移动到圆弧摆动临近点。 ②将插补方式设定为 MOVEP/MOVEL。 ③示教点属性设定为 ✎（空走点）。 ④按 ⇨ 保存示教点 P002 为圆弧摆动/焊接临近点

序号	示教点	示教方法
2	P003 圆弧摆动开始点（焊接开始点）	①机器人移动到前圆弧摆动开始点。 ②将插补方式设定为 MOVECW。 ③示教点属性设定为 ⬊（焊接点）。 ④按 ⇨ 保存示教点 P003 为圆弧摆动开始点、焊接开始点
3	振幅点登录确认	①接着弹出"将下一示教点作为振幅点登录吗？"的对话框。 ②按 ⇨ 或单击界面上的【Yes】按钮，将后面紧跟着的 2 点或 4 点（取决于摆动类型）的插补形态自动变为"WEAVEP"
4	P004 振幅点 1	①将机器人移动到设定摆动宽度的第一个振幅点（振幅点 1）。 ②按 ⇨ 保存示教点 P004 为第一个摆动振幅点（WEAVEP 命令被登录）
5	振幅点登录确认	①接着弹出"将下一示教点作为振幅点登录吗？"的对话框。 ②按 ⇨ 或单击界面上的【Yes】按钮即可
6	P005 振幅点 2	①将机器人移动到设定摆动宽度的第二个振幅点（振幅点 2）。 ②按 ⇨ 保存示教点 P005 为第二个摆动振幅点（WEAVEP 命令被登录）
7	P006 圆弧摆动中间点（焊接中间点）	①将机器人移动到圆弧摆动中间点。 ②将插补方式设定为 MOVECW。 ③示教点属性设定为 ⬋（焊接点）。 ④按 ⇨ 保存示教点 P006 为圆弧摆动中间点、焊接中间点
8	振幅点登录确认	①接着弹出"将下一示教点作为振幅点登录吗？"的对话框。 ②按 ⬜ 或单击界面上的【No】按钮即可
9	P007 圆弧摆动结束点（焊接结束点）	①将机器人移动到圆弧摆动结束点。 ②将插补方式设定为 MOVECW。 ③示教点属性设定为 ⬈（空走点）。 ④按 ⇨ 保存示教点 P007 为圆弧摆动结束点、焊接结束点
10	振幅点登录确认	①接着弹出"将下一示教点作为振幅点登录吗？"的对话框。 ②按 ⬜ 或单击界面上的【No】按钮，插补形态将自动发生变化

表 4 – 33   圆弧摆动示教程序及释义

		Circle Weave TEACHING PROGRAM	
0014	🤖	1：Meach1：Robot	
	●	Begin Of Program	程序开始
0001		TOOL = 1：TOOL01	默认焊接工具
0002	●	MOVEP P001，10.00m/min，	登录原点
0003	●	MOVEP P002，10.00m/min，	作业临近点
0004	●	MOVECW P003，10.00m/min，Ptn = 6，F = 1.8，	圆弧焊接起点
0005		ARC – SET AMP = 120 VOLT = 19.2 S = 0.50	设定焊接参数
0006		ARC – ON ArcStart1 PROCESS = 0	起弧
0007	●	WEAVEP P004，10.00m/min，T = 0.0，	
0008	●	WEAVEP P005，10.00m/min，T = 0.0，	圆弧焊接中间点
0009	●	MOVECW P006，10.00m/min，Ptn = 6，F = 1.8，	
0010	●	MOVECW P007，10.00m/min，Ptn = 6，F = 1.8，	圆弧焊接终了点
0011		CRATER AMP = 100 VOLT = 18.2 T = 0.00	收弧规范
0012		ARC – OFF ArcEnd1 PROCESS = 0	熄弧
0013	●	MOVEL P008，10.00m/min，	退枪避让点
0014	●	MOVEP P009，10.00m/min，	回原点
	●	End Of Program	程序结束

圆弧摆动和直线摆动一样，其摆动类型一共有 6 种类型可选择，当摆动类型为 4 或 5 时，除了前两个振幅点（振幅点 1、振幅点 2）外，还需以同样的方法继续登录两个振幅点（振幅点 3、振幅点 4）。

圆弧摆动轨迹需示教至少 3 个圆弧轨迹主路径上的示教点和 2 个振幅点，当圆弧轨迹主路径上的中间点未完成时，示教点虽用摆动命令登录，但跟踪和运行操作时仍做直线插补动作，如图 4 – 44 所示。

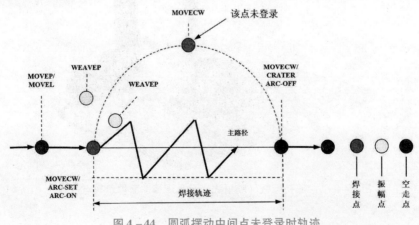

图 4 – 44   圆弧摆动中间点未登录时轨迹

此外，圆弧摆动参数的设置与直线摆动参数的设置方法一样，可以对摆动类型、摆动频率、摆动幅度、振幅点停留时间等参数进行修改。

二、中厚壁管板（骑坐式）平角焊缝轨迹示教点规划

1. 规划中厚壁管板（骑坐式）平角焊缝轨迹示教点

中厚壁管板（骑坐式）平角焊缝分为打底层和盖面层，其中打底层与任务 3 - 4 薄壁管板（骑坐式）平角焊缝轨迹示教点规划类似，如图 4 - 45 所示。盖面层则需要在整圆轨迹开始点后，登录两个振幅点，与任务 4 - 2 一样，摆动类型选类型 6，示教点规划如图 4 - 46 所示。中厚壁管板（骑坐式）平角焊缝示教流程如图 4 - 47 所示。

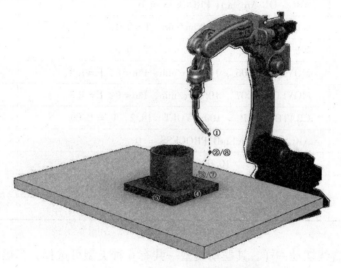

图 4 - 45 中厚壁管板（骑坐式）平角焊缝打底焊示教点规划

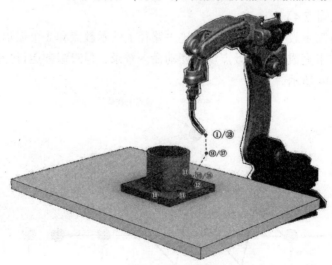

图 4 - 46 中厚壁管板（骑坐式）平角焊缝盖面焊示教点规划

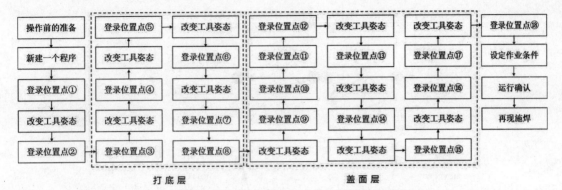

图 4 - 47　中厚壁管板（骑坐式）平角焊缝示教流程

2. 中厚壁管板（骑坐式）平角焊缝轨迹示教点属性设置

中厚壁管板（骑坐式）平角焊拟焊 2 层，打底焊和盖面焊均为整圆轨迹，打底层可以不摆动，焊缝插补方式设置为 MOVEC，编程方法与任务 3 - 4 管板（骑坐式）平角焊示教编程相同。盖面焊因焊缝较宽，焊接填充量较大，需要在与焊缝垂直的方向上增加焊枪横向摆动。焊缝插补方式设置为 MOVECW，示教编程中需要增加两个摆动振幅点 WAVEP，操作方法与直线摆动平角焊类似。各示教点属性如图 4 - 48 所示。

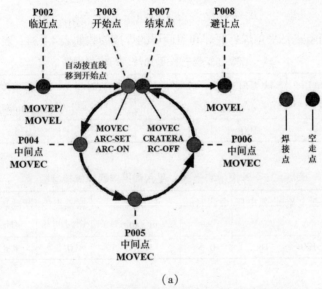

（a）

图 4 - 48　中厚壁管板（骑坐式）平角焊缝示教点属性

（a）打底层示教点属性

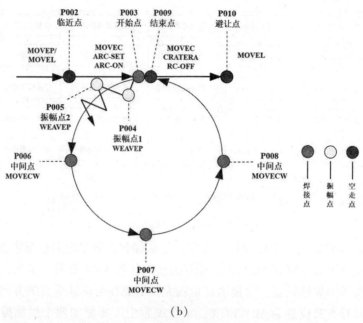

(b)

图 4 – 48 　中厚壁管板（骑坐式）平角焊缝示教点属性（续）

（b）盖面层示教点属性

3. 中厚壁管板（骑坐式）平角焊缝焊接参数

中厚壁管板（骑坐式）平角焊打底焊和盖面焊的焊接参数如表 4 – 34、表 4 – 35 所示。

表 4 – 34 　管板（骑坐式）平角焊缝打底焊焊接参数

焊接电流 /A	焊接电压 /V	收弧电流 /A	收弧电压 /V	收弧时间 /s	焊接速度 /(m·min⁻¹)	气体流量 /(L·min⁻¹)
120	15.8	100	15	0	0.5	12 ~ 15

表 4 – 35 　管板（骑坐式）平角焊缝盖面焊焊接参数

焊接电流 /A	焊接电压 /V	收弧电流 /A	收弧电压 /V	收弧时间 /s	焊接速度 /(m·min⁻¹)	振幅点停 留时间/s	摆动频率 /Hz	气体流量 /(L·min⁻¹)
160	19.2	120	18.2	0.5	0.35	0.3	1.8	12 ~ 15

中厚壁管板（骑坐式）平角焊焊枪姿态与任务 3 – 4 管板（骑坐式）平角焊相同，打底焊焊枪姿态如表 4 – 36 所示，盖面焊与打底焊相同。数值仅供参考，以图 4 – 49 所示的焊枪姿态为目标调整姿态。

表 4 – 36 　打底焊焊枪姿态

编号	焊枪姿态			位置点
	U /（°）	V/（°）	W /（°）	
P001	180	45	180	原点（起始）
P002	0	45	0	焊接临近点

编号	焊枪姿态			位置点
	$U/$ (°)	$V/$ (°)	$W/$ (°)	
P003	0	45	0	圆弧焊接开始点
P004	−90	45	180	圆弧焊接中间点
P005	180	45	180	圆弧焊接中间点
P006	90	45	180	圆弧焊接中间点
P007	0	45	0	圆弧焊接结束点
P008	0	45	0	退枪避让点

图 4 – 49　中厚壁管板（骑坐式）平角焊焊枪姿态

任务 4 – 3　中厚壁管板（骑坐式）平角焊缝示教编程与焊接

一、示教前准备

示教前准备步骤如表 4 – 37 所示。

表 4 – 37　示教前准备步骤

操作步骤	操作方法	图示	补充说明
工件准备	工件表面清理，清除焊缝两侧各 20 mm 范围内的油、锈、水分及其他污物，并用角向磨光机打磨出金属光泽		

操作步骤	操作方法	图示	补充说明
装配定位	3 个定位焊点均布管内侧,长度 10 ~ 15 mm	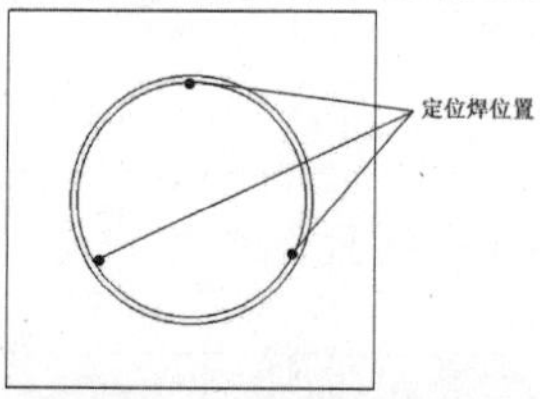 定位焊位置	装配时注意使板内侧的边线对齐
工件装夹	利用夹具将工件固定在机器人工作台上	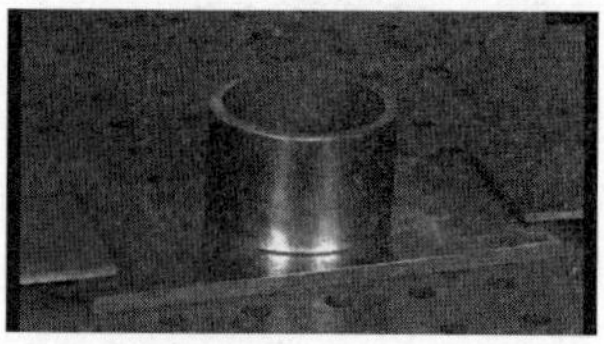	

二、示教编程

中厚壁管板(骑坐式)平角焊缝示教操作步骤如表 4 – 38 所示。

表 4 – 38 中厚壁管板(骑坐式)平角焊缝示教操作步骤

操作步骤	操作方法	图示	补充说明
新建程序	①机器人原点确认。②新建程序	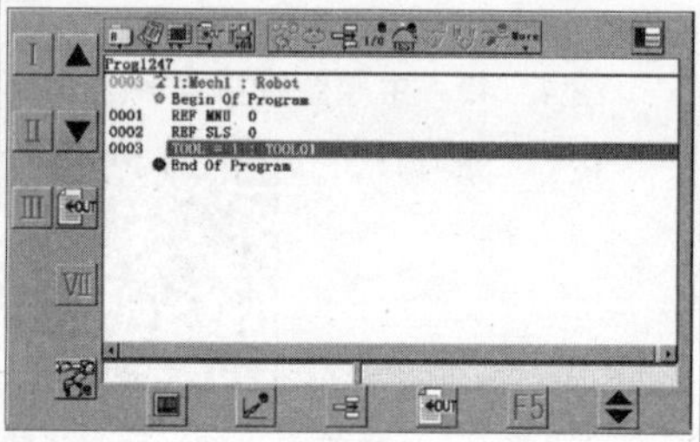	
P001 登录原点(起始)	①机器人原点,在追加状态下,直接按 ⇨ 登录。②将插补方式设定为 MOVEP。③示教点属性设定为 ✏ (空走点)。④按 ⇨ 保存示教点 P001 为原点		为了一次性焊接完成,从圆弧靠近机器人本体的最近一点开始焊接,焊枪先 180°逆时针旋转,移动到焊接点再 360°顺时针进行焊接

操作步骤	操作方法	图示	补充说明
P002 登录打底焊作业临近点	①机器人移动到作业临近点，在追加状态下，按 ⇨ 登录。②将插补方式设定为 MOVEP/MOVEL。③示教点属性设定为 ✎（空走点）。④按 ⇨ 保存示教点 P002 为作业临近点		将焊枪移动至过渡点，该点必须高于工件高度，以免焊接时焊枪撞击到工件。焊枪角度按参数进行调整
P003 登录打底焊开始点	①机器人移动到焊接开始点，在追加状态下，按 ⇨ 登录。②将插补方式设定为 MOVEC。③示教点属性设定为 ✎（焊接点）。④按 ⇨ 保存示教点 P003 为焊接开始点		保持焊枪 P002 点的姿态不变，将焊枪移到距工件坡口底部 2～3 mm 中心位置，设置为打底焊开始点
P004 登录打底焊中间点	①机器人移动到焊接中间点，在追加状态下，按 ⇨ 登录。②将插补方式设定为 MOVEC。③示教点属性设定为 ✎（焊接点）。④按 ⇨ 保存示教点 P004 为焊接中间点		为了保证焊枪角度不变，建议在直角坐标系下，使用 ⚡（U 轴）改变焊枪姿态
P005 登录打底焊中间点	①机器人移动到焊接中间点，在追加状态下，按 ⇨ 登录。②将插补方式设定为 MOVEC。③示教点属性设定为 ✎（焊接点）。④按 ⇨ 保存示教点 P005 为焊接中间点		与 P004 相似，在直角坐标系下，使用 ⚡（U 轴）改变焊枪姿态

操作步骤	操作方法	图示	补充说明
P006 登录打底焊中间点	①机器人移动到焊接中间点，在追加状态下，按  ⇨ 登录。 ②将插补方式设定为 MOVEC。 ③示教点属性设定为  （焊接点）。 ④按  ⇨ 保存示教点 P006 为焊接中间点		与 P005 相似，在直角坐标系下，使用  （U 轴）改变焊枪姿态
P007 登录打底焊结束点	①机器人移动到焊接结束点，在追加状态下，按  ⇨ 登录。 ②将插补方式设定为 MOVEC。 ③示教点属性设定为  （空走点）。 ④按  ⇨ 保存示教点 P007 为焊接结束点		与 P006 相似，在直角坐标系下，使用  （U 轴）改变焊枪姿态。焊接结束点与开始点 5～10mm 的重叠，能防止收弧弧坑裂纹
P008 登录打底焊退枪避让点	①机器人移动到退枪避让点，在追加状态下，按  ⇨ 登录。 ②将插补方式设定为 MOVEL。 ③示教点属性设定为  （空走点）。 ④按  ⇨ 保存示教点 P008 为退枪避让点		保持焊枪 P007 点的姿态不变，在工具坐标系下，沿  把焊枪移到不碰触夹具和工件的位置
P009 登录盖面焊作业临近点	设定同 P002		

操作步骤	操作方法	图示	补充说明
P010 登录盖面焊开始点	①机器人移动到焊接开始点，在追加状态下，按 登录。 ②将插补方式设定为 MOVECW。 ③示教点属性设定为 （焊接点）。 ④按 保存示教点 P010 为焊接开始点		保持焊枪 P009 点的姿态不变，将焊枪移到距工件坡口底部 5~6 mm 中心位置，设置为盖面焊开始点
P011 登录盖面焊振幅点 1	①在弹出的"将下一示教点作为振幅点登录吗？"对话框中，单击界面上的【Yes】按钮或按 将焊接开始点后 2 点自动设置为 WEAVEP。 ②机器人移动到摆动振幅点 1 位置，按 登录		保持焊枪 P010 点的姿态不变，建议在直角坐标系下将焊枪移到盖面焊摆动振幅点 1
P012 登录盖面焊振幅点 2	①在弹出的"将下一示教点作为振幅点登录吗？"对话框中，单击界面上的【Yes】按钮或按 设置为 WEAVEP。 ②机器人移动到摆动振幅点 2 位置，按 登录		保持焊枪 P011 点的姿态不变，建议在直角坐标系下将焊枪移到盖面焊摆动振幅点 2
P013 登录盖面焊中间点	①机器人移动到焊接中间点，在追加状态下，按 登录。 ②将插补方式设定为 MOVECW。 ③示教点属性设定为 （焊接点）。 ④按 保存示教点 P013 为焊接中间点		为了保证焊枪角度不变，建议在直角坐标系下，使用 （U 轴）改变焊枪姿态

操作步骤	操作方法	图示	补充说明
P014 登录盖面焊中间点	设定同 P013		为了保证焊枪角度不变，建议在直角坐标系下，使用  ⬛ （U 轴）改变焊枪姿态
P015 登录盖面焊中间点	设定同 P013		为了保证焊枪角度不变，建议在直角坐标系下，使用  ⬛ （U 轴）改变焊枪姿态
P016 登录盖面焊结束点	①机器人移动到焊接结束点，在追加状态下，按  ⬛ 登录。②将插补方式设定为 MOVECW。③示教点属性设定为  ⬛ （空走点）。④按  ⬛ 保存示教点 P016 为焊接结束点		为了保证焊枪角度不变，建议在直角坐标系下，使用  ⬛ （U 轴）改变焊枪姿态
P017 登录盖面焊退枪避让点	设定同 P008		保持焊枪 P016 点的姿态不变，在工具坐标系下，沿 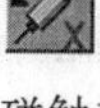 ⬛ 把焊枪移到不碰触夹具和工件的位置

操作步骤	操作方法	图示	补充说明
P018 登录原点（终了）	①关闭机器人运行，进入编辑状态。 ②在用户功能键中单击复制图标  对应的按键。 ③拨动滚轮选中 P001 所在的行，侧击滚轮，复制该行程序。 ④拨动滚轮到 P017 所在的行，单击向下粘贴图标  对应的功能键，将已复制的程序粘贴到当前行的下一行		
修改摆动参数	①拨动滚轮移动光标至 MOVELW、WEAVEP 命令行上。 ②侧击【拨动按钮】，弹出示教点属性参数设置窗口。 ③按焊接参数修改摆动类型、频率、振幅点停留时间	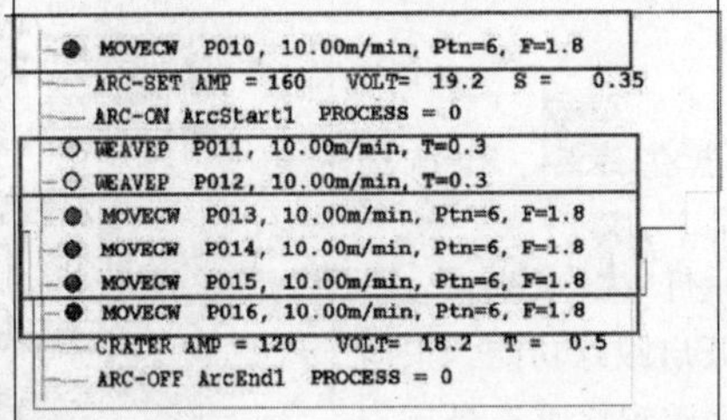 MOVECW P010, 10.00m/min, Ptn=6, F=1.8 ARC-SET AMP = 160 VOLT= 19.2 S = 0.35 ARC-ON ArcStart1 PROCESS = 0 WEAVEP P011, 10.00m/min, T=0.3 WEAVEP P012, 10.00m/min, T=0.3 MOVECW P013, 10.00m/min, Ptn=6, F=1.8 MOVECW P014, 10.00m/min, Ptn=6, F=1.8 MOVECW P015, 10.00m/min, Ptn=6, F=1.8 MOVECW P016, 10.00m/min, Ptn=6, F=1.8 CRATER AMP = 120 VOLT= 18.2 T = 0.5 ARC-OFF ArcEnd1 PROCESS = 0	修改盖面焊摆动参数
修改焊接开始规范	①拨动滚轮移动光标至 ARC – SET 命令行上。 ②侧击【拨动按钮】，弹出 "ARC – SET" 参数设置窗口。 ③按焊接参数修改电流、电压、速度	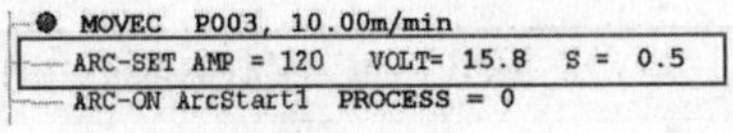 MOVEC P003, 10.00m/min ARC-SET AMP = 120 VOLT= 15.8 S = 0.5 ARC-ON ArcStart1 PROCESS = 0	打底焊和盖面焊开始规范均要修改
修改焊接开始动作次序	①拨动滚轮移动光标至 ARC – ON 命令行上。 ②侧击【拨动按钮】，弹出 "ARC – ON" 参数设置窗口。 ③选择开始次序文件	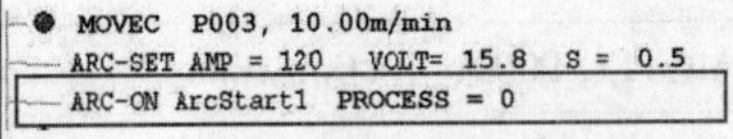 MOVEC P003, 10.00m/min ARC-SET AMP = 120 VOLT= 15.8 S = 0.5 ARC-ON ArcStart1 PROCESS = 0	打底焊和盖面焊开始动作次序均要修改

操作步骤	操作方法	图示	补充说明
修改焊接结束规范	①拨动滚轮移动光标至 CRATER 命令行上。 ②侧击【拨动按钮】，弹出"CRATER"参数设置窗口。 ③按焊接参数修改电流、电压、时间	● MOVEC P004, 10.00m/min 　CRATER AMP = 100　VOLT= 15　T = 0.00 　ARC-OFF ArcEnd. PROCESS = 0	打底焊和盖面焊结束规范均要修改
修改焊接结束动作次序	①拨动滚轮移动光标至 ARC – OFF 命令行上。 ②侧击【拨动按钮】，弹出"ARC – OFF"参数设置窗口。 ③选择结束次序文件	● MOVEC P004, 10.00m/min 　CRATER AMP = 100　VOLT= 15　T = 0.00 　ARC-OFF ArcEnd. PROCESS = 0	打底焊和盖面焊结束动作次序均要修改
跟踪确认	①切换机器人至示教模式下的编辑状态，移动光标至跟踪开始点所在命令行。 ②点亮 ，保持伺服指示灯 长亮。 ③开启跟踪功能，正向逐条跟踪程序直至最后一个示教点		注意整个跟踪过程中光标的位置和程序行标的状态变化

中厚壁管板（骑坐式）平角焊缝示教程序及释义如表4 –39所示。

表4 –39　中厚壁管板（骑坐式）平角焊缝示教程序及释义

MOVECW TEACHING PROGRAM			
0016	🦾	1：Meach1：Robot	机器人
	●	Begin Of Program	程序开始
0001		TOOL = 1：TOOL01	焊枪工具
0002	●	MOVEP P001，10.00m/min，	记录原点
0003	●	MOVEP P002，10.00m/min，	打底焊临近点
0004	●	MOVEC P003，10.00m/min，	打底焊开始点
0005		ARC – SET AMP = 120　VOLT = 15.8　S = 0.50	设定焊接参数
0006		ARC – ON ArcStart1 PROCESS = 0	起弧

MOVECW TEACHING PROGRAM			
0007	●	MOVEC P004 , 10.00m/min,	打底焊中间点
0008	●	MOVEC P005 , 10.00m/min,	
0009	●	MOVEC P006 , 10.00m/min,	
0010	●	MOVEC P007 , 10.00m/min,	打底焊终了点
0011		CRATER AMP = 100　VOLT = 15.0　T = 0.00	收弧规范
0012		ARC – OFF ArcEnd1 PROCESS = 0	熄弧
0013	●	MOVEL P008 , 10.00m/min,	退枪避让点
0014	●	MOVEP P009 , 10.00m/min,	盖面焊临近点
0015	●	MOVECW P010 , 10.00m/min, Ptn = 6, F = 1.8,	盖面焊开始点
0016		ARC – SET AMP = 160　VOLT = 19.2 S =　0.35	参数设定
0017		ARC – ON ArcStart1 PROCESS = 0	起弧
0018	●	WEAVEP P011 , 10.00m/min, T = 0.3,	摆动点 1
0019	●	WEAVEP P012 , 10.00m/min, T = 0.3,	摆动点 2
0020	●	MOVECW P013 , 10.00m/min, Ptn = 6, F = 1.8,	盖面焊中间点
0021	●	MOVECW P014 , 10.00m/min, Ptn = 6, F = 1.8,	
0022	●	MOVECW P015 , 10.00m/min, Ptn = 6, F = 1.8,	
0023	●	MOVECW P016 , 10.00m/min, Ptn = 6, F = 1.8,	盖面焊接终了点
0024		CRATER AMP = 120　VOLT = 18.2　T = 0.50	收弧参数设置
0025		ARC – OFF ArcEnd1 PROCESS = 0	熄弧
0026	●	MOVEL P017 , 10.00m/min,	退枪避让点
0027	●	MOVEP P018 , 10.00m/min,	PTP 回原点
	●	End Of Program	程序结束

三、试件焊接

机器人中厚壁管板（骑坐式）平角焊缝焊接操作步骤如表 4 - 40 所示。

表 4 - 40　机器人中厚壁管板（骑坐式）平角焊缝焊接操作步骤

操作步骤	操作方法	图示
焊前检查	①程序经过跟踪、确认无误，检查供丝、供气系统及焊接机器人工作环境无误。②在编辑状态下，移动光标到程序开始	MOVELW Teaching.prg MOVELW Teaching.prg 1:Mech1 : Robot Begin Of Program TOOL = 1 : TOOL01 MOVEP　P001, 10.00m/min

操作步骤	操作方法	图示
模式切换	①插入示教器钥匙。 ②将示教器模式选择开关旋至 AUTO	
启动焊接	①轻握安全开关，按压伺服开关，保持伺服指示灯 ⊗长亮。 ②按下启动按钮开始焊接	启动按钮 伺服ON按钮

◉ 任务评价

焊接完成后，要对焊缝质量进行评价，表 4 – 41 所示为中厚壁管板（骑坐式）平角焊缝外观质量评分表，满分 40 分。缺欠分类按 GB/T 6417.1—2005《金属熔化焊接头缺欠分类及说明》执行，质量分级按 GB/T 19418—2003《钢的弧焊接头缺陷质量分级指南》执行。

表 4 – 41　中厚壁管板（骑坐式）平角焊缝质量检查表

明码号		评分员签名				合计分		
检查项目	评判标准及得分	评判等级				测评数据	实得分数	备注
		Ⅰ	Ⅱ	Ⅲ	Ⅳ			
焊脚 K1	尺寸标准/mm	12～13	13～14	14～15	<12，>15			
	得分标准	5 分	4 分	3 分	1.5 分			
焊脚 K2	尺寸标准/mm	12～13	13～14	14～15	<12，>15			
	得分标准	5 分	4 分	3 分	1.5 分			
焊脚差	尺寸标准/mm	≤1	1～2	2～3	>3			
	得分标准	10 分	8 分	6 分	3 分			
咬边	尺寸标准/mm	无咬边	深度≤0.5，每5 mm扣1分；最多扣至1.5分		深度>0.5得1.5分			
	得分标准	5 分						
正面成型	标准	优	良	中	差			
	得分标准	10 分	8 分	6 分	3 分			

明码号			评分员签名			合计分		
检查项目	评判标准及得分	评判等级				测评数据	实得分数	备注
		I	II	III	IV			
气孔	数量标准	0	0~1	1~2	>2			
	得分标准	5分	4分	3分	0分			

注：焊缝正反两面有裂纹、未熔合、未焊透缺陷或出现焊件修补、操作未在规定时间内完成，该项做0分处理

项目练习

一、填空题

1. TA/B1400 型焊接机器人完成直线焊缝的焊接需示教_____个特征点（直线的_____），插补方式选_____。

2. TA/B1400 型焊机器人程序内容画面主要由_____、_____、_____及_____等几部分组成，其中（蓝色）表示_____点、（红色）表示_____点、（黄色）表示_____点。

3. 弧焊机器人作业条件的登录，主要涉及以下几个方面：①在_____命令中设定焊接开始规范；②在_____命令中设定焊接结束规范；③在_____命令中指定焊接开始动作次序（以文件形式给定）；④在_____命令指定焊接结束动作次序（以文件形式给定）；⑤手动调节保护气体流量。

4. 请在表4-42中填入各图标的名称或定义，然后选取以下图标中的一个或几个按照一定的组合填入空中完成所指定的操作。

表4-42　功能图标

(1)	(2)	(3)	(4)	(5)	(6)	(7)	(8)	
(9)	(10)	(11)	(12)	(13)	(14)	(15)	(16)	(17)
(18)	(19)	(20)	(21)	(22)	(23)	(24)	(25)	(26)

（1）关闭机器人动作功能，复制光标当前所在行命令：＿＿＿→＿＿＿→＿＿＿→＿＿＿。

（2）关闭机器人动作功能，删除光标当前所在行命令：＿＿＿→＿＿＿→＿＿＿→＿＿＿。

（3）伺服电源接通的状态下，从光标当前所在程序行进行程序测试操作：＿＿＿→＿＿＿→＿＿＿＋＿＿＿。

（4）打开送丝·检气功能，手动送丝：＿＿＿→＿＿＿。

（5）在光标当前所在程序行下插入一条"等待2 s"的次序指令：＿＿＿→＿＿＿→＿＿＿→＿＿＿→选择"DELAY"命令，设定参数→＿＿＿。

5. TA/B1400 型焊接机器人完成直线焊缝的摆动焊接通常需示教＿＿＿个以上特征点（1个＿＿＿＿＿＿、＿＿＿个摆动振幅点和1个＿＿＿＿＿＿），插补方式选＿＿＿＿＿，振幅点设置用＿＿＿＿＿指令。

6. TA/B1400 型焊接机器人完成圆周焊缝的焊接（如管焊接）通常需示教＿＿＿个以上特征点（圆弧＿＿＿、圆弧＿＿＿和圆弧＿＿＿），插补方式选＿＿＿。

7. 用机器人代替焊工进行焊接作业时，必须预先对机器人发出指令，规定机器人应该完成的动作和作业的具体内容。这些赋予机器人的各种信息基本由＿＿＿＿、＿＿＿＿和＿＿＿＿ 3 部分组成。

8. 机器人的示教主要是确认＿＿＿＿＿＿＿＿的属性。

9. 请选取表4-43中的一个或几个按照一定的组合填入空中完成所指定的操作。

表4-43 功能图标

（1）新建一个文件名为系统默认名称的程序：＿＿＿→＿＿＿→＿＿＿。

（2）打开刚刚新建的程序：＿＿＿→＿＿＿→＿＿＿→＿＿＿。

（3）登录原点并设定其属性为空走点、MOVEP：＿＿＿→＿＿＿→＿＿＿→＿＿＿→＿＿＿或者＿＿＿→＿＿＿→＿＿＿→＿＿＿。

（4）在示教模式下接通伺服电源：＿＿＿→＿＿＿。

（5）在菜单栏与程序编辑区间切换活动光标：＿＿＿。

（6）查看在线帮助信息：＿＿＿。

（7）伺服电源接通的状态下从光标当前所在程序行进行正向跟踪操作：＿＿＿→＿＿＿→＿＿＿＋＿＿＿。

（8）在再现模式下锁定电弧：＿＿＿→＿＿＿。

二、填空题

1. 焊接机器人示教点的属性通常包括（ ）。

①位置坐标；②移动速度；③插补方式；④空走/焊接点

A. ①②　　　　　B. ①②③　　　C. ①②④　　　　D. ①②③④

2. 焊接机器人常见的插补方式有（ ）。

①PTP；②直线插补；③圆弧插补；④直线摆动；⑤圆弧摆动

A. ①②③④⑤　B. ①②⑤　　　C. ①②④　　　　D. ①②③④

项目五　松下焊接机器人CRAW试件编程与焊接

通过前序项目的学习，同学们都已经掌握了薄壁和中厚壁典型接头的焊接机器人基本操作。本项目面向企业弧焊机器人操作员、弧焊机器人工艺设计员等工作岗位，以培养学生机器人焊接综合应用能力为目标，按照"1＋X"《特殊焊接技术职业技能等级标准》中级职业技能等级要求，结合中国焊接协会弧焊机器人从业人员资格认证规范的经典考核案例，讲解松下机器人。

本项目主要内容包括CRAW薄壁试件、CRAW中厚壁试件的编程与焊接。

最新标准：

1. AWS D16.1《Specification for Robotic Arc Welding Safety》
2. GB/T 6417.1—2005《金属熔化焊接头缺欠分类及说明》
3. GB/T 19418—2003《钢的弧焊接头缺陷质量分级指南》
4. GB/T 19805—2005《焊接操作工技能评定》
5. "1＋X"《特殊焊接技术职业技能等级标准》
6. CWA1.5：201《1弧焊机器人从业人员资格认证规范》

项目任务

任务5-1　CRAW薄壁试件编程与焊接
任务5-2　CRAW中厚壁试件编程与焊接

任务5-1　CRAW薄壁试件编程与焊接

任务引入

CRAW薄壁试件包括板板平角焊、管板（骑坐式）平角焊、板板立角焊、管板立角焊等焊缝，是焊接机器人操作员资格认证实操考核项目之一。本任务要求在规定时间内完成CRAW薄壁试件的安全检查、试件准备与编程、焊接试件、焊件质量评估。

任务描述

本任务在焊接机器人实训场进行，使用设备为唐山松下TA/B1400型焊接机器人，手动操作机器人，手动操作机器人完成CRAW薄壁试件（图5-1）的编程与焊接。试件中包含 4 块 Q235B 型钢板，尺寸分别为 120 mm × 60 mm × 2 mm × 1 片、80 mm × 60 mm × 2 mm × 2 片、200 mm × 200 mm × 2 mm × 1 片，准备一段 ϕ57 mm × 60 mm × 3 mm 的 A3 钢管。评估焊接质量，填写焊接机器人实际操作记录和焊接质量评估表。

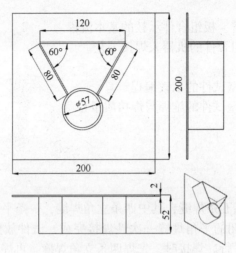

图 5 – 1　CRAW 薄板试件图

本任务使用工具和设备如表 5 – 1 所示。

表 5 – 1　本任务使用工具和设备

名　　称	型　　号	数　量
机器人本体	TA/B1400	1 台
焊接电源	松下 YD – 35GR W 型	1 个
控制柜（含变压器）	GIII 型	1 个
示教器	AUR01 060 型	1 个
焊丝	ER50 – 6、ϕ1.2 mm	1 盘
保护气瓶	80% Ar + 20% CO_2	1 瓶
头戴式面罩	自定	1 个
纱手套	自定	1 副
钢丝刷	自定	1 把
尖嘴钳	自定	1 把
活动扳手	自定	1 把
钢直尺	自定	1 把
敲渣锤	自定	1 把
焊接夹具	自定	1 套
焊缝测量尺	自定	1 把
角向磨光机	自定	1 台
劳保用品	帆布工作服、工作鞋	1 套

● 知识目标

1. 掌握机器人薄壁管 – 板组合件示教的基本流程。

2. 掌握薄壁管 – 板组合件的机器人焊接工艺。

● 技能目标

1. 能进行 CRAW 薄壁试件的示教编程。

2. 能进行 CRAW 薄壁试件的施焊与焊接质量检测。

相关知识

1. CRAW 薄壁试件轨迹示教点规划

　　CRAW 薄壁试件包括五条焊缝，其中四条立角焊缝，一条平角焊缝，试件摆放位置如图 5 – 2 所示，为了使封闭的平角焊缝一次性焊接完成，试件放置时要使得平角焊缝其中一段与焊接平台的 Y 轴平行。焊接时，先焊四条立角焊缝，再焊地板平角焊缝。

　　其中，立角焊缝主要考虑焊缝宽度，采用向下立焊，为减小焊接应力和变形，按照两边对称进行焊接，焊接顺序如图 5 – 3（a）所示，示教点规划如图 5 – 3（b）所示，示教流程如图 5 – 4 所示。

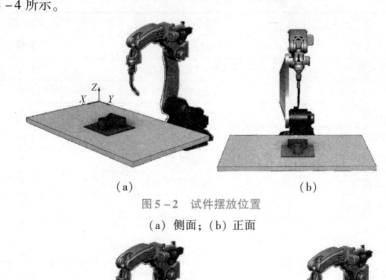

（a） 　　　　　　　　　　　　（b）

图 5 – 2　试件摆放位置

（a）侧面；（b）正面

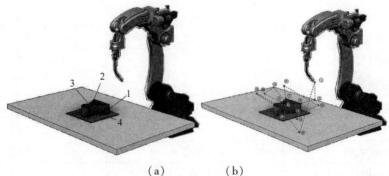

（a）　　　　　（b）

图 5 – 3　试件立焊缝焊接示教点规划

（a）焊接顺序；（b）示教点规划

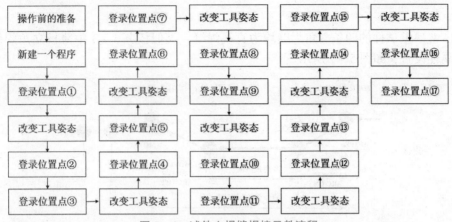

图5-4 试件立焊缝焊接示教流程

试件中封闭的平角焊缝要一次性焊接完成，示教点规划如图5-5所示，示教流程如图5-6所示。示教时先将机器人机械臂逆时针旋转180°，示教的开始点选在与Y轴平行边的中点处，然后机械臂按顺时针360°沿着封闭平角焊缝轨迹进行运动。为了保证转角位置平滑过渡，在第㉑、㉔、㉘、㉛四个点分别设置转角过渡点。平角焊缝中，⑲~⑳点的属性设置为焊接点，㉝点为空走点。圆弧段至少插补3个圆弧示教点MOVEC，分别为㉕、㉖、㉗点。

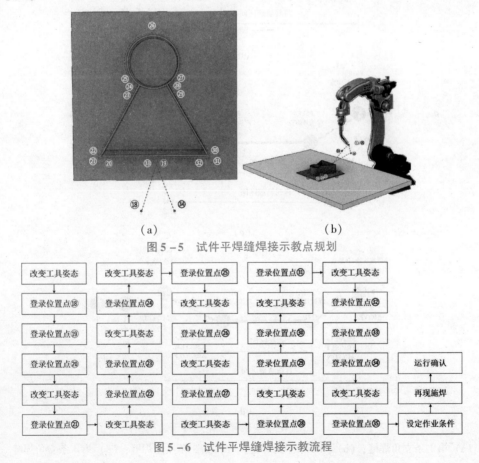

图5-5 试件平焊缝焊接示教点规划

图5-6 试件平焊缝焊接示教流程

2. CRAW 薄壁试件示教点属性设置

CRAW 薄壁试件的四条立角焊缝均为直线焊缝，类似任务 3－3 中薄板立角焊缝进行示教点属性设置，如图 5－7 所示。

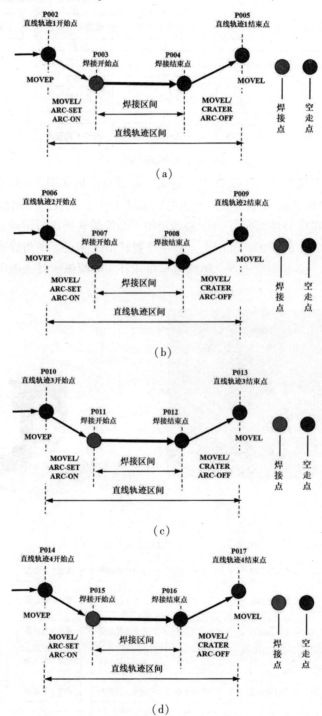

图 5－7　CRAW 薄壁试件立角焊缝示教点属性

（a）第 1 条立角焊缝；（b）第 2 条立角焊缝；（c）第 3 条立角焊缝；（d）第 4 条立角焊缝

CRAW 薄壁试件的一条平角焊缝为直线和圆弧的组合轨迹，示教点的属性设置如图5-8所示。

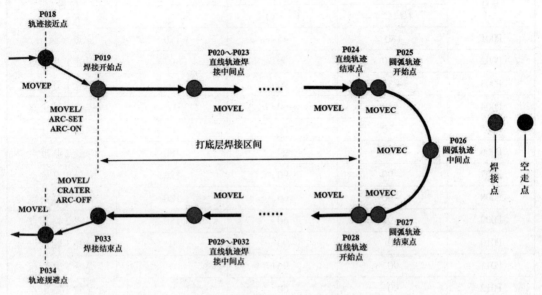

图 5-8　CRAW 薄壁试件平角焊缝示教点属性

3. CRAW 薄壁试件焊接参数设置

由于 CRAW 薄壁试件中钢管、立板、底板的厚度不同，所以第1、2条立焊缝，第3、4条立焊缝和平角焊缝的焊接参数不同，如表5-2～表5-4所示。

表 5-2　CRAW 薄壁试件第1、2条立角焊缝焊接参数

焊接电流 /A	焊接电压 /V	收弧电流 /A	收弧电压 /V	收弧时间 /s	焊接速度 /(m·min^{-1})	气体流量 /(L·min^{-1})
120	17.5	90	16	0	0.6	14～15

表 5-3　CRAW 薄壁试件第3、4条立角焊缝焊接参数

焊接电流 /A	焊接电压 /V	收弧电流 /A	收弧电压 /V	收弧时间 /s	焊接速度 /(m·min^{-1})	气体流量 /(L·min^{-1})
130	17.8	100	16.8	0	0.5	14～15

表 5-4　CRAW 薄壁试件平角焊缝焊接参数

焊接电流 /A	焊接电压 /V	收弧电流 /A	收弧电压 /V	收弧时间 /s	焊接速度 /(m·min^{-1})	气体流量 /(L·min^{-1})
145	18	100	16.8	0	0.4	14～15

CRAW 薄壁试件立角焊缝焊枪角度如表5-5所示，与任务3-3类似，焊枪转角 V 从90°焊缝顶部转向焊缝底部60°，数值仅供参考，以图5-9所示的焊枪姿态为目标调整姿态。

表 5 – 5　CRAW 薄壁试件立角焊缝焊枪角度

编号	焊枪姿态			位置点
	U/ (°)	V/ (°)	W/ (°)	
P001	180	45	180	原点（起始）
P002	– 30	90	0	焊缝 1 临近点
P003	– 30	90	0	焊缝 1 开始点
P004	– 30	60	0	焊缝 1 结束点
P005	– 30	60	0	焊缝 1 避让点
P006	– 90	90	180	焊缝 2 临近点
P007	– 90	90	180	焊缝 2 开始点
P008	– 90	60	180	焊缝 2 结束点
P009	– 90	60	180	焊缝 2 避让点
P010	90	90	0	焊缝 3 临近点
P011	90	90	0	焊缝 3 开始点
P012	90	60	0	焊缝 3 结束点
P013	90	60	0	焊缝 3 避让点
P014	30	90	180	焊缝 4 临近点
P015	30	90	180	焊缝 4 开始点
P016	30	60	180	焊缝 4 结束点
P017	30	60	180	焊缝 4 避让点

图 5 – 9　CRAW 薄壁试件立角焊缝焊枪姿态

　　CRAW 薄壁试件平角焊缝焊枪角度如表 5 – 6 所示，在焊接过程中，焊枪转角 V 一直保持 45°左右，焊枪倾角 U 在各个转角过渡点处设置为角平分线方向，数值仅供参考，以图 5 – 10 所示的焊枪姿态为目标调整姿态。

表 5 – 6　CRAW 薄壁试件平角焊缝焊枪角度

编号	焊枪姿态			位置点
	U/ (°)	V/ (°)	W/ (°)	
P018	0	45	0	焊缝临近点
P019	0	45	0	直线轨迹开始点
P020	0	45	0	直线轨迹中间点
P021	– 30	45	0	直线轨迹中间点（转角 1）

编号	焊枪姿态			位置点
	U/（°）	V/（°）	W/（°）	
P022	–120	45	180	直线轨迹中间点
P023	–120	45	180	直线轨迹中间点
P024	–90	45	180	直线轨迹结束点（转角2）
P025	–60	45	180	圆弧轨迹开始点
P026	180	45	180	圆弧轨迹中间点
P027	60	45	180	圆弧轨迹结束点
P028	90	45	180	直线轨迹开始点（转角3）
P029	120	45	180	直线轨迹中间点
P030	120	45	0	直线轨迹中间点
P031	30	45	0	直线轨迹中间点（转角4）
P032	0	45	0	直线轨迹中间点
P033	0	45	0	直线轨迹结束点
P034	0	45	0	焊缝避让点
P035	180	45	180	原点（终了）

图5-10　CRAW薄壁试件平角焊缝焊枪姿态

任务5-1　CRAW薄壁试件编程与焊接

一、示教前准备

示教前准备步骤如表5-7所示。

表5-7　示教前准备步骤

操作步骤	操作方法	图示	补充说明
工件准备	工件表面清理，清除焊缝两侧各20 mm范围内的油、锈、水分及其他污物，并用角向磨光机打磨出金属光泽		

操作步骤	操作方法	图示	补充说明
装配定位	装配时注意使板内侧的边线对齐，无错边。定位焊点长度 10～15 mm	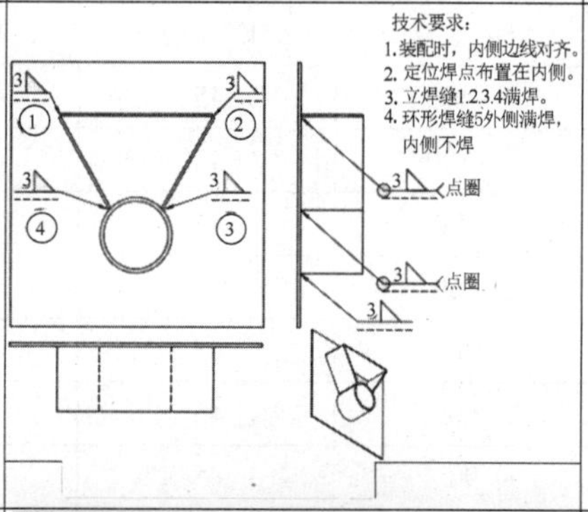 技术要求： 1. 装配时，内侧边线对齐。 2. 定位焊点布置在内侧。 3. 立焊缝1.2.3.4满焊。 4. 环形焊缝5外侧满焊，内侧不焊	装配技术要求见图纸
工件装夹	利用夹具将工件固定在机器人工作台上		

二、示教编程

CRAW 薄壁试件焊缝示教操作步骤如表 5－8 所示。

表 5－8 CRAW 薄壁试件焊缝示教操作步骤

操作步骤	操作方法	图示	补充说明
新建程序	①机器人原点确认。 ②新建程序	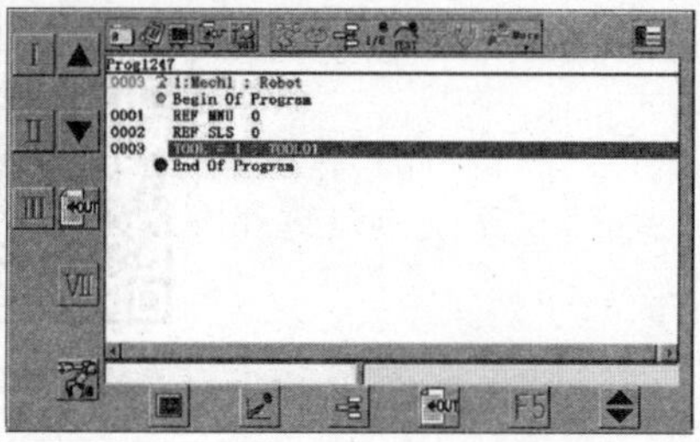	
P001 登录原点（起始）	①机器人原点，在追加状态下，直接按 ⬈ 登录。 ②将插补方式设定为 MOVEP。 ③示教点属性设定为 🔧 （空走点）。 ④按 ⬈ 保存示教点 P001 为原点	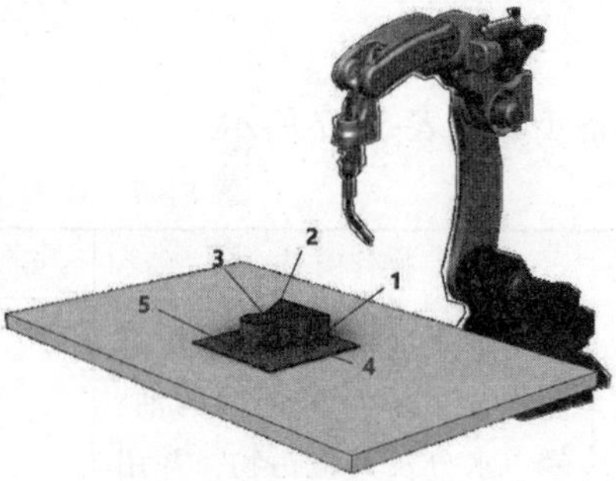	按照 1、2、3、4、5 五条焊缝的焊接顺序进行焊接

操作步骤	操作方法	图示	补充说明
P002 登录第1道焊缝（立角焊缝）作业临近点	①机器人移动到作业临近点，在追加状态下，按 ⇨ 登录。 ②将插补方式设定为 MOVEP/MOVEL。 ③示教点属性设定为 ✏ （空走点）。 ④按 ⇨ 保存示教点 P002 为作业临近点		将焊枪移动至过渡点，该点必须高于工件高度，以免焊接时焊枪撞击到工件。 焊枪角度按参数进行调整
P003 登录第1道焊缝（立角焊缝）开始点	①机器人移动到焊接开始点，在追加状态下，按 ⇨ 登录。 ②将插补方式设定为 MOVEL。 ③示教点属性设定为 ↙ （焊接点）。 ④按 ⇨ 保存示教点 P003 为焊接开始点	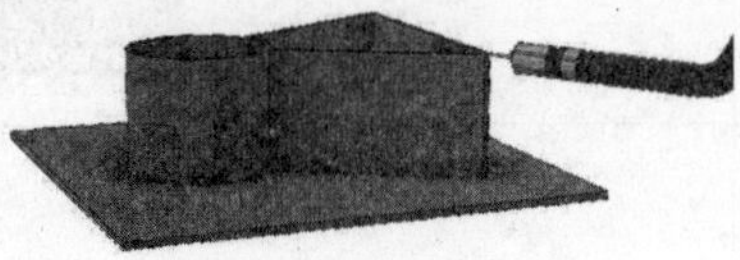	保持焊枪 P002 点的姿态不变，将焊枪移到焊接作业开始位置
P004 登录第1道焊缝（立角焊缝）结束点	①机器人移动到焊接结束点，在追加状态下，按 ⇨ 登录。 ②将插补方式设定为 MOVEL。 ③示教点属性设定为 ✏ （空走点）。 ④按 ⇨ 保存示教点 P004 为焊接结束点		按焊接参数要求，调整焊枪角度，把焊枪移到焊接作业结束位置
P005 登录第1道焊缝（立角焊缝）退枪避让点	①机器人移动到避让点，在追加状态下，按 ⇨ 登录。 ②将插补方式设定为 MOVEL。 ③示教点属性设定为 ✏ （空走点）。 ④按 ⇨ 保存示教点 P005 为退枪避让点		保持焊枪 P004 点的姿态不变，把焊枪移到不碰触夹具和工件的位置，建议在工具坐标系下操作

操作步骤	操作方法	图示	补充说明
P006 登录第 2 道焊缝（立角焊缝）作业临近点	设定同 P002	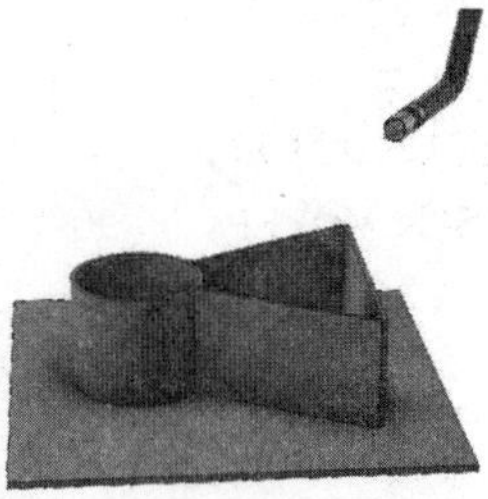	将焊枪移动至第 2 道焊缝过渡点，该点必须高于工件高度，以免焊接时焊枪撞击到工件。 按焊接参数调整焊枪角度
P007 登录第 2 道焊缝（立角焊缝）开始点	设定同 P003	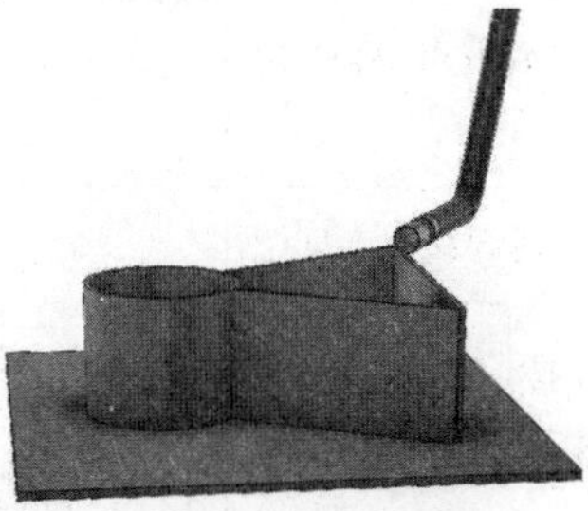	保持焊枪 P006 点的姿态不变，将焊枪移到焊接作业开始位置
P008 登录第 2 道焊缝（立角焊缝）结束点	设定同 P004	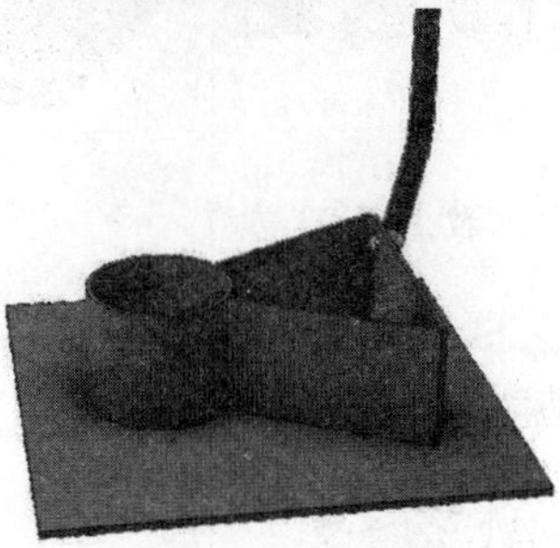	按焊接参数调整焊枪角度，把焊枪移到焊接作业结束位置
P009 登录第 2 道焊缝（立角焊缝）退枪避让点	设定同 P005	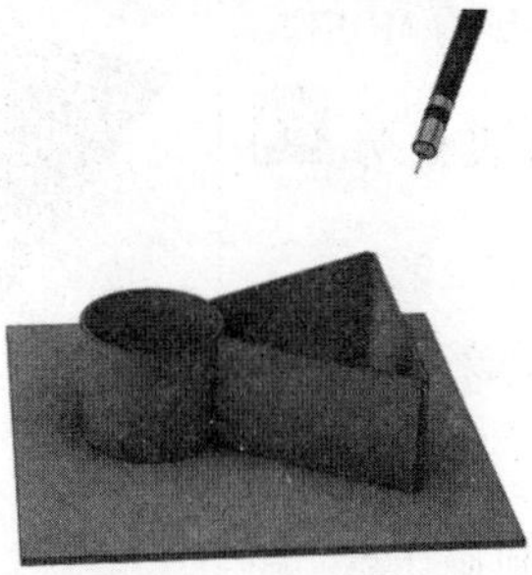	保持焊枪 P008 点的姿态不变，把焊枪移到不碰触夹具和工件的位置
P010 登录第 3 道焊缝（立角焊缝）作业临近点	设定同 P002	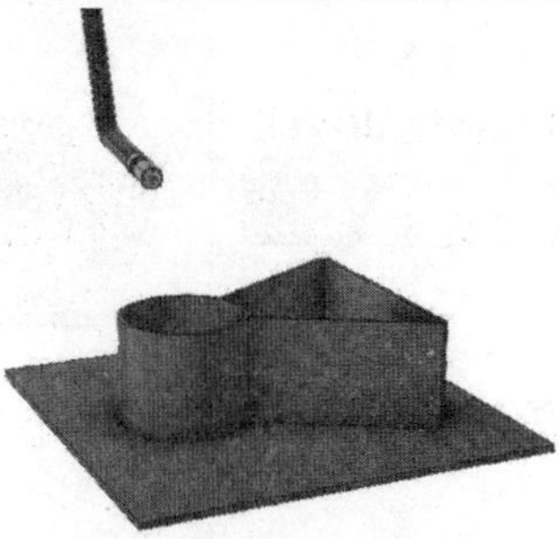	将焊枪移动至第 3 道焊缝过渡点，该点必须高于工件高度，以免焊接时焊枪撞击到工件。 按焊接参数调整焊枪角度

操作步骤	操作方法	图示	补充说明
P011 登录第3道焊缝（立角焊缝）开始点	设定同 P003		保持焊枪 P010 点的姿态不变，将焊枪移到焊接作业开始位置
P012 登录第3道焊缝（立角焊缝）结束点	设定同 P004		按焊接参数要求，调整焊枪角度，把焊枪移到焊接作业结束位置
P013 登录第3道焊缝（立角焊缝）退枪避让点	设定同 P005	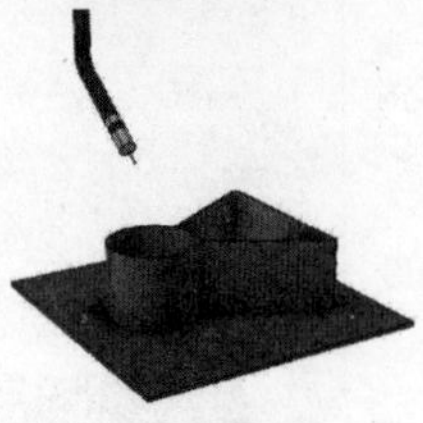	保持焊枪 P012 点的姿态不变，把焊枪移到不碰触夹具和工件的位置
P014 登录第4道焊缝（立角焊缝）作业临近点	设定同 P002		将焊枪移动至第4道焊缝过渡点，该点必须高于工件高度，以免焊接时焊枪撞击到工件。按焊接参数调整焊枪角度
P015 登录第4道焊缝（立角焊缝）开始点	设定同 P003		保持焊枪 P014 点的姿态不变，将焊枪移到焊接作业开始位置
P016 登录第4道焊缝（立角焊缝）结束点	设定同 P004		按焊接参数要求，调整焊枪角度，把焊枪移到焊接作业结束位置
P017 登录第4道焊缝（立角焊缝）退枪避让点	设定同 P005		保持焊枪 P016 点的姿态不变，把焊枪移到不碰触夹具和工件的位置

操作步骤	操作方法	图示	补充说明
P018 登录第 5 道焊缝（平角焊缝）作业临近点	设定同 P002		将焊枪移动至第 5 道焊缝过渡点，该点必须高于工件高度，以免焊接时焊枪撞击到工件。 按焊接参数调整焊枪角度
P019 登录第 5 道焊缝（平角焊缝）开始点	①机器人移动到焊接开始点，在追加状态下，按 ⇨ 登录。 ②将插补方式设定为 MOVEL。 ③示教点属性设定为 ☑（焊接点）。 ④按 ⇨ 保存示教点 P019 为焊接开始点	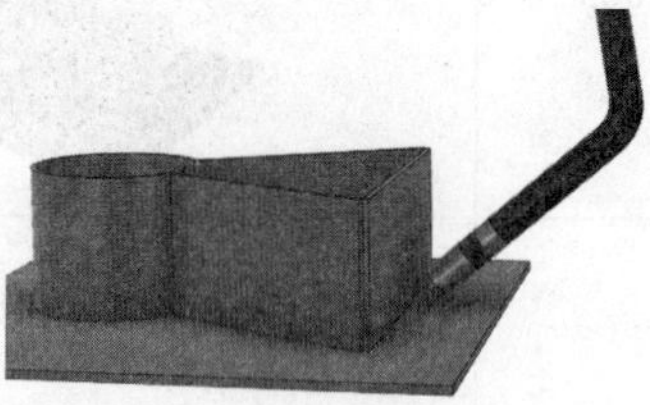	保持焊枪 P018 点的姿态不变，将焊枪移到焊接作业开始位置
P020 登录第 5 道焊缝（平角焊缝）中间点	①机器人移动到焊接中间点，在追加状态下，按 ⇨ 登录。 ②将插补方式设定为 MOVEL。 ③示教点属性设定为 ☑（焊接点）。 ④按 ⇨ 保存示教点 P020 为焊接中间点		保持焊枪 P019 点的姿态不变，在直角坐标系下将焊枪移动到左图所示位置

操作步骤	操作方法	图示	补充说明
P021 登录第 5 道焊缝（平角焊缝）中间点	设定同 P020		保持焊枪 P020 点的姿态不变，在直角坐标系下将焊枪移动到左图所示位置
P022 登录第 5 道焊缝（平角焊缝）中间点	设定同 P020		保持焊枪 P021 点的姿态不变，在直角坐标系下将焊枪移动到左图所示位置
P023 登录第 5 道焊缝（平角焊缝）中间点	设定同 P020		保持焊枪 P022 点的姿态不变，在直角坐标系下将焊枪移动到左图所示位置
P024 登录第 5 道焊缝（平角焊缝）中间点	设定同 P020		保持焊枪 P023 点的姿态不变，在直角坐标系下将焊枪移动到左图所示位置
P025 登录第 5 道焊缝（平角焊缝）中间点	①机器人移动到圆弧开始点，在追加状态下，按  ⇨ 登录。②将插补方式设定为 MOVEC。③示教点属性设定为  ↙（焊接点）。④按  ⇨ 保存示教点 P025 为焊接中间点		该点为第 5 道焊缝的圆弧段开始点，保持焊枪角度不变，建议在直角坐标系下，使用  Z（U 轴）改变焊枪姿态

操作步骤	操作方法	图示	补充说明
P026 登录第 5 道焊缝（平角焊缝）中间点	①机器人移动到圆弧中间点，在追加状态下，按 ⇨ 登录。②将插补方式设定为 MOVEC。③示教点属性设定为 ↙ （焊接点）。④按 ⇨ 保存示教点 P026 为焊接中间点	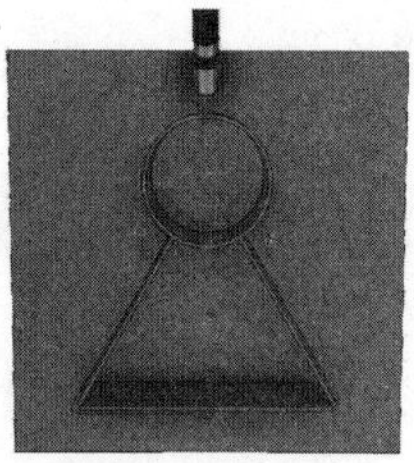	该点为第 5 道焊缝的圆弧段中间点，保持焊枪角度不变，建议在直角坐标系下，使用 ↯ （U 轴）改变焊枪姿态
P027 登录第 5 道焊缝（平角焊缝）中间点	①机器人移动到圆弧中间点，在追加状态下，按 ⇨ 登录。②将插补方式设定为 MOVEC。③示教点属性设定为 ↙ （焊接点）。④按 ⇨ 保存示教点 P027 为焊接中间点		该点为第 5 道焊缝的圆弧段结束点，保持焊枪角度不变，建议在直角坐标系下，使用 ↯ （U 轴）改变焊枪姿态
P028 登录第 5 道焊缝（平角焊缝）中间点	①机器人移动到焊接中间点，在追加状态下，按 ⇨ 登录。②将插补方式设定为 MOVEL。③示教点属性设定为 ↙ （焊接点）。④按 ⇨ 保存示教点 P028 为焊接中间点		保持焊枪 P027 点的姿态不变，在直角坐标系下将焊枪移动到左图所示位置
P029 登录第 5 道焊缝（平角焊缝）中间点	设定同 P028		保持焊枪 P028 点的姿态不变，在直角坐标系下将焊枪移动到左图所示位置

操作步骤	操作方法	图示	补充说明
P030 登录第5 道焊缝（平角焊缝）中间点	设定同 P028		保持焊枪 P029 点的姿态不变，在直角坐标系下将焊枪移动到左图所示位置
P031 登录第5 道焊缝（平角焊缝）中间点	设定同 P028	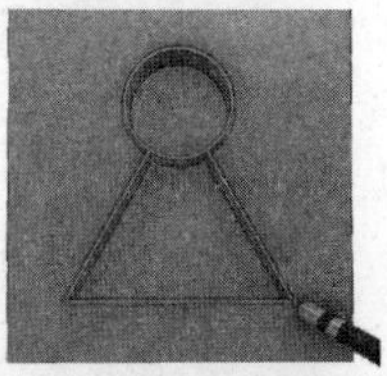	保持焊枪 P030 点的姿态不变，在直角坐标系下将焊枪移动到左图所示位置
P032 登录第5 道焊缝（平角焊缝）中间点	设定同 P028		保持焊枪 P31 点的姿态不变，在直角坐标系下将焊枪移动到左图所示位置
P033 登录第5 道焊缝（平角焊缝）结束点	①机器人移动到焊接结束点，在追加状态下，按  ⇨ 登录。②将插补方式设定为 MOVEL。③示教点属性设定为  ↙（空走点）。④按  ⇨ 保存示教点 P033 为焊接结束点		保持焊枪 P31 点的姿态不变，在直角坐标系下将焊枪移动到左图所示位置。结束点与开始点 5~10 mm 的重叠
P034 登录第5 道焊缝（平角焊缝）退枪避让点	①机器人移动到避让点，在追加状态下，按  ⇨ 登录。②将插补方式设定为 MOVEL。③示教点属性设定为  ↙（空走点）。④按  ⇨ 保存示教点 P034 为退枪避让点	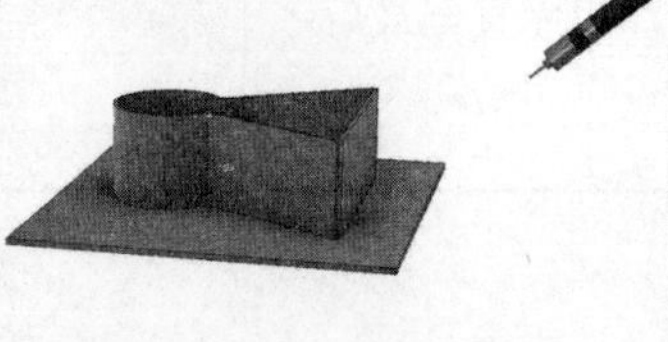	保持焊枪 P033 点的姿态不变，把焊枪移到不碰触夹具和工件的位置，建议在工具坐标系下操作

操作步骤	操作方法	图示	补充说明
P035 登录原点（结束）	①关闭机器人运行，进入编辑状态。 ②在用户功能键中单击复制图标 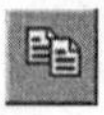 对应的按键。 ③拨动滚轮选中 P001 所在的行，侧击滚轮，复制该行程序。 ④拨动滚轮到 P034 所在的行，单击向下粘贴图标 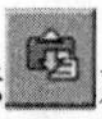 对应的功能键，将已复制的程序粘贴到当前行的下一行	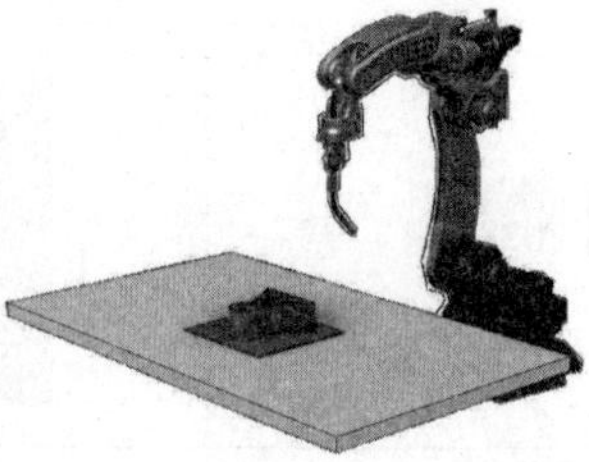	复制原点即可
修改焊接机器人施焊作业条件	①修改焊接开始规范； ②修改焊接开始动作次序； ③修改焊接结束规范； ④修改焊接结束动作次序	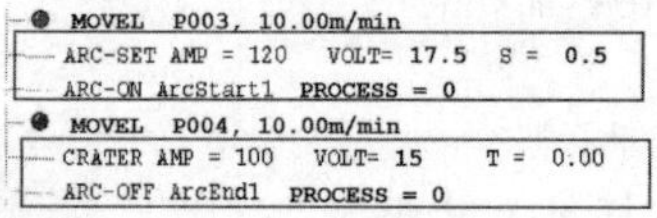 ● MOVEL P003, 10.00m/min — ARC-SET AMP = 120　VOLT= 17.5　S = 0.5 — ARC-ON ArcStart1　PROCESS = 0 ● MOVEL P004, 10.00m/min — CRATER AMP = 100　VOLT= 15　T = 0.00 — ARC-OFF ArcEnd1　PROCESS = 0	5 条焊缝分别进行修改
跟踪确认	①切换机器人至示教模式下的编辑状态，移动光标至跟踪开始点所在命令行。 ②点亮 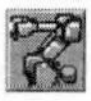 ，保持伺服指示灯 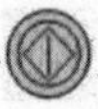 长亮。 ③开启跟踪功能，正向逐条跟踪程序直至最后一个示教点	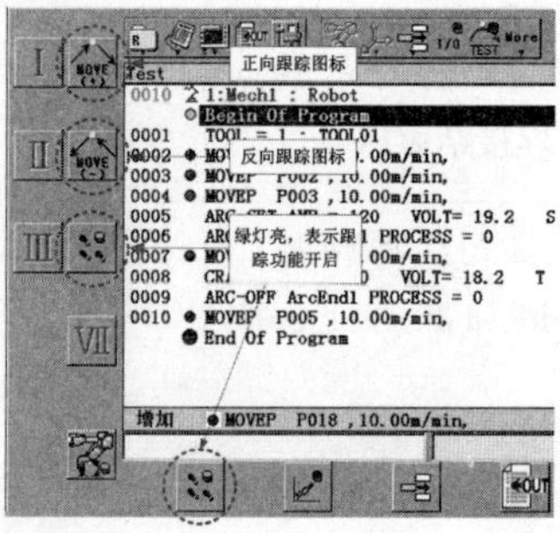	注意整个跟踪过程中光标的位置和程序行标的状态变化

CRAW 薄壁试件示教程序及释义如表 5 - 9 所示。

表 5 - 9　CRAW 薄壁试件示教程序及释义

		CRAW THIN PIECES TEST	
0056		1：Meach1：Robot	
	●	Begin Of Program	程序开始
0001		TOOL = 1：TOOL01	默认焊枪工具
0002	●	MOVEP P001，10.00m/min，	记录原点
0003	●	MOVEP P002，10.00m/min，	焊接作业临近点
0004	●	MOVEL P003，10.00m/min，	焊接开始点
0005		ARC - SET AMP = 120　VOLT = 17.5　S = 0.60	设定焊接参数
0006		ARC - ON ArcStart1 PROCESS = 0	起弧
0007	●	MOVEL P004，10.00m/min，	焊接终了点
0008		CRATER AMP = 90　VOLT = 16　T = 0.00	收弧规范
0009		ARC - OFF ArcEnd1 PROCESS = 0	熄弧
0010	●	MOVEL P005，10.00m/min，	退枪避让点
0011	●	MOVEP P006，10.00m/min，	焊接作业临近点
0012	●	MOVEL P007，10.00m/min，	焊接开始点
0013		ARC - SET AMP = 120　VOLT = 17.5　S = 0.60	设定焊接参数
0014		ARC - ON ArcStart1 PROCESS = 0	起弧
0015	●	MOVEL P008，10.00m/min，	焊接终了点
0016		CRATER AMP = 90　VOLT = 16　T = 0.00	收弧规范
0017		ARC - OFF ArcEnd1 PROCESS = 0	熄弧
0018	●	MOVEL P009，10.00m/min，	退枪避让点
0019	●	MOVEP P010，10.00m/min，	焊接作业临近点
0020	●	MOVEL P011，10.00m/min，	焊接开始点
0021		ARC - SET AMP = 130　VOLT = 17.8　S = 0.50	设定焊接参数
0022		ARC - ON ArcStart1 PROCESS = 0	起弧
0023	●	MOVEL P012，10.00m/min，	焊接终了点
0024		CRATER AMP = 100　VOLT = 16　　T = 0.00	收弧规范
0025		ARC - OFF ArcEnd1 PROCESS = 0	熄弧
0026	●	MOVEL P013，10.00m/min，	退枪避让点
0027	●	MOVEP P014，10.00m/min，	焊接作业临近点
0028	●	MOVEL P015，10.00m/min，	焊接开始点
0029		ARC - SET AMP = 130　VOLT = 17.8　S = 0.50	设定焊接参数
0030		ARC - ON ArcStart1 PROCESS = 0	起弧

CRAW THIN PIECES TEST			
0031	●	MOVEL P016 , 10.00m/min,	焊接终了点
0032		CRATER AMP = 100　VOLT = 16.8　T = 0.00	收弧规范
0033		ARC – OFF ArcEnd1 PROCESS = 0	熄弧
0034	●	MOVEL P017 , 10.00m/min,	退枪避让点
0035	●	MOVEP P018 , 10.00m/min,	焊接作业临近点
0036	●	MOVEL P019 , 10.00m/min,	焊接开始点
0037		ARC – SET AMP = 145　VOLT = 18　S =　0.40	设定焊接参数
0038		ARC – ON ArcStart1 PROCESS = 0	起弧
0039	●	MOVEL P020 , 10.00m/min,	
0040	●	MOVEL P021 , 10.00m/min,	
0041	●	MOVEL P022 , 10.00m/min,	折线轨迹中间点
0042	●	MOVEL P023 , 10.00m/min,	
0043	●	MOVEL P024 , 10.00m/min,	
0044	●	MOVEC P025 , 10.00m/min,	圆弧焊接开始点
0045	●	MOVEC P026 , 10.00m/min,	圆弧轨迹中间点
0046	●	MOVEC P027 , 10.00m/min,	圆弧轨迹结束点
0047	●	MOVEL P028 , 10.00m/min,	直线轨迹开始点
0048	●	MOVEL P029 , 10.00m/min,	
0049	●	MOVEL P030 , 10.00m/min,	折线轨迹中间点
0050	●	MOVEL P031 , 10.00m/min,	
0051	●	MOVEL P032 , 10.00m/min,	
0052	●	MOVEL P033 , 10.00m/min,	焊接结束点
0053		CRATER AMP = 100　VOLT = 16.8　T = 0.00	收弧规范
0054		ARC – OFF ArcEnd1 PROCESS = 0	熄弧
0055	●	MOVEL P034 , 10.00m/min,	退枪避让点
0056	●	MOVEP P035 , 10.00m/min,	回原点
	●	End Of Program	程序结束

三、试件焊接

CRAW 薄壁试件焊接操作步骤如表 5 – 10 所示。

表 5 – 10 CRAW 薄壁试件焊接操作步骤

操作步骤	操作方法	图示
焊前检查	①程序经过跟踪、确认无误，检查供丝、供气系统及焊接机器人工作环境无误。 ②在编辑状态下，移动光标到程序开始	 CRAW THIN PIECES TEST.prg CRAW THIN PIECES TEST.prg 1:Mech1 : Robot Begin Of Program TOOL = 1 : TOOL01 MOVEP P001, 10.00m/min
模式切换	①插入示教器钥匙。 ②将示教器模式选择开关旋至 AUTO	
启动焊接	①轻握安全开关，按压伺服开关，保持伺服指示灯长亮。 ②按下启动按钮开始焊接	

任务评价

焊接完成后，要对焊缝质量进行评价，表 5 – 11 所示为（RAW 薄壁试件）焊缝外观质量评分表，满分 40 分。缺欠分类按 GB/T 6417.1—2005《金属熔化焊接头缺欠分类及说明》执行，质量分级按 GB/T 19418—2003《钢的弧焊接头缺陷质量分级指南》执行。

表 5 – 11 CRAW 薄壁试件焊缝外观评分表

明码号		评分员签名				合计分		
检查项目	评判标准及得分	评判等级				测评数据	实得分数	备注
		I	II	III	IV			
焊脚尺寸	尺寸标准/mm	>3.6~4.3	>4.3，≤3.6	>4.7，≤3.1	>5.2，≤2.8			
	得分标准	10 分	8 分	6 分	3 分			

明码号		评分员签名				合计分		
检查项目	评判标准 及得分	评判等级				测评 数据	实得 分数	备注
		I	II	III	IV			
焊脚宽度	尺寸标准/mm	>4.5~5.5	>5.5，≤4.5	>6，≤4	>6.5，≤3.5			
	得分标准	10分	8分	3分	3分			
咬边	尺寸标准/mm	0	深度≤0.5 长度≤15		深度>0.5 长度>30			
	得分标准	10分	长度每1 mm减1分		0			
正面 成型	标准	优	良	中	差			
	得分标准	10分	8分	6分	3分			

注：焊缝正反两面有裂纹、未熔合、未焊透缺陷或出现焊件修补、操作未在规定时间内完成，该项做0分处理

任务 5-2　CRAW 中厚壁试件编程与焊接

任务引入

CRAW 中厚壁试件编程与焊接是焊接机器人操作资格考试的测试项目之一，完成考核任务首先要读懂图纸，按要求准备好工件。在符合图纸上焊接要求的前提下，确定焊接顺序、焊接方向，规划示教点。操作机器人进行示教编程、程序编辑、设定参数，经跟踪确认后实施焊接，填写操作记录表。最后对焊接质量进行评估。

任务描述

本任务在焊接机器人实训场进行，使用设备为唐山松下 TA/B1400 型焊接机器人，手动操作机器人完成 CRAW 中厚壁试件（图 5-11）的编程与焊接，试件是由 2 块 Q235B 型钢板，尺寸分别为 200 mm×100 mm×12 mm×1 片（板上开一个 φ25 mm 的定位焊孔）、125 mm×100 mm×12 mm×1 片。准备一段 φ50 mm×50 mm 的 A3 钢棒。评估焊接质量，填写焊接机器人实际操作记录和焊接质量评估表。

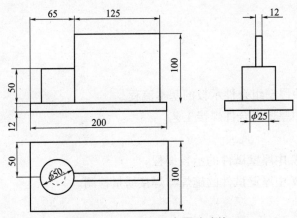

图 5 – 11　CRAW 中厚壁试件

本任务使用工具和设备如表 5 – 12 所示。

表 5 – 12　本任务使用工具和设备

名　称	型　号	数　量
机器人本体	TA/B 1400	1 台
焊接电源	松下 YD – 35GR W 型	1 个
控制柜（含变压器）	GIII 型	1 个
示教器	AUR01060 型	1 个
焊丝	ER50 – 6、ϕ1.2 mm	1 盘
保护气瓶	80% Ar + 20% CO_2	1 瓶
头戴式面罩	自定	1 个
纱手套	自定	1 副
钢丝刷	自定	1 把
尖嘴钳	自定	1 把
活动扳手	自定	1 把
钢直尺	自定	1 把
敲渣锤	自定	1 把
焊接夹具	自定	1 套
焊缝测量尺	自定	1 把
角向磨光机	自定	1 台
劳保用品	帆布工作服、工作鞋	1 套

● 知识目标

1. 掌握机器人中厚壁组合件示教的基本流程。

2. 掌握机器人中厚壁组合件焊接工艺。

● 技能目标

1. 能进行 CRAW 中厚壁试件的示教编程。

2. 能进行 CRAW 中厚壁试件的施焊与焊接质量检测。

相关知识

1. CRAW 中厚壁试件轨迹示教点规划

根据 CRAW 中厚壁焊接实操考试标准，试件包括 4 条焊缝，如图 5 – 12 所示，其中两条立角焊缝、两条平角焊缝，均为对称焊缝，因此在试件装夹时要注意装夹摆放位置，如图 5 – 13 所示。在焊接时，先进行两条立角焊缝焊接，再进行两条平角焊缝焊接，按照 1、2、3、4 的顺序进行。

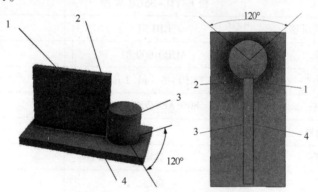

图 5 – 12　CRAW 中厚壁试件焊缝位置及顺序

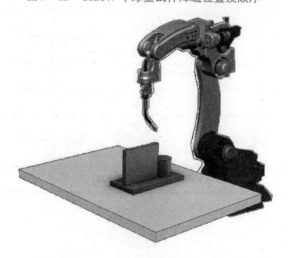

图 5 – 13　CRAW 中厚壁试件装夹位置

CRAW 中厚壁试件的四条焊缝中，第 1、2 两条焊缝从上往下立角焊，在焊接开始点后设置两个摆动振幅点，其设置类似任务 4-2 中厚板直线立角焊缝盖面焊，示教点规划如图 5-14 所示，示教流程如图 5-15 所示。

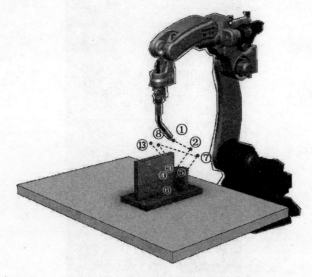

图 5-14 CRAW 中厚壁试件第 1、2 道焊缝示教点规划

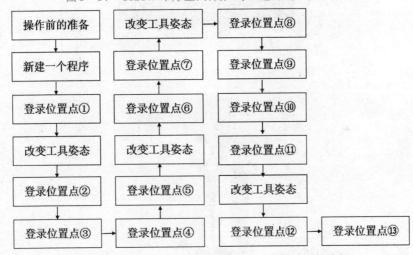

图 5-15 CRAW 中厚壁试件第 1、2 道焊缝示教流程

第 3、4 条焊缝从前往后平角焊，焊缝前部分轨迹为直线，后部分轨迹为圆弧，由于直线轨迹结束点和圆弧轨迹开始点的焊枪角度变化过大，需要在前后两部分轨迹连接的转角处设置过渡点，保证轨迹曲线平滑过渡，转角过渡点的设置方法与任务 4-2 中平角焊缝相同。同前两条立焊缝一样，分别在直线开始点和圆弧开始后设置两个振幅点。第 3、4 条平角焊缝的示教点规划如图 5-16 所示，示教流程如 5-17 所示。

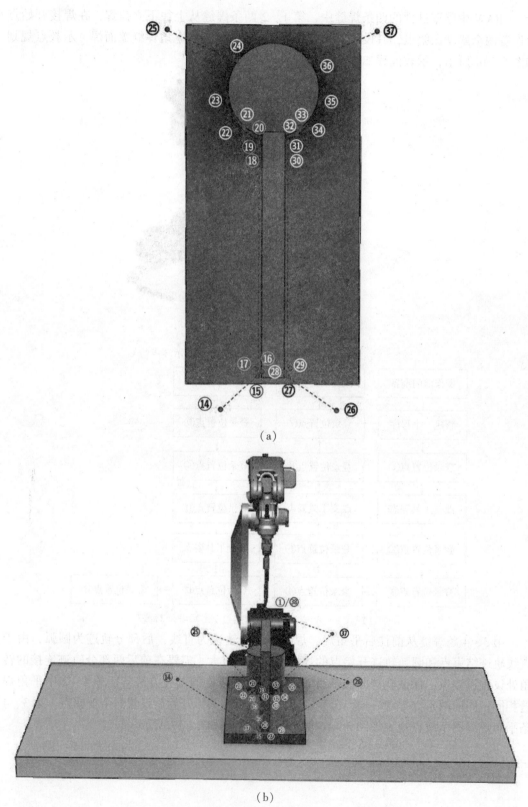

(a)

(b)

图 5 –16　CRAW 中厚壁试件第 3、4 道焊缝示教点规划

图 5 - 17 CRAW 中厚壁试件第 3、4 道焊缝示教流程

2. CRAW 中厚壁试件示教点属性设置

CRAW 中厚壁试件第 1、2 道立角焊缝为直线摆动轨迹，示教点的属性如图 5 - 18、图 5 - 19 所示。

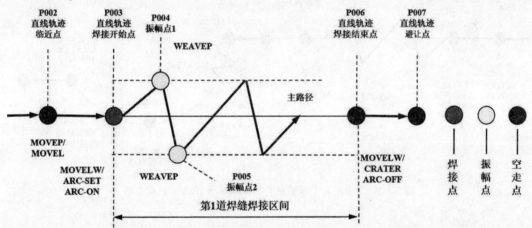

图 5 - 18 CRAW 中厚壁试件第 1 道立角焊缝示教点属性

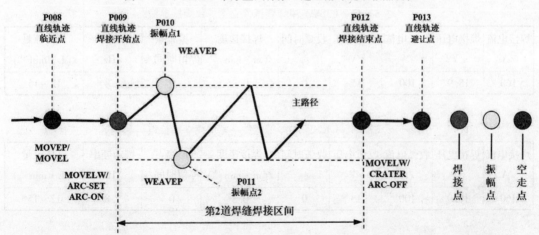

图 5 - 19 CRAW 中厚壁试件第 2 道立角焊缝示教点属性

CRAW 中厚壁试件第 3、4 条平角焊缝为圆弧加直线摆动轨迹，示教点属性如图 5 -

20、图 5 - 21 所示。

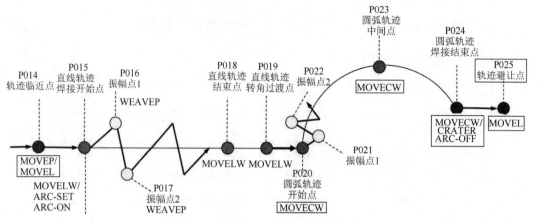

图 5 - 20　CRAW 中厚壁试件第 3 条平角焊缝示教点属性

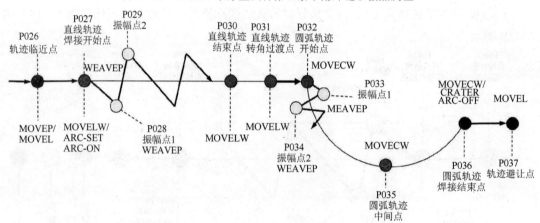

图 5 - 21　CRAW 中厚壁试件第 4 条平角焊缝示教点属性

3. CRAW 中厚壁试件焊接参数设置

CRAW 中厚壁试件焊接参数如表 5 - 13、表 5 - 14 所示。

表 5 - 13　CRAW 中厚壁试件立角焊缝焊接参数

焊接电流 /A	焊接电压 /V	收弧电流 /A	收弧电压 /V	收弧时间 /s	焊接速度 /(m·min⁻¹)	振幅点 停留时间/s	摆动频率 /Hz	气体流量 /(L·min⁻¹)
160	18.9	100	15	0	0.3	0	1.8	12～15

表 5 - 14　CRAW 中厚壁试件平角焊缝焊接参数

焊接电流 /A	焊接电压 /V	收弧电流 /A	收弧电压 /V	收弧时间 /s	焊接速度 /(m·min⁻¹)	振幅点 停留时间/s	摆动频率 /Hz	气体流量 /(L·min⁻¹)
160	18.9	100	15	0	0.3	0	1.8	12～15

CRAW 中厚壁试件第 1、2 道立角焊缝焊枪角度如表 5 - 15，由于 A3 钢棒的厚度大于 Q235B 型钢板，从焊接工艺性考虑，焊枪应该更多指向 A3 钢棒。数值仅供参考，以图

5 - 14所示的焊枪姿态为目标调整姿态。

表 5 - 15　CRAW 中厚壁试件第 1、2 道立角焊缝焊枪角度

编号	焊枪角度			位置点
	$U / (°)$	$V / (°)$	$W / (°)$	
P001	180	45	180	原点（起始）
P002	-130	90	0	焊缝 1 临近点
P003	-130	90	0	焊缝 1 开始点
P004	-130	90	0	焊缝 1 摆动振幅点 1
P005	-130	90	0	焊缝 1 摆动振幅点 2
P006	-130	60	0	焊缝 1 结束点
P007	-130	60	0	焊缝 1 避让点
P008	130	90	180	焊缝 2 临近点
P009	130	90	180	焊缝 2 开始点
P010	130	90	180	焊缝 2 摆动振幅点 1
P011	130	90	180	焊缝 2 摆动振幅点 2
P012	130	60	180	焊缝 2 结束点
P013	130	60	180	焊缝 2 避让点

图 5 - 22　CRAW 中厚壁试件第 1、2 道立角焊缝焊枪姿态

CRAW 中厚壁试件第 3、4 道立角焊缝焊枪姿态如表 5 - 16 所示，其中焊枪转角 V 保持在 45°，圆弧上的 3 个示教点其焊枪应指向圆心，数值仅供参考，以图 5 - 23 所示的焊枪姿态为目标调整姿态。

表 5 - 16　CRAW 中厚壁试件第 3、4 道平角焊缝焊枪姿态

编号	焊枪姿态			位置点
	$U / (°)$	$V / (°)$	$W / (°)$	
P014	90	45	0	焊缝 3 临近点
P015	90	45	0	焊缝 3 开始点
P016	90	45	0	焊缝 3 直线摆动振幅点 1
P017	90	45	0	焊缝 3 直线摆动振幅点 2
P018	90	45	0	焊缝 3 直线中间点

编号	焊枪姿态			位置点
	U/ (°)	V/ (°)	W/ (°)	
P019	150	45	0	焊缝 3 转角过渡点
P020	170	45	180	焊缝 3 圆弧开始点
P021	170	45	180	焊缝 3 圆弧摆动振幅点 1
P022	170	45	180	焊缝 3 圆弧摆动振幅点 2
P023	90	45	180	焊缝 3 圆弧中间点
P024	60	45	0	焊缝 3 圆弧结束点
P025	60	45	0	焊缝 3 避让点
P026	−90	45	0	焊缝 4 临近点
P027	−90	45	0	焊缝 4 开始点
P028	−90	45	0	焊缝 4 直线摆动振幅点 1
P029	−90	45	0	焊缝 4 直线摆动振幅点 2
P030	−90	45	0	焊缝 4 直线中间点
P031	−150	45	0	焊缝 4 转角过渡点
P032	−170	45	180	焊缝 4 圆弧开始点
P033	−170	45	180	焊缝 4 圆弧摆动振幅点 1
P034	−170	45	180	焊缝 4 圆弧摆动振幅点 2
P035	−90	45	180	焊缝 4 圆弧中间点
P036	−60	45	0	焊缝 4 圆弧结束点
P037	−60	45	0	焊缝 4 避让点
P038	−180	45	180	原点（终了）

图 5 - 23　CRAW 中厚壁试件第 3、4 道平角焊缝焊枪姿态

任务 5 - 2　CRAW 中厚壁试件编程与焊接

一、示教前准备

示教前准备步骤如表 5 - 17 所示。

表 5 - 17　示教前准备步骤

操作步骤	操作方法	图示
工件准备	工件表面清理，清除焊缝两侧各20 mm范围内的油、锈、水分及其他污物，并用角向磨光机磨光出金属光泽	
装配定位	装配时注意使板内侧的边线对齐，无错边。定位焊点长度 10 ~ 15 mm	不焊接　焊接要求：1. 焊缝1、4连续焊接。2. 焊缝2、3连续焊接。
工件装夹	利用夹具将工件固定在机器人工作台上	

二、示教编程

CRAW 中厚壁试件焊缝示教操作步骤如表 5 - 18 所示。

表 5 - 18　CRAW 中厚壁试件焊缝示教操作步骤

操作步骤	操作方法	图示	补充说明
新建程序	① 机器人原点确认。②新建程序		

操作步骤	操作方法	图示	补充说明
P001 登录原点（起始）	①机器人原点，在追加状态下，直接按 ⇨ 登录。 ②将插补方式设定为 MOVEP。 ③示教点属性设定为 ✐（空走点）。 ④按 ⇨ 保存示教点 P001 为原点	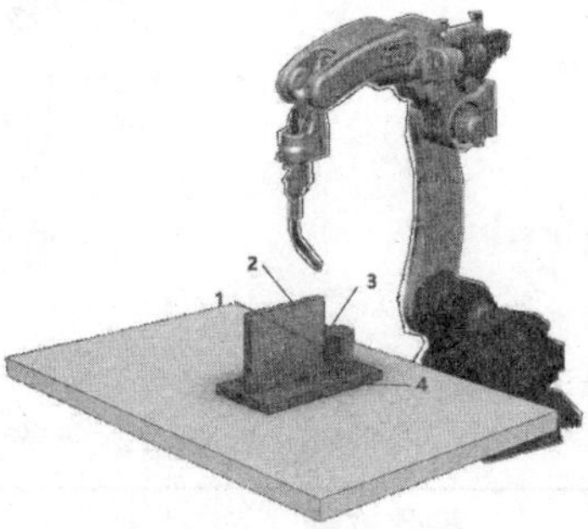	按照 1、2、3、4 四条焊缝的焊接顺序进行焊接
P002 登录第 1 道焊缝（立角焊缝）作业临近点	①机器人移动到作业临近点，在追加状态下，按 ⇨ 登录。 ②将插补方式设定为 MOVEP/MOVEL。 ③示教点属性设定为 ✐（空走点）。 ④按 ⇨ 保存示教点 P002 为作业临近点		将焊枪移动至过渡点，该点必须高于工件高度，以免焊接时焊枪撞击到工件。 焊枪角度按参数进行调整
P003 登录第 1 道焊缝（立角焊缝）开始点	①机器人移动到焊接开始点，在追加状态下，按 ⇨ 登录。 ②将插补方式设定为 MOVELW。 ③示教点属性设定为 ✐（焊接点）。 ④按 ⇨ 保存示教点 P003 为焊接开始点	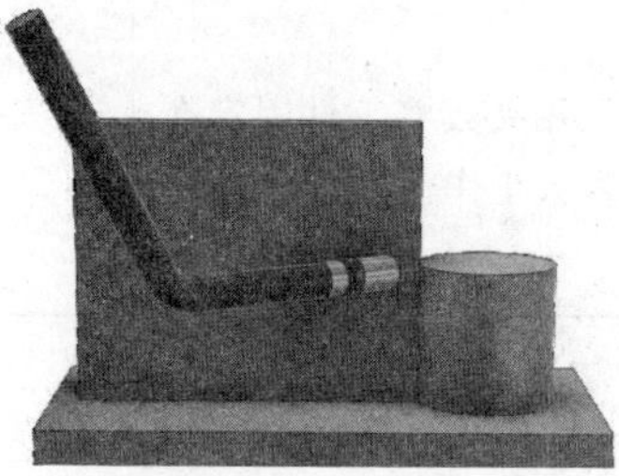	保持焊枪 P002 点的姿态不变，将焊枪移到焊接作业开始位置
P004 登录第 1 道焊缝（立角焊缝）振幅点 1	①在弹出的"将下一示教点作为振幅点登录吗?"对话框中，单击界面上的【Yes】按钮或按 ⇨ 将焊接开始点后 2 点自动设置为 WEAVEP。 ②机器人移动到摆动振幅点 1 位置，按 ⇨ 登录	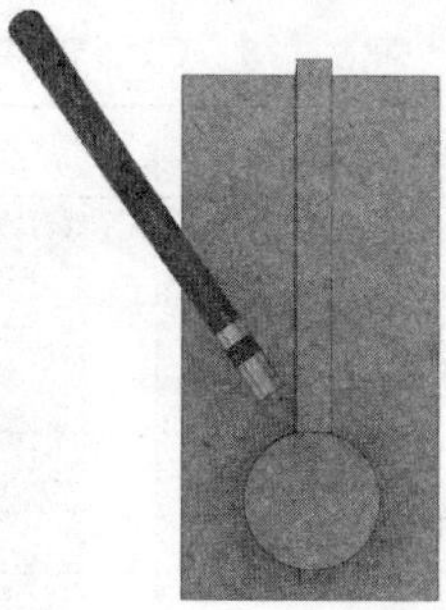	保持焊枪 P003 点的姿态不变，建议在直角坐标系下将焊枪移到摆动振幅点 1

操作步骤	操作方法	图示	补充说明
P005 登录第 1 道焊缝（立角焊缝）振幅点 2	①在弹出的"将下一示教点作为振幅点登录吗?"对话框中，单击界面上的【Yes】按钮或按 ⇨ 设置 WEAVEP。②机器人移动到摆动振幅点 2 位置，按 ⇨ 登录	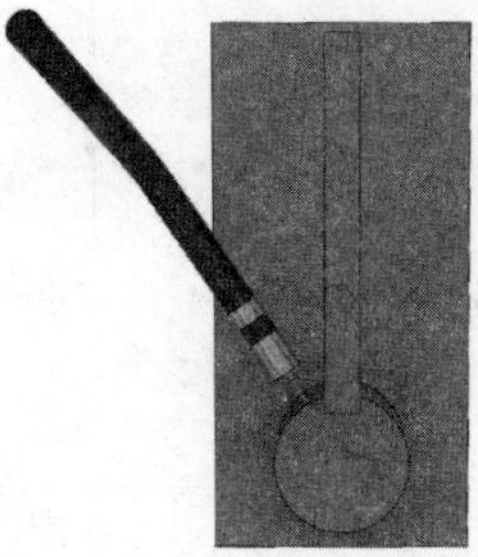	保持焊枪 P004 点的姿态不变，建议在直角坐标系下将焊枪移到摆动振幅点 2
P006 登录第 1 道焊缝（立角焊缝）结束点	①机器人移动到焊接结束点，在追加状态下，按 ⇨ 登录。②将插补方式设定为 MOVELW。③示教点属性设定为 ☑（空走点）。④按 ⇨ 保存示教点 P006 为焊接结束点		按焊接参数调整焊枪角度，将焊枪移到焊接作业结束位置
P007 登录第 1 道焊缝（立角焊缝）退枪避让点	①机器人移动到避让点，在追加状态下，按 ⇨ 登录。②将插补方式设定为 MOVEL。③示教点属性设定为 ☑（空走点）。④按 ⇨ 保存示教点 P007 为退枪避让点		保持焊枪 P006 点的姿态不变，把焊枪移到不碰触夹具和工件的位置，建议在工具坐标系下操作
P008 登录第 2 道焊缝（立角焊缝）作业临近点	设定同 P002		将焊枪移动至过渡点，该点必须高于工件高度，以免焊接时焊枪撞击到工件。焊枪角度按参数进行调整

操作步骤	操作方法	图示	补充说明
P009 登录第 2 道焊缝（立角焊缝）开始点	设定同 P003		保持焊枪 P008 点的姿态不变，将焊枪移到焊接作业开始位置
P010 登录第 2 道焊缝（立角焊缝）振幅点 1	设定同 P004	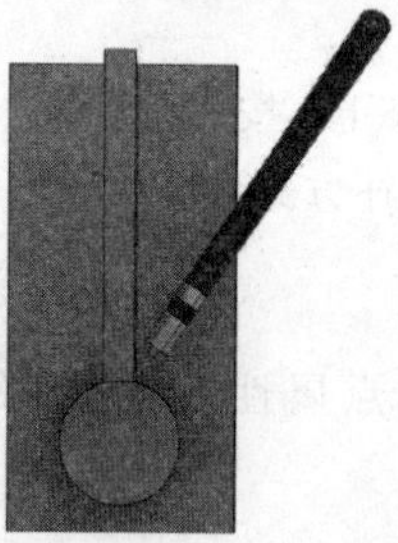	保持焊枪 P009 点的姿态不变，建议在直角坐标系下将焊枪移到摆动振幅点 1
P011 登录第 2 道焊缝（立角焊缝）振幅点 2	设定同 P005	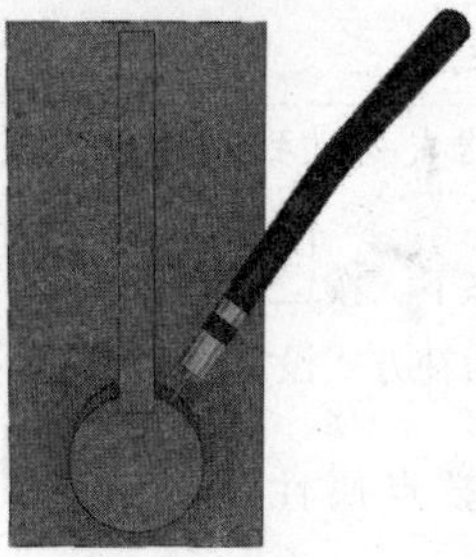	保持焊枪 P010 点的姿态不变，建议在直角坐标系下将焊枪移到摆动振幅点 2
P012 登录第 2 道焊缝（立角焊缝）结束点	设定同 P006		按焊接参数要求，调整焊枪角度，把焊枪移到焊接作业结束位置

操作步骤	操作方法	图示	补充说明
P013 登录第2道焊缝（立角焊缝）退枪避让点	设定同 P007		保持焊枪 P012 点的姿态不变，把焊枪移到不碰触夹具和工件的位置
P014 登录第3道焊缝（平角焊缝）作业临近点	设定同 P002	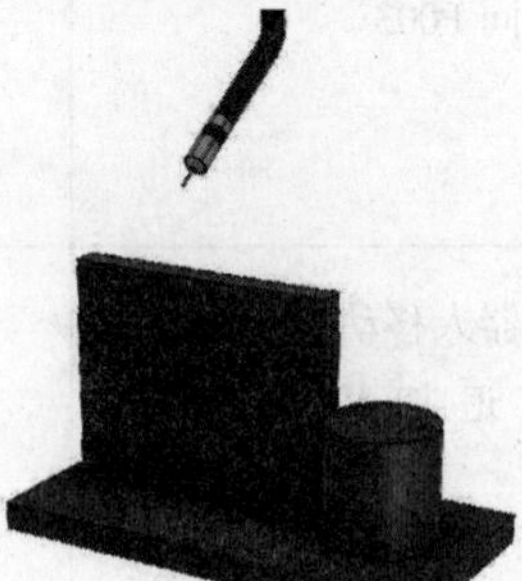	将焊枪移动至过渡点，该点必须高于工件高度，以免焊接时焊枪撞击到工件。按焊接参数调整焊枪角度
P015 登录第3道焊缝（平角焊缝）开始点	设定同 P003	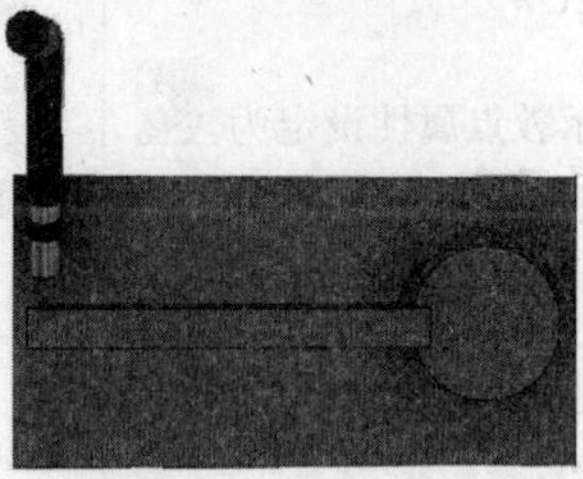	保持焊枪 P014 点的姿态不变，将焊枪移到焊接作业开始位置
P016 登录第3道焊缝（平角焊缝）直线振幅点 1	设定同 P004	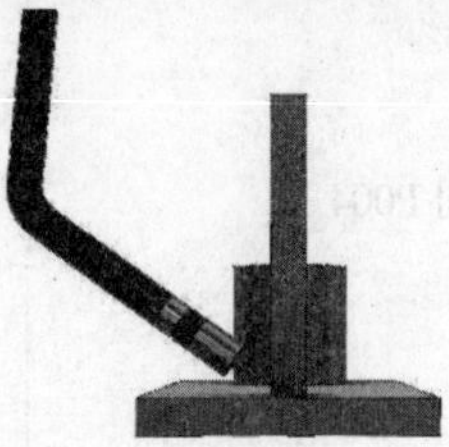	保持焊枪 P015 点的姿态不变，建议在直角坐标系下将焊枪移到摆动振幅点 1
P017 登录第3道焊缝（平角焊缝）直线振幅点 2	设定同 P005	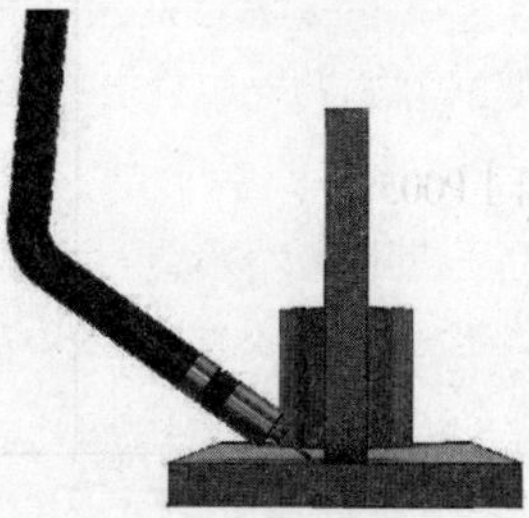	保持焊枪 P016 点的姿态不变，建议在直角坐标系下将焊枪移到摆动振幅点 2

操作步骤	操作方法	图示	补充说明
P018 登录第 3 道焊缝（平角焊缝）中间点	设定同 P003	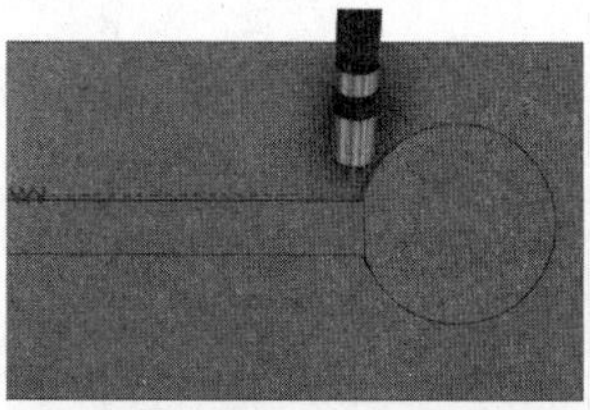	保持焊枪 P017 点的姿态不变，将焊枪移到左图所示位置
P019 登录第 3 道焊缝（平角焊缝）转角过渡点	设定同 P003	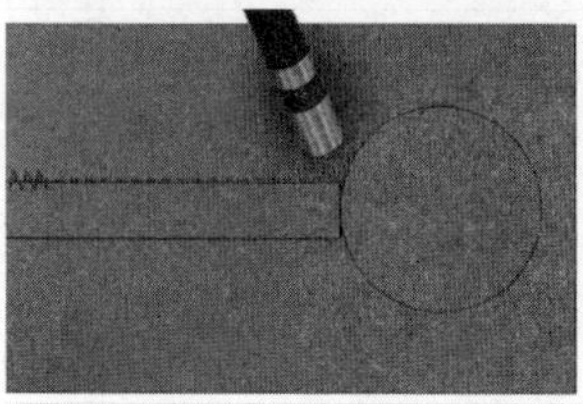	保持焊枪 P018 点的姿态不变，将焊枪移到左图所示位置
P020 登录第 3 道焊缝（平角焊缝）圆弧开始点	①机器人移动到圆弧开始点，在追加状态下，按  ⬜ 登录。②将插补方式设定为 MOVECW。③示教点属性设定为  ⬜（焊接点）。④按  ⬜ 保存示教点 P020 为圆弧开始点	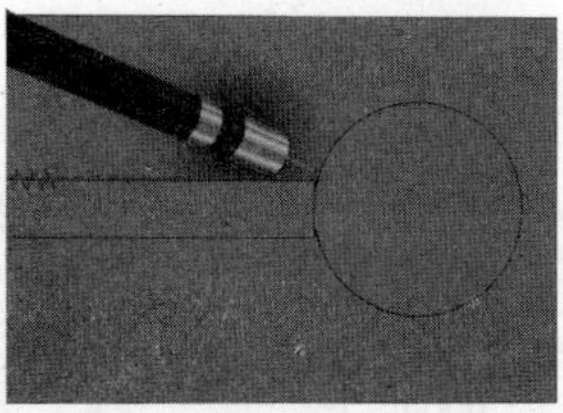	为了保证焊枪角度不变，建议在直角坐标系下，使用  ⬜（U 轴）改变焊枪姿态
P021 登录第 3 道焊缝（平角焊缝）圆弧振幅点 1	设定同 P004		保持焊枪 P020 点的姿态不变，建议在直角坐标系下将焊枪移到摆动振幅点 1
P022 登录第 3 道焊缝（平角焊缝）圆弧振幅点 2	设定同 P005		保持焊枪 P021 点的姿态不变，建议在直角坐标系下将焊枪移到摆动振幅点 2

操作步骤	操作方法	图示	补充说明
P023 登录第 3 道焊缝（平角焊缝）圆弧中间点	设定同 P020	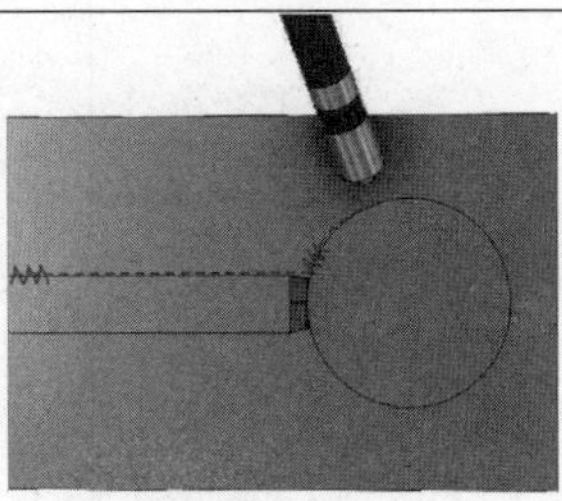	为了保证焊枪角度不变，建议在直角坐标系下，使用  （U 轴）改变焊枪姿态
P024 登录第 3 道焊缝（平角焊缝）圆弧结束点	①机器人移动到焊接结束点，在追加状态下，按  登录。 ②将插补方式设定为 MOVECW。 ③示教点属性设定为  （空走点）。 ④按  保存示教点 P024 为焊接结束点	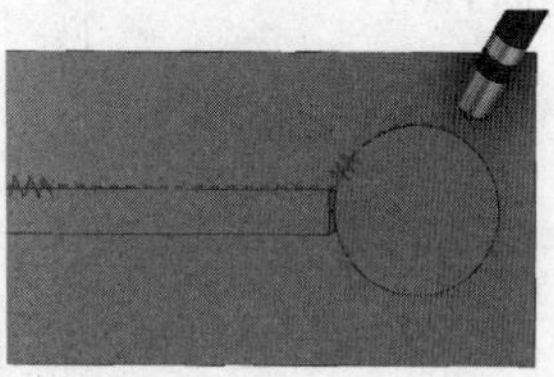	为了保证焊枪角度不变，建议在直角坐标系下，使用  （U 轴）改变焊枪姿态
P025 登录第 3 道焊缝（平角焊缝）退枪避让点	设定同 P007		保持焊枪 P024 点的姿态不变，把焊枪移到不碰触夹具和工件的位置
P026 登录第 4 道焊缝（平角焊缝）作业临近点	设定同 P002		将焊枪移动至过渡点，该点必须高于工件高度，以免焊接时焊枪撞击到工件。 按焊接参数调整焊枪角度
P027 登录第 4 道焊缝（平角焊缝）开始点	设定同 P003	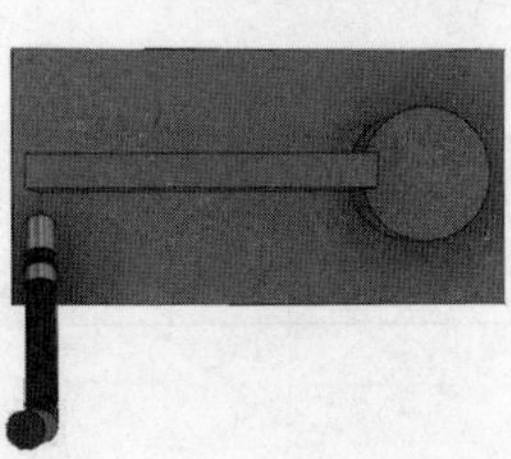	保持焊枪 P026 点的姿态不变，将焊枪移到焊接作业开始位置

操作步骤	操作方法	图示	补充说明
P028 登录第4 道焊缝（平角焊缝）直线振幅点 1	设定同 P004		保持焊枪 P027点的姿态不变，建议在直角坐标系下将焊枪移到摆动振幅点 1
P029 登录第4 道焊缝（平角焊缝）直线振幅点 2	设定同 P005	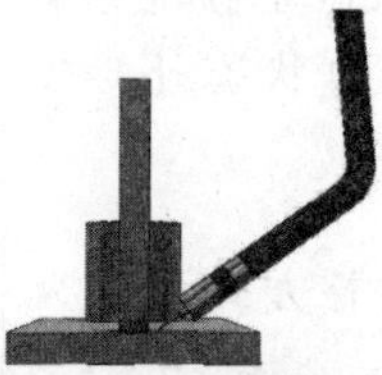	保持焊枪 P028点的姿态不变，建议在直角坐标系下将焊枪移到摆动振幅点 2
P030 登录第4 道焊缝（平角焊缝）中间点	设定同 P003	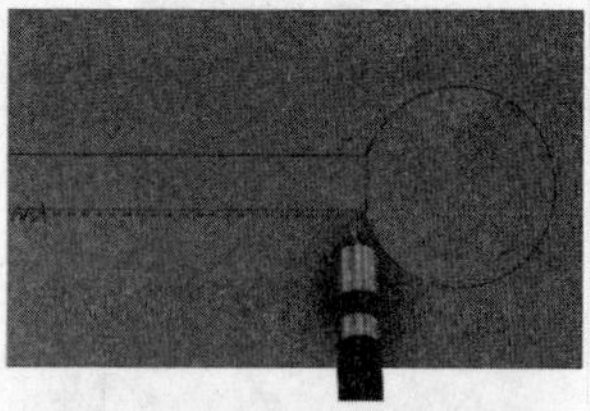	保持焊枪 P029点的姿态不变，将焊枪移到左图所示位置
P031 登录第4 道焊缝（平角焊缝）转角过渡点	设定同 P003	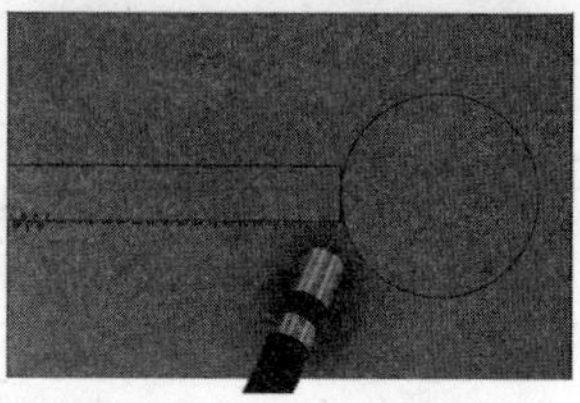	保持焊枪 P030点的姿态不变，将焊枪移到左图所示位置
P032 登录第4 道焊缝（平角焊缝）圆弧开始点	①机器人移动到圆弧开始点，在追加状态下，按  ⇨ 登录。 ②将插补方式设定为 MOVECW。 ③示教点属性设定为  ✔ （焊接点）。 ④按  ⇨ 保存示教点 P032 为圆弧开始点	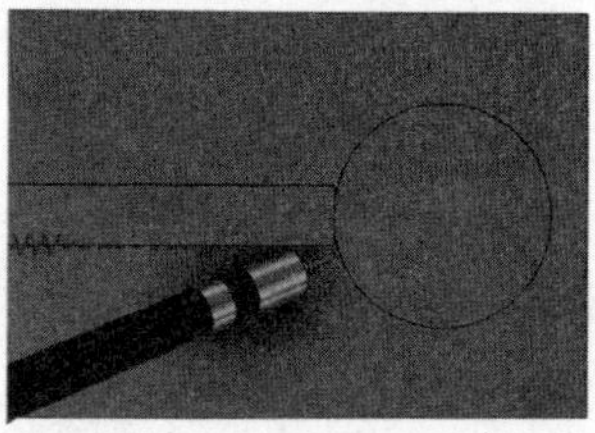	为了保证焊枪角度不变，建议在直角坐标系下，使用  ⟨ （U 轴）改变焊枪姿态

操作步骤	操作方法	图示	补充说明
P033 登录第4道焊缝（平角焊缝）圆弧振幅点1	设定同 P004		保持焊枪 P032 点的姿态不变，建议在直角坐标系下将焊枪移到摆动振幅点1
P034 登录第4道焊缝（平角焊缝）圆弧振幅点2	设定同 P005	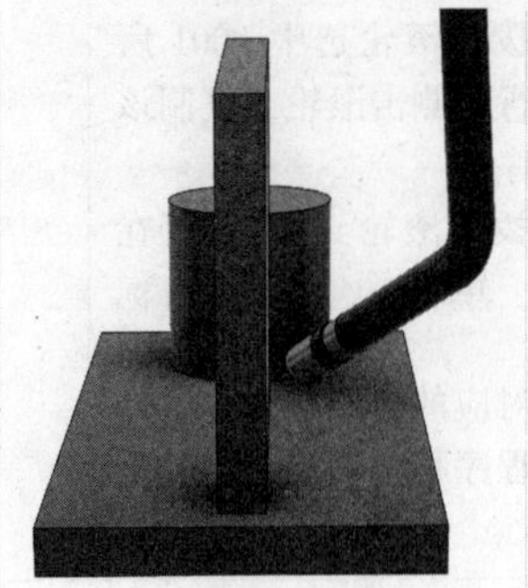	保持焊枪 P033 点的姿态不变，建议在直角坐标系下将焊枪移到摆动振幅点2
P035 登录第4道焊缝（平角焊缝）圆弧中间点	设定同 P020		为了保证焊枪角度不变，建议在直角坐标系下，使用（U轴）改变焊枪姿态 
P036 登录第4道焊缝（平角焊缝）圆弧结束点	①机器人移动到焊接结束点，在追加状态下，按登录。②将插补方式设定为MOVECW。③示教点属性设定为（空走点）。④按保存示教点 P36 为焊接结束点   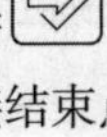	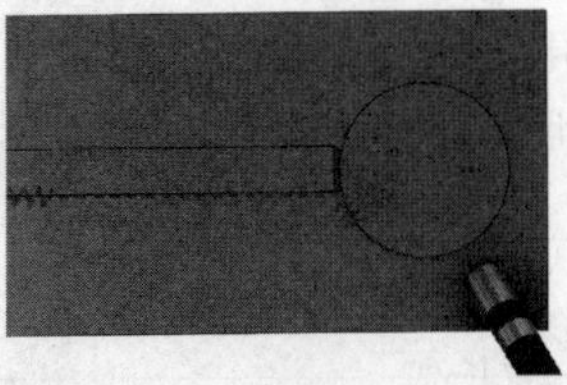	为了保证焊枪角度不变，建议在直角坐标系下，使用（U轴）改变焊枪姿态 

操作步骤	操作方法	图示	补充说明
P037 登录第4道焊缝（平角焊缝）退枪避让点	设定同 P007	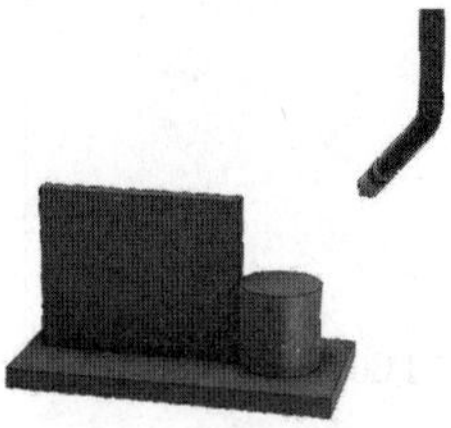	保持焊枪 P036 点的姿态不变，把焊枪移到不碰触夹具和工件的位置
P038 登录原点（结束）	①关闭机器人运行，进入编辑状态。②在用户功能键中单击复制图标  对应的按键。③拨动滚轮选中 P001 所在的行，侧击滚轮，复制该行程序。④拨动滚轮到 P037 所在的行，单击向下粘贴图标  对应的功能键，将已复制的程序粘贴到当前行的下一行	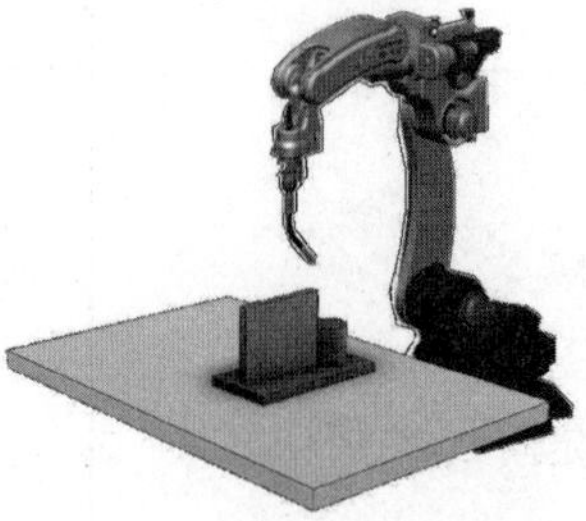	复制原点即可
修改摆动参数	按焊接参数修改摆动类型、频率、振幅点停留时间	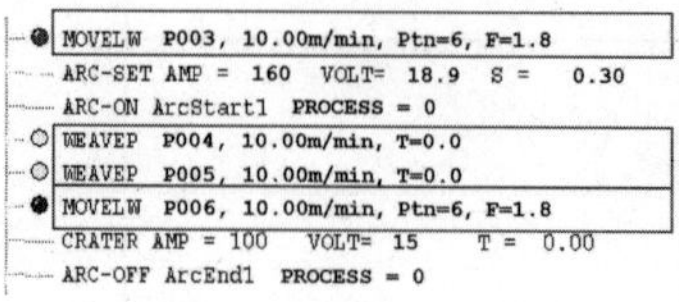	直线摆动和圆弧摆动参数均要修改
修改焊接机器人施焊作业条件	①修改焊接开始规范；②修改焊接开始动作次序；③修改焊接结束规范；④修改焊接结束动作次序	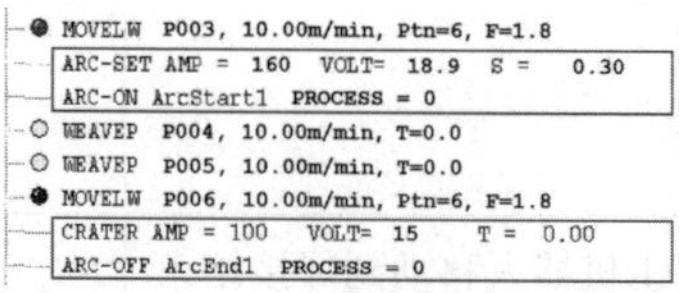	4 条焊缝分别进行修改
跟踪确认	①切换机器人至示教模式下的编辑状态，移动光标至跟踪开始点所在命令行。②点亮  ，保持伺服指示灯  长亮。③开启跟踪功能，正向逐条跟踪程序直至最后一个示教点	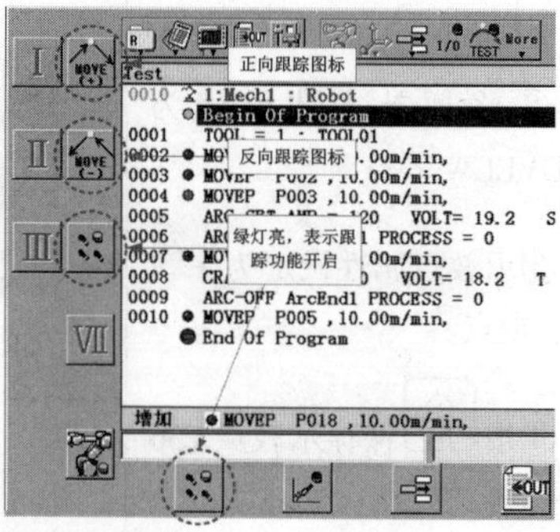	

CRAW 中厚壁试件示教程序及释义如表 5-19 所示。

表 5-19　CRAW 中厚壁试件示教程序及释义

		CRAW THICK PLATE PIECE TEST	
0053		1：Meach1：Robot	
	●	Begin Of Program	程序开始
0001		TOOL = 1：TOOL01	焊枪工具
0002	●	MOVEP P001，10.00m/min，	记录原点
0003	●	MOVEP P002，10.00m/min，	临近点
0004	●	MOVELW P003，10.00m/min，Ptn = 6，F = 1.8，	直线摆动焊接
0005		ARC - SET AMP = 160　VOLT = 18.9　S = 0.30	参数设定
0006		ARC - ON ArcStart1 PROCESS = 0	起弧
0007	●	WEAVEP P004，10.00m/min，T = 0.0，	振幅点 1
0008	●	WEAVEP P005，10.00m/min，T = 0.0，	振幅点 2
0009	●	MOVELW P006，10.00m/min，Ptn = 6，F = 1.8，	直线摆动空走
0010		ARC - SET AMP = 100　VOLT = 15　T = 0.00	收弧设定
0011		ARC - OFF ArcEnd1 PROCESS = 0	熄弧
0012	●	MOVEL P007，10.00m/min，	退枪避让
0013	●	MOVEP P008，10.00m/min，	PTP 下一临近点
0014	●	MOVELW P009，10.00m/min，Ptn = 6，F = 1.8，	直线摆动焊接
0015		ARC - SET AMP = 160　VOLT = 18.9　S = 0.30	参数设定
0016		ARC - ON ArcStart1 PROCESS = 0	起弧
0017	●	WEAVEP P010，10.00m/min，T = 0.0，	振幅点 1
0018	●	WEAVEP P011，10.00m/min，T = 0.0，	振幅点 2
0019	●	MOVELW P012，10.00m/min，Ptn = 6，F = 1.8，	直线摆动空走
0020		ARC - SET AMP = 100　VOLT = 15　T = 0.00	收弧设定
0021		ARC - OFF ArcEnd1 PROCESS = 0	熄弧
0022	●	MOVEL P013，10.00m/min，	退枪避让
0023	●	MOVEP P014，10.00m/min，	PTP 下一临近点
0024	●	MOVELW P015，10.00m/min，Ptn = 6，F = 1.8，	直线摆动焊接
0025		ARC - SET AMP = 160　VOLT = 18.9　S = 0.30	参数设定
0026		ARC - ON ArcStart1 PROCESS = 0	起弧
0027	●	WEAVEP P016，10.00m/min，T = 0.0，	振幅点 1
0028	●	WEAVEP P017，10.00m/min，T = 0.0，	振幅点 2
0029	●	MOVELW P018，10.00m/min，Ptn = 6，F = 1.8，	直线摆动焊接
0030	●	MOVELW P019，10.00m/min，Ptn = 6，F = 1.8，	直线摆动焊接

		CRAW THICK PLATE PIECE TEST	
0031	●	MOVECW P020 , 10.00m/min,	圆弧摆动焊接
0032	●	WEAVEP P021 , 10.00m/min, T = 0.0,	振幅点 1
0033	●	WEAVEP P022 , 10.00m/min, T = 0.0,	振幅点 2
0034	●	MOVECW P023 , 10.00m/min,	圆弧摆动焊接
0035	●	MOVECW P024 , 10.00m/min,	圆弧摆动空走
0036		CRATER AMP = 100 VOLT = 15.0 T = 0.00	收弧设定
0037		ARC – OFF ArcEnd1 PROCESS = 0	熄弧
0038	●	MOVEL P025 , 10.00m/min,	退枪避让
0039	●	MOVEP P026 , 10.00m/min,	PTP 下一临近点
0040	●	MOVELW P027 , 10.00m/min, Ptn = 6, F = 1.8,	直线摆动焊接
0041		ARC – SET AMP = 160 VOLT = 18.9 S = 0.30	参数设定
0042		ARC – ON ArcStart1 PROCESS = 0	起弧
0043	●	WEAVEP P028 , 10.00m/min, T = 0.0,	振幅点 1
0044	●	WEAVEP P029 , 10.00m/min, T = 0.0,	振幅点 2
0045	●	MOVELW P030 , 10.00m/min, Ptn = 6, F = 1.8,	直线摆动焊接
0046	●	MOVELW P031 , 10.00m/min, Ptn = 6, F = 1.8,	直线摆动焊接
0047	●	MOVECW P032 , 10.00m/min,	圆弧摆动焊接
0048	●	WEAVEP P033 , 10.00m/min, T = 0.0,	振幅点 1
0049	●	WEAVEP P034 , 10.00m/min, T = 0.0,	振幅点 2
0050	●	MOVECW P035 , 10.00m/min,	圆弧摆动焊接
0051	●	MOVECW P036 , 10.00m/min,	圆弧摆动空走
0052		CRATER AMP = 100 VOLT = 15.0 T = 0.00	收弧设定
0053		ARC – OFF ArcEnd1 PROCESS = 0	熄弧
0054	●	MOVEL P037 , 10.00m/min,	退枪避让
0055	●	MOVEP P038 , 10.00m/min,	PTP 回原点
0056	●	End Of Program	程序结束

三、试件焊接

CRAW 中厚壁试件焊接操作步骤如表 5 – 20 所示。

表 5 – 20　CRAW 中厚壁试件焊接操作步骤

操作步骤	操作方法	图示
焊前检查	①程序经过跟踪、确认无误，检查供丝、供气系统及焊接机器人工作环境无误。②在编辑状态下，移动光标到程序开始	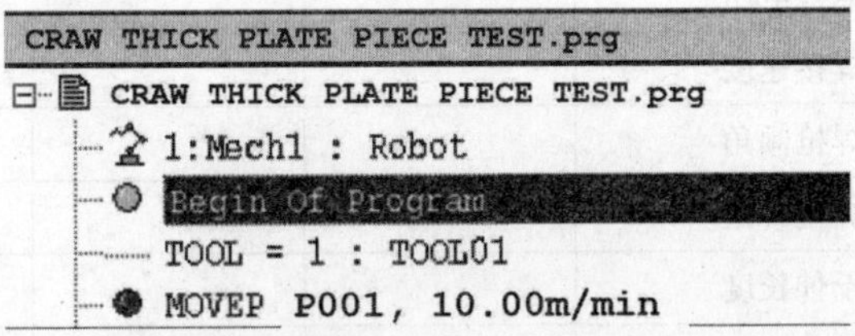 CRAW THICK PLATE PIECE TEST.prg CRAW THICK PLATE PIECE TEST.prg 　1:Mech1 : Robot 　Begin Of Program 　TOOL = 1 : TOOL01 　MOVEP P001, 10.00m/min
模式切换	①插入示教器钥匙。②将示教器模式选择开关旋至 AUTO	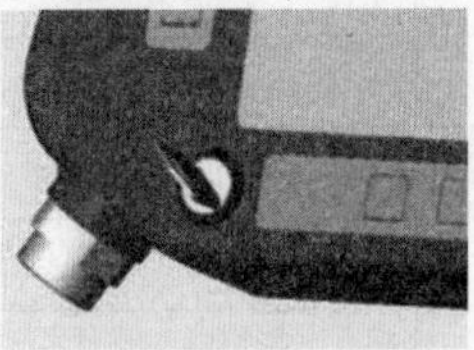
启动焊接	①轻握安全开关，按压伺服开关，保持伺服指示灯⊙长亮。②按下启动按钮开始焊接 	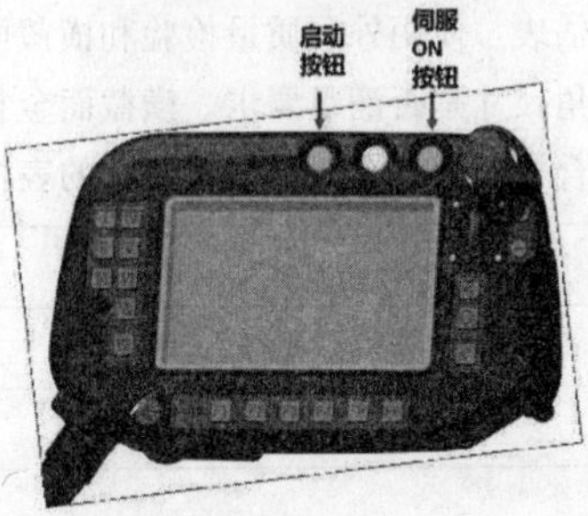 启动按钮　伺服ON按钮

任务评价

焊接完成后，填写 CRAW 中厚壁试件焊接记录表 5 – 21，并对焊缝质量进行评价，表 5 – 22 所示为 CRAW 中厚壁试件焊缝外观质量评分表，满分 40 分。缺欠分类按 GB/T 6417.1—2005《金属熔化焊接头缺欠分类及说明》执行，质量分级按 GB/T 19418—2003《钢的弧焊接头缺陷质量分级指南》执行。

表 5-21　CRAW 中厚壁试件焊接记录表

学生姓名		班　级		工位号	
机器型号		试件编号		日　期	

实际操作记录：请将实际使用的焊接参数填写在下面的表格中

参数 \ 焊缝编号	焊缝（1）	焊缝（2）	焊缝（3）	焊缝（4）	焊缝（5）
焊接电流					
电弧电压					
焊接速度					
焊枪倾角					
焊枪转角					
干伸长度					
焊丝型号					
焊丝牌号					
焊丝规格					
摆动方式					
保护气成分					
气体流量					

焊接质量评估表：使用外观质量检验和横截面金相宏观检测方法，评估指定焊缝。使用焊缝检验量规检验焊缝焊角尺寸是否满足要求。横截面金相检验应该包含切割、抛光、腐蚀等步骤，以检查断面焊缝熔深及熔合情况。将结果填写在下面的表格中，如果焊缝质量合格，将评语写在指导教师意见处

内容	检测结果
焊脚尺寸	
焊脚差	
咬边	
咬边长度	
根部熔深	
表面气孔	
裂纹	
焊脚凹凸度	

注：焊缝表面已修补或试件做舞弊标记，则该操作项目不合格，试件作废。凡焊缝表面有裂纹、夹渣、未熔合、焊瘤等缺陷之一者，该操作项目不合格，试件作废

焊接缺陷描述：

缺陷形成原因：

预防缺陷的措施：

表 5 – 22　CRAW 中厚壁试件质量检查表

明码号		评分员签名				合计分		
检查项目	评判标准及得分	评判等级				测评数据	实得分数	备注
		I	II	III	IV			
焊脚尺寸	尺寸标准/mm	7.6~8.3	>8.3, ≤7.6	>8.7, ≤7.1	>9.2, ≤6.8			
	得分标准	10分	8分	6分	3分			
焊缝高低差	尺寸标准/mm	≤1	>1~2	>2~3	>3			
	得分标准	5分	4分	3分	1.5分			
焊缝宽窄差	尺寸标准/mm	≤1.5	>1.5~2	>2~3	>3			
	得分标准	5分	4分	3分	1.5分			
咬边	尺寸标准/mm	0	深度≤0.5 长度≤15	深度≤0.5 长度>15~30	深度>0.5 长度>30			
	得分标准	5分	4分	3分	0分			
角变形	尺寸标准/mm	≤1	>1~3	>3~5	>5			
	得分标准	5分	4分	3分	1.5分			
正面成型	标准	优	良	中	差			
	得分标准	10分	8分	6分	3分			

注：焊缝正反两面有裂纹、未熔合、未焊透缺陷或出现焊件修补、操作未在规定时间内完成，该项做 0 分处理

项目练习

完成如图 5 – 24 所示厚板异形容器编程与焊接。

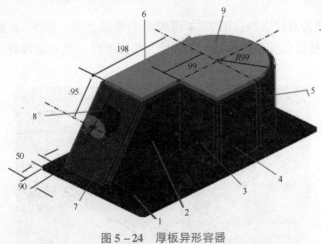

图 5 – 24　厚板异形容器

1. 焊接工件尺寸（表 5 – 23）

表 5 – 23 厚板异形容器工件尺寸

序号	名称	尺寸/mm	数量/块
1	底板	380 × 280 × 12	1
2	侧板	96 × 211 × 200 × 10	2
3	侧板	200 × 96 × 10	1
4	侧板	200 × 96 × 10	2
5	侧板	603（内弧长）× 200 × 10	1
6	侧板	198 × 288 × 200 × 10	1
7	侧板	230 × 96 × 10	1
8	管	ϕ60（外径）× 5（厚）× 60	1
9	盖板	尺寸如图 5 – 24 所示	1

2. 焊接设备及材料（表 5 – 24）

表 5 – 24 焊接设备及材料

机器人本体	TA/B 1400	1 台
焊接电源	松下 YD – 35GR W 型	1 个
控制柜（含变压器）	GIII 型	1 个
示教器	AUR01060 型	1 个
焊丝	ER50 – 6、ϕ1.2 mm	1 盘
保护气瓶	80% Ar + 20% CO_2	1 瓶

3. 焊接顺序规划

第 1、2 道焊缝为对接立焊；第 3、4 道焊缝为角接立焊；第 5、6 道焊缝为斜角接立焊；第 7 道焊缝为搭接角接平焊；第 8 道焊缝为角接平焊；第 9 道焊缝为管板环焊，如图 5 – 25 所示。

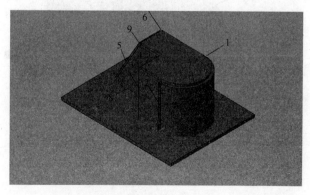

图 5 – 25 焊接顺序规划

4. 焊接参数

表 5 - 25 ~ 表 5 - 30 所示为焊缝焊接参数。

表 5 - 25　第 1、2 道焊缝焊接参数

层数	电流 /A	电压 /V	焊接速度 /(m·min⁻¹)	振幅点宽度 /mm	振幅点停留时间/s	气体流量 /(L·min⁻¹)
打底直焊	150	17	0.18	1.8	0.3	15~20
打底收尾	100	16.6	0.15	1.8	0.3	15~20
盖面直焊	85	15	0.07	5	0.2	15~20
盖面收尾	72	14.2	0.07	5	0.2	15~20

表 5 - 26　第 3、4 道焊缝焊接参数

层数	电流 /A	电压 /V	焊接速度 /(m·min⁻¹)	振幅点宽度 /mm	振幅点停留时间/s	气体流量 /(L·min⁻¹)
打底	140	16	0.4	—	—	15~20
盖面直焊	90	14.6	0.04	8	0.3	15~20
盖面收尾	72	14.2	0.04	5	0.3	15~20

表 5 - 27　第 5、6 道焊缝焊接参数

层数	电流 /A	电压 /V	焊接速度 /(m·min⁻¹)	振幅点宽度 /mm	振幅点停留时间/s	气体流量 /(L·min⁻¹)
打底直焊	150	18	0.20	3.0	0.4/0.2	15~20
打底收尾	120	16.6	0.22	3.0	0.4/0.2	15~20
盖面直焊	100	15	0.07	7.0	0.3/0.1	15~20
盖面收尾	85	14.5	0.08	7.0	0.3/0.1	15~20

表 5 - 28　第 7 道焊缝焊接参数

层数	电流 /A	电压 /V	焊接速度 /(m·min⁻¹)	振幅点宽度 /mm	振幅点停留时间/s	气体流量 /(L·min⁻¹)
打底直焊	180	19.2	0.3	—	—	15~20
打底拐角	170	17.6	0.5	—	—	15~20
斜板处打底	170	17.6	0.4	—	—	15~20
盖面直焊	90	14.4	0.08	7.8/8.7	0.4/0.1	15~20
盖面拐角	90	14.4	0.13	7.8/8.7	0.4/0.1	15~20
斜板处盖面	80	14.4	0.10	5	0.2	15~20

表 5 – 29　第 8 道焊缝焊接参数

层数	电流 /A	电压 /V	焊接速度 /(m·min⁻¹)	振幅点宽度 /mm	振幅点停留 时间/s	气体流量 /(L·min⁻¹)
打底直焊	180	19.2	0.30	—	—	15 ~ 20
打底拐角	170	17.6	0.50	—	—	15 ~ 20
盖面直焊	120	15.6	0.07	8.6	0.3/0.1	15 ~ 20
盖面拐角	120	15.6	0.07	8.6	0.3/0.1	15 ~ 20

表 5 – 30　第 9 道焊缝焊接参数

层数	电流 /A	电压 /V	焊接速度 /(m·min⁻¹)	气体流量 /(L·min⁻¹)
上半环	140	16	0.30	12 ~ 15
下半环	150	17	0.30	12 ~ 15

项目六　焊接机器人维护与保养

唐山松下焊接机器人是国内广泛使用的进口焊接机器人之一，本项目以唐山松下 TA/B 1400 型焊接机器人为例，按照"1 + X"《特殊焊接技术职业技能等级标准》中级职业技能等级要求，面向企业弧焊机器人操作员、弧焊机器人工艺设计员等工作岗位。

本项目主要内容包括：焊接机器人日常检查与维护、周检查与维护，月度检查与维护及其他定期检查与维护；送丝系统、供气系统、安全保护系统的检查与维护；编码器电池检查与更换，机器人 TCP 点的检查与校准等。

最新标准：

1. GB 15579.5—2013《弧焊设备 第 5 部分：送丝装置 ［S］》
2. GB 15579.1—2013《弧焊设备 第 1 部分：焊接电源 ［S］》
3. GB/T 20723—2006《弧焊机器人 通用技术条件 ［S］》

项目任务

任务 6 - 1　焊接机器人定期检查与保养
任务 6 - 2　松下机器人常见故障处理

任务 6 - 1　焊接机器人定期检查与保养

任务引入

通过前序项目的学习，同学们都已经能够熟练操作焊接机器人进行工件的示教编程和焊接。保持焊接机器人系统具备良好的工况，应采取预防故障发生为主的策略，坚持定期保养和日常规范维护尤其重要。作为焊接技术与自动化专业学生，按照"1 + X"《特殊焊接技术职业技能等级标准》中级职业技能等级要求，要遵守安全操作规程，并定期进行检查与保养。

任务描述

本任务在焊接机器人实训场进行，以唐山松下 TA/B1400 型焊接机器人为例，讲解日常清洁、检查与维护的项目，包括机器人系统及夹具、工具、量具的清洁，送丝系统、供气系统、安全保护系统的维护与检查。润滑系统检查及润滑油补充，编码器电池检查，机器人系统复位性能的检查与校准等。

本任务使用工具和设备如表 6 - 1 所示。

表 6 – 1   本任务使用工具和设备

名　称	型　号	数　量
机器人本体	TA/B 1400	1 台
焊接电源	松下 YD – 35GR W 型	1 个
控制柜（含变压器）	GIII 型	1 个
示教器	AUR01060 型	1 个
纱手套	自定	1 副
尖嘴钳	自定	1 把
扳手	自定	1 把
钢直尺	自定	1 把
十字螺钉旋具	自定	1 个
劳保用品	工作服、工作等	1 套
压缩空气	0.25 MPa	
清洁工具	毛刷等	1 套

学习目标

● 知识目标
1. 熟悉 TA/B 1400 型机器人定期检查与保养的具体内容。
2. 掌握 TA/B 1400 型机器人安全操作规程和日常管理制度。
● 技能目标
能根据松下机器人维护保养作业指导任务对连接缆线、控制装置（含示教盒）、焊枪、机器人本体、焊接电源进行日常维护和保养。

相关知识

一、焊接机器人定期检查与保养

保持焊接机器人良好工况的关键是加强日常的维护与保养，正确规范的焊接机器人预防性保养能够最大限度保证设备正常运行，保证高效益产出，从而降低设备故障率。因此，正确规范的机器人预防性保养是焊接机器人正常使用必不可少的工作。焊接机器人预防性保养内容包括以下方面内容：
（1）每日检查。
（2）每 500 h（每 3 个月）检查。
（3）每 2 000 h（每 1 年）检查。
（4）每 4 000 h（每 2 年）检查。
（5）每 6 000 h（每 3 年）检查。

（6）每 8 000 h（每 4 年）检查。

（7）每 10 000 h（每 5 年）检查。

检查间隔根据标准操作小时来设定，实际施行时请按小时或年月较短的一方来进行。在双工作台的系统中，正常情况下应每 1.5 个月进行一次 500 h 检查。检查时间为控制柜处于闭合状态下的时间。进行每 2 000 h 检查时，建议用户施行全面检查（包括规定的检查项目在内）。

1. 日常维护与检查项目

日常维护与检查项目包含通电和断电两种状态下的检查与维护，项目分别如表 6 - 2 和表 6 - 3 所示。

表 6 - 2　闭合电源前要检查的项目

部件	项目	处置	备注
焊接电缆/其他电缆	松动、断开或损坏	再拧紧或更换	
机器人本体	是否沾有飞溅物和灰尘	清除飞溅物，擦拭灰尘	勿用压缩空气清理灰尘或飞溅物，否则异物可能进入护盖内部，对本体造成损害
	螺栓是否松动	再拧紧	
安全护栏	损坏	修复	
作业现场	是否整洁	清理现场	

注意：确认无其他人员处于机器人工作范围内后才可闭合电源。

表 6 - 3　闭合电源后需要检查的项目

部件	项目	处置	备注
紧急停止开关	立即断开伺服电源	维修，如有不明情况与厂商联系	开关修好前请不要使用机器人
原点对中标记	执行原点复归后，看各原点对中标记是否重合	不重合与厂商联系	按下急停开关，断开伺服电源后才允许接近机器人进行检查
机器人本体	自动运转、手动操作时看各轴运转是否平滑、稳定（无异常噪声、振动）	若原因不明，请与厂商联系	修好前请不要使用此机器人
风扇	查看风扇的转动情况，是否沾有灰尘	清洁风扇	清洁风扇前请断开所有电源

2. 定期检查项目表

焊接机器人定期检查与维护周期及项目如表 6 - 4 所示。

表 6 – 4　焊接机器人定期检查与维护周期及项目

间隔						项目	检查和维修
3 月	1 年	2 年	3 年	4 年	5 年		
(500 h)	(2 000 h)	(4 000 h)	(6 000 h)	(8 000 h)	(10 000 h)		
○						机器人固定螺栓	检查是否有松动，必要时再拧紧
○						盖板上的螺栓	检查是否有松动，必要时再拧紧
○						连接电缆及接头	检查是否有松动，必要时再拧紧
	○					电动机固定螺栓	检查是否有松动，必要时再拧紧
	○					转动/驱动部件	检查拧紧力矩，看是否有松动
	○					减速齿轮	检查拧紧力矩，检查目视外观
	○					本体内的配线及接头	传导检查；检查外观；加润滑油
		○				电池（本体内）	更换新部件
		○				电池（控制柜内）	更换新部件
			○			减速器	补充润滑油
			○			齿形带	检查张紧力，必要时进行调整
				○		本体内配线	更换新部件，涂抹润滑油
				○		电池（TP）	更换新部件
					○	齿形带	更换新部件，调节张紧力
					○	电池（控制柜内）	更换新部件
○						其他消耗品	如果需要及时更换

注意：TW、BW、RW 轴的减速器润滑油为 SK – 1A，FA、UA、RT 轴的润滑油为 RE00。建议本体和控制柜的电池每两年更换一次，以下情况必须更换电池：

(1) 当示教器显示"编码器电池耗尽"。

(2) 未通电情况下存放了两年。

松下焊接机器人的消耗品、易损件及维护保养部分清单如表6-5所示。

表6-5　松下焊接机器人的消耗品、易损件及维护保养部分清单

名称	型号	数量	建议寿命	备注
喷嘴	TGN01661	1个	6月	
锥形喷嘴	TGN00044	1个	6月	
导电嘴	TET00841	1个	8时	
气筛	TGR01001 350KR	1个	破损状况	
喷嘴接头	TFZ35101	1个	6月	
导电嘴接头	TEB00034	1个	6月	
枪管	TCX00052	1个	1年	产品的型号根据配置可能会有变化，使用寿命仅是建议，不同企业根据各自焊接产品状况及要求来管理
短送丝软管	TGT00181	1条	6月	
长送丝软管	YDY00057	1条	3月	
焊枪总成	YT-CAT352	1把	2年	
送丝轮	TSM238801.2/1.0	1个	1年	
后送丝管	FC-TDT3	1条	破损状况	
示教盒电缆	AWC32693LT	1条	破损状况	
润滑油脂	SK-1A	1罐	3年	
	RE.00	1罐	2年	
专用电池	ER6VCT 3.6	1节	2年	
	CR2450	1个	4年	
各活动连接电缆	使用寿命视平时保管及维护保养			
焊丝				
气体				

二、安全规则及安全管理

1. 每日作业前的安全确认

(1) 设备只能由授权操作者进行操作。未经操作者允许，严禁任何人操作设备或进入工作区域。

(2) 操作者在进行焊接作业时必须穿戴必要的防护用具：劳保鞋、工作服、防弧光眼镜或面罩。

(3) 操作者在设备自动运转时不要进入机器人动作范围内，并禁止无关人员进入，如

有异常情况出现，应立即按下紧急停止开关中止作业。

（4）必须保持工作区域地面清洁，地面上有油、水、工具、工件时，可能绊倒操作者引发严重事故。

（5）启动设备前应确认工作区域内无异物。工具或其他物品用完后必须放回到机器人动作范围外的原位置保存。机器人可能与遗忘在夹具上的工具发生碰撞，造成夹具或机器人的损坏。

（6）打开机器人总开关后，必须先检查机器人在不在原点位置，如果不在，请手动跟踪机器人返到原点，严禁打开机器人总开关后，机器人不在原点时按启动按钮启动机器人。

（7）打开机器人总开关后，检查外部控制盒外部急停按钮有没有按下去，如果按下去了就先按上来，然后点亮示教盒上的伺服灯，再去按启动按钮启动机器人。严禁打开机器人总开关后，外部急停按钮按下去生效时，按启动按钮启动机器人。如果当外部急停按钮按下去生效时，按启动按钮启动机器人，马上选择手动模式把打开的程序关闭，再选择自动模式，点亮伺服灯，按复位按钮让机器人继续工作。

2. 示教过程中的安全预防措施

1）操作前的安全检查的注意事项

（1）编程人员应目视检察机器人系统及安全区，确认无引发危险的外在因素存在。检查示教盒，确认能正常操作。编程、调试人员需要随身携带示教器，以防他人误动作。

（2）开始编程前要排除任何错误和故障。检查示教模式下的运动速度。在示教模式下，机器人控制点的最大运动速度限制在15 m/min（或25 mm/s）以内。当用户进入示教模式后，请确认机器人的运动速度是否被正确限定。

（3）正确使用安全开关。在紧急情况下，松开安全开关或用力按下安全开关可使机器人紧急停止。开始操作前，请检查确认安全开关是否起作用。请确认在操作过程中以正确方式握住示教盒，以便随时采取措施。

（4）正确使用紧急停止开关。紧急停止开关位于示教盒的右上角。开始操作前，请确认紧急停止开关起作用。请检查确认所有的外部紧急停止开关都能正常工作。如果用户离开示教盒进行其他操作时，请按下示教盒上的紧急停止开关，以确保安全。

（5）使用其他系统编制的示教程序（如离线编程）时，要先跟踪一遍确认动作，然后才能使用该程序。

2）操作过程中的安全预防措施

（1）禁止将机器人用于规格数所允许范围之外的其他用途。

（2）了解基本的安全规则和警告标示如："易燃""高压""危险"等，并认真遵守。

（3）禁止靠在控制柜上或无意按下任何开关。

（4）禁止向机器人本体施加任何不当的外力。

（5）请注意在机器人本体周围的举止，不允许有危险行为或进行玩耍。

（6）注意保持身体健康，以便随时对危险情况做出反应。

3. 电弧焊接时的安全预防措施

请使用遮光帘或其他防护设备，防止操作者或其他人员受到焊接弧光、烟尘、飞溅及噪声的伤害或影响。弧光可能对皮肤及眼睛造成伤害。焊接中所产生的飞溅可能烫伤眼睛或皮肤。焊接中所产生的噪声可能对操作者的听觉造成损害。为确保作业现场的工作人员不受焊接电弧的影响，请在焊接作业场所周围安装遮光帘。进行焊接作业或监测焊接作业时，请佩戴遮光用深色眼镜或使用防护面罩，焊接用皮质防护手套、长袖衬衫、护脚和皮质围裙。如果噪声很强时，请使用抗噪保护装置。

4. 检查和维护过程中的安全预防措施

只有接受过特殊安全教育的专业人员才能进行机器人的维护、检查作业。只有接受过设备供应商培训的技术人员才能拆装机器人本体或控制柜。只有正确遵守各项规程，才能保障设备的安全。

（1）操作者应当穿着特定的工作服，操作者应当穿戴安全鞋和安全帽。

（2）负责系统集成的人员以及负责系统安全设备的设计、制造的人员必须理解和掌握安全护栏以及安全设备的使用，通读设备使用手册，了解出现紧急情况时需采取的正确操作和措施。

（3）请遵守安全规则，避免出现意外事故或伤害。负责系统检查和维护的人员必须检查和确认所有与紧急停止相关的电路已经依照对应的安全标准被安全正确地互锁。进行维护或检查作业时，要确保随时可按下紧急停止开关，以便需要时立即停止机器人作业。

5. 操作者平时操作时应注意的事项

（1）打开机器人总开关后，必须先检查机器人在不在原点位置，如果不在，请手动跟踪机器人返到原点，严禁打开机器人总开关后，机器人不在原点时按启动按钮启动机器人。

（2）打开机器人总开关后，检查外部控制盒外部急停按钮有没有按下去，如果按下去了就先按上来，然后点亮示教盒上的伺服灯，再去按启动按钮启动机器人，严禁打开机器人总开关后，急停按钮没复位前，按启动按钮启动机器人。

（3）在机器人运行中，需要机器人停下来时，可以按外部急停按钮、暂停按钮、示教盒上的急停按钮，如需再继续工作时，可以按复位按钮让机器人继续工作。

（4）在机器人运行时暂停下来修改程序的情况下，选择手动模式后进行修改程序，当修改完程序后，一定要注意程序上的光标必须和机器人现有的位置一致，然后再选择自动模式，点亮伺服灯，按复位按钮让机器人继续工作。

（5）作业结束时，为了确保安全，先按下急停按钮，切断伺服电源后再断开电源。

（6）当发生故障或报警时，请把报警代码和内容记录下，以便向厂商技术人员提供信息，排除故障和报警。

1. 松下机器人维护保养作业指导任务一（表6-6）

表6-6 松下机器人维护保养作业指导任务一

操作步骤	操作方法	图示	补充说明
检查电焊机电缆	①确认接线端子的松紧程度； ②扳手紧固电动机电缆； ③紧固电焊动机后部电缆	 	操作时关闭电源，戴手套
检查焊枪电缆	①内六角扳手紧固焊枪电缆； ②弯曲电缆检查缆线是否损伤	 	手确认松紧程度。目测外观有无损伤，必要时进行紧急处理或更换

操作步骤	操作方法	图示	补充说明
检查控制柜 地线连接	扳手紧固控制柜侧部 地线连接处	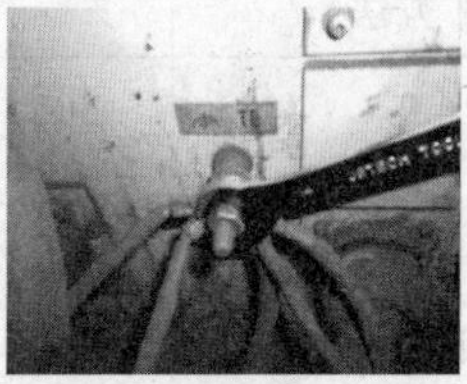	
检查控制柜 连接电缆	①检查控制柜连接电 缆连接是否到位； ②检查控制柜连接缆 线表面是否损坏	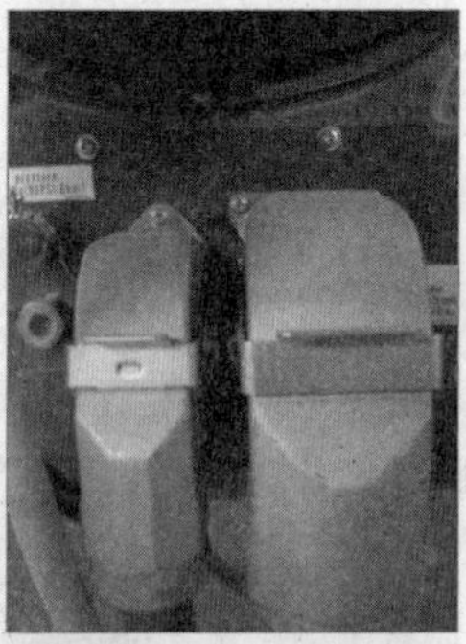 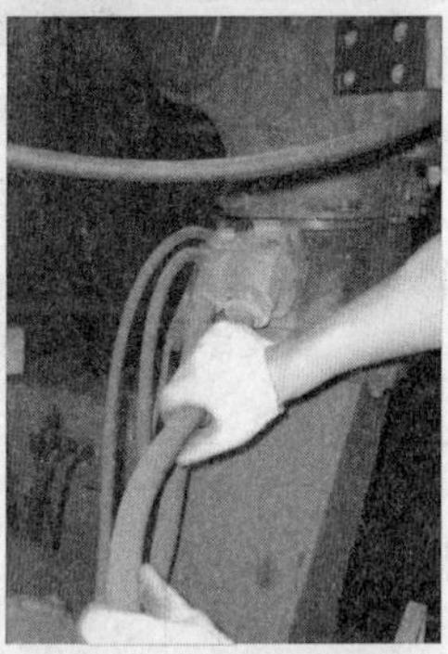	
检查示教器电缆	①检查示教器端子与 电缆之间的螺纹是否 拧紧； ②确认缆线是否损坏	 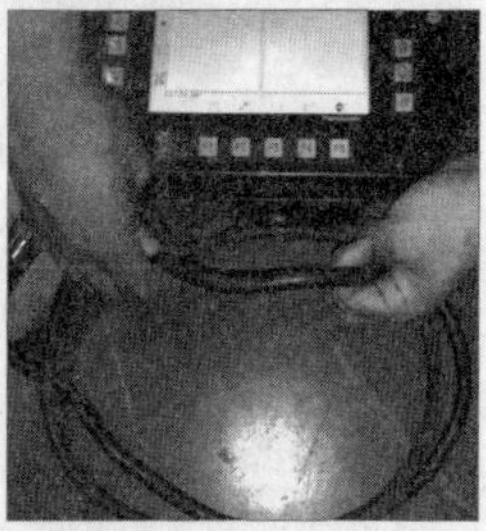	如条件允许，可 在缆线外追加电缆 保护膜

2. 松下机器人维护保养作业指导任务二（表6-7）

表6-7 松下机器人维护保养作业指导任务二

操作步骤	操作方法	图示	补充说明
检查机器人本体	①目测外观有无损伤； ②机器人本体除尘、清洁	 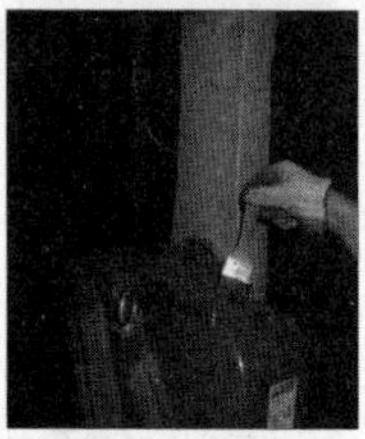	如外观有损伤，必要时进行紧急处理或更换。 请勿用压缩空气清理灰尘或飞溅，否则异物可能进入护盖内部，对本体造成损害
检查送丝机构	①十字螺丝刀紧固送丝轮； ②扳手紧固固定螺栓； ③毛刷清洁送丝机构内部； ④检查必须有绝缘帽	 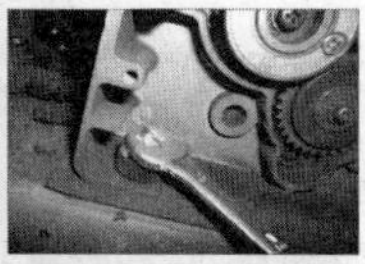  	
检查示教器	①检查紧急停止按钮是否正常工作； ②紧急停止后示教器是否显示"非常停止"； ③紧急停止后伺服灯是否熄灭	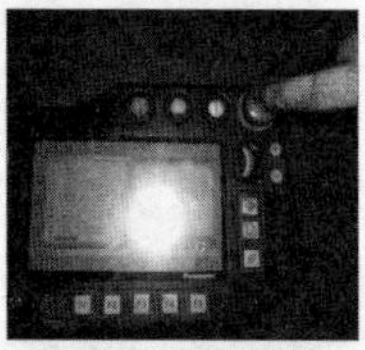  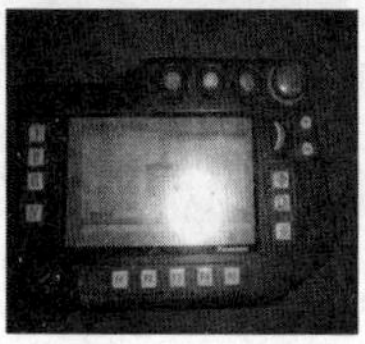	如紧急停止开关损坏，开关修好前不能使用机器人

操作步骤	操作方法	图示	补充说明
检查原点对中标记	①打开程序文件夹； ②选中原点对中程序； ③手动跟踪回原点； ④分别检查 UA、RT、FA、RW、BW、TW 轴是否对中	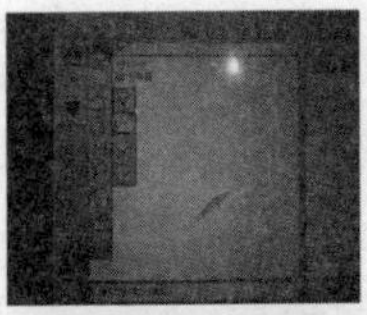 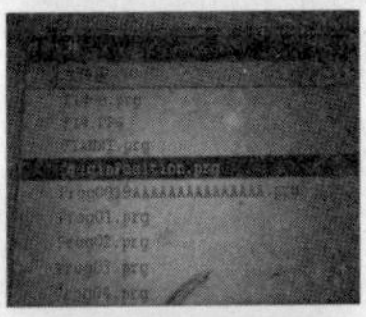 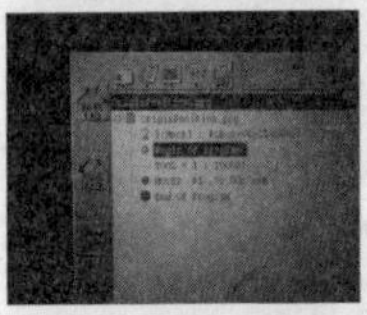 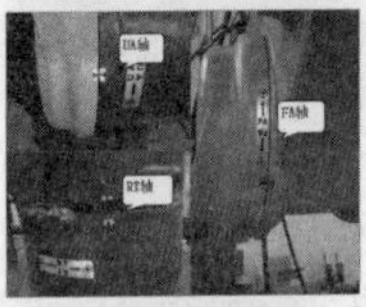 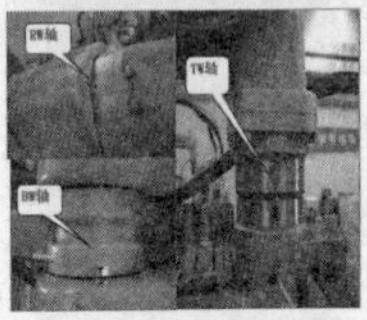	对中标记不吻合时，应向供应商反馈信息，及时示教修正，使原点标志符合。 按下急停开关，断开伺服电源后才允许接近机器人进行检查
检查控制柜风扇	①打开控制柜门，用外置开关打开电源； ②观察风扇运行情况； ③用手感知后部风扇是否正常工作	  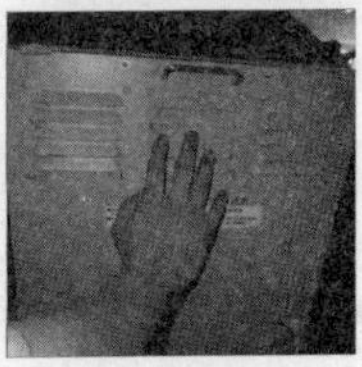	清洁风扇前断开所有电源

操作步骤	操作方法	图示	补充说明
控制柜除尘	①打开控制柜前部，用干燥压缩空气除尘；②打开控制柜后部，用干燥压缩空气除尘	 	

3. 松下机器人维护保养作业指导任务三（表6-8）

表6-8　松下机器人维护保养作业指导任务三

操作步骤	操作方法	图示	补充说明
检查安全支架	①确认焊枪、焊枪本体外观有无损伤；②焊枪安全支架除尘		目测绝缘件是否损坏，必要时进行更换
检查送丝管	①紧固各处送丝管固定螺纹；②确认送丝管外表是否损坏；③检查焊丝桶盖是否扣紧	  	

操作步骤	操作方法	图示	补充说明
清洁清枪、剪丝装置	用工具清理各处	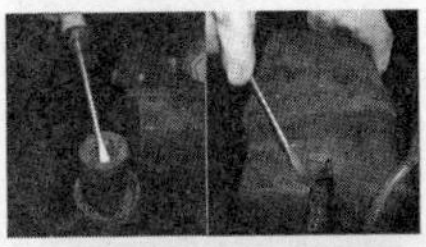 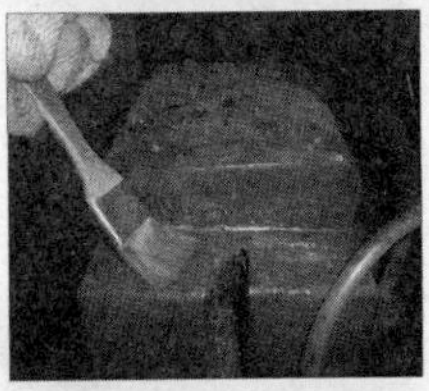	
检查气瓶	扳手紧固气瓶阀门		
检查焊机	目视检查焊机电源线是否破损		
检查气体流量	检查气瓶流量计小银珠是否指示正确	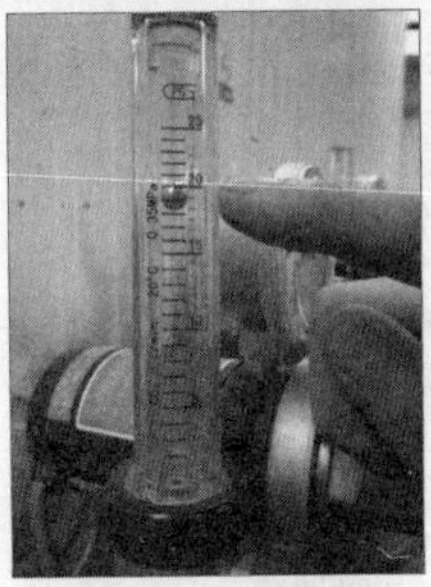	
检查工作围栏	检查围栏是否完好，警示牌是否放置		

操作步骤	操作方法	图示	补充说明
检查工作现场	定期清扫工作现场		
检查控制柜密封情况	①检查控制柜门是否关闭；②确认密封情况	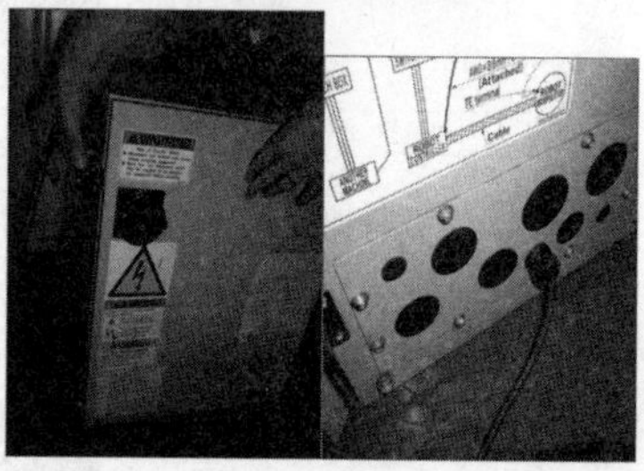	

任务评价

焊接机器人定期检查与保养任务指导工单如表6-9所示。

表6-9 焊接机器人定期检查与保养任务指导工单

班级		小组		
任务内容	操作提示	完成情况	标准分值	操作得分
工具准备	操作工具准备		10	
安全防护措施	个人安全防护措施准备		10	
设备电线、电缆连接检查	电焊机正负极电缆		20	
	机器人本体焊接电缆连接			
	控制柜连接电缆（地线）			
	控制柜连接电缆（控制线）			
	示教器连接电缆			
机器人本体	检查外观污损情况		20	
	检查是否有杂音、颤抖			
	原点对中标记是否吻合			
机器人控制柜（包括示教器）	确认外观是否整洁			
	确认控制柜风扇是否正常			
	示教器显示是否正常			
	确认紧急停止按钮是否正常			

班级		小组		
任务内容	操作提示	完成情况	标准分值	操作得分
安全支架动作确认及除尘				
清理剩余焊丝				
送丝机的紧固及清扫确认				
清枪装置清扫确认				
剪丝装置清扫确认				
确认安全护栏是否完好				
确认工作现场是否整洁				
控制柜除尘、清扫			40	
安全支架	焊接是否偏离轨迹			
	确认安全支架是否松动			
确认送丝管的连接				
检查阀门是否松动				
检查气体流量是否正确				
检查电源线是否破损、松动				
检查控制柜的密封情况				
总　分				

任务 6-2 松下机器人常见故障处理

 任务引入

在焊接机器人使用的过程中，难免会出现各种故障，机器人系统故障包括：

（1）硬件故障，如机器人本体、控制柜、焊接电源以及外围设备的硬件部分发生损坏。

（2）软件故障，如程序编辑软件的系统模块内的数据丢失、错误，操作系统出错等。

（3）编程和操作错误引起的故障，它不属于系统软件故障，不需要对操作系统进行特殊的处理，只需要对系统所报出的错误信息找到相应程序参数进行适当修改后就可排除。

任务描述

本任务在焊接机器人实训场进行，以唐山松下 TA/B1400 型焊接机器人为例，讲解焊接机器人硬件故障、软件故障与编程与操作错误引起的故障，并详细讲授编码器电池更换和 TCP 校准的操作步骤。

本任务使用工具和设备如表6-10所示。

表6-10　本任务使用工具和设备

名　称	型　号	数　量
机器人本体	TA/B 1400	1台
焊接电源	松下 YD-35GR W 型	1个
控制柜（含变压器）	GⅢ型	1个
示教器	AUR01060 型	1个
纱手套	自定	1副
尖嘴钳	自定	1把
扳手	自定	1把
钢直尺	自定	1把
十字螺钉旋具	自定	1个
劳保用品	工作服、工作等	1套
校枪尺	TA 系列机器人附件	1把

学习目标

● 知识目标

熟悉松下 TA/B 1400 型机器人常见故障现象。

● 技能目标

1. 能更换 TA/B 1400 型机器人本体锂电池。

2. 能对 TA/B 1400 型机器人进行焊枪对中操作。

相关知识

1. 焊接结束时抽丝现象的处理

电焊机的焊丝提升（回抽）量是由指定焊接电流、提升时间决定的。某些型号的电焊机，在焊丝回烧控制时间中忽略电流指令，因此基本上不回抽焊丝。此时，可以将焊枪开关关闭后的等待时间保持1.2 s以上，这样，在回烧完成后即可提升焊丝。

2. 发生 E1050 报警的处理

当机器人动作轨迹的结果、工具尖端的位置以及工具姿态和示教相同，而各个轴的位置和示教不同时，就会发生 E1050 的错误报警。

3. E7×××负载率错误的处理

E7000、E7010、E7110、E7210 分别表示过负载（平均）、过负载（最大值）、外1电动机过负载、外2电动机过负载。在机器人运行过程中，持续监视各个轴的电动机电流，一旦检测到过大电流，机器人立即停止运行。发出错误报警，多考虑是由于主要部件（轴承或减速机等）承受了过高负载的缘故。根据设定，当最大负载率达到 150% 时发生"过负载（最大值）"错误，当平均负载率达到 125% 时发生"过负载（平均）"错误。

注意事项：该功能是以检测到的电动机电流为基准的，因此，由于电动机或伺服驱动的个体差以及摩擦负载的温度特性等，会产生大约 10% 的误差。该功能是当机器人受到过大负载，可能危及主要部件寿命的预警功能，因此，并不能保证机器人的持续负载率。特别是关于机器人负载，请一定按照规格书中所规定的内容使用。

4. 锂电池电量耗尽报警处理

为了记忆机器人本体各个轴的位置，特使用锂电池来维持编码器（存储机器人各个轴位置）的数据。当锂电池的电量降低时，打开电源后将会出现电池电量低提示信息。请按照《操作说明书机器人本体》中的说明立即更换锂电池。注意：由于锂电池本身的特性，当达到其使用寿命时，其电压会在短时间内急速下降。因此，当发出报警后，下次再启动时，电压可能难以为继。为防止数据丢失，请定期更换锂电池。一般情况下（每天工作 10 h），请每 2 年更换一次电池。

5. 意外停电时的处理

瞬间停电在 0.01 s 以下时，将不会发生异常，可继续执行操作。当停电时间超过 0.01 s 时，处理中的数据将被保护，即使再次通电，仍将处于伺服电压切断的状态。请再次打开控制柜的电源。

6. 解除超限的方法

机器人通常通过软件监视其动作范围，当机器人手臂到达动作范围的界限后将自动停止动作。为了防止由于某种不明原因造成机器人超出软限位时，将通过电气检测出机器人超限，伺服电源将被强制关闭。在超限状态下，机器人无法动作，因此需要暂时关闭超限的监视动作，从而将其从错误状态下复位。解除超限的方法：在解除超限时，机器人切勿快速动作，并确认好轴的移动方向后慎重操作，操作步骤如下：

（1）关闭控制柜电源。

（2）打开控制柜的前门，将安全板（右侧的印刷板）上的超限解除开关打到 "O-VERRUN RELEASE" 上（下侧）。

（3）关闭控制柜的前门，将示教器的模式切换开关打到 "TEACH" 上，再打开电源。进入超限解除模式的画面中，在该画面中显示了发生超限的关节轴名。

（4）打开伺服电源，手动操作，将超限的轴向解除超限的方向移动。解除了超限状态后，该画面上的关节轴名将自动消失。

（5）再次关闭控制柜的电源。

（6）打开控制柜的前门，将超限解除开关打到 "OPERATE" 上。

（7）关闭控制柜前门。

7. 机器人工具中心点 TCP（Tool Center Point）不准的处理

机器人在使用过程中，由于碰撞等原因引起焊枪松弛、变形、移位等，导致机器人工具中心点 TCP 不准，影响机器人重复定位精度。对于松下 TA/B 系列机器人的标准焊枪，通常采用 L_1 工具补偿法校枪，L_1 是指机器人 TW 轴向与 RW 轴向交点（P 点）到焊枪焊丝伸出端（平面 Q）之间的垂直距离，如图 6 - 1 所示。使用校枪尺进行补偿（校准）时，只需将校枪尺插在 TW 端口部位，调整焊枪位置，使焊丝尖端（焊丝伸出导电嘴 15 mm）与校枪尺上的凹点（中心点）重合，紧固焊枪夹持器螺钉后即完成校枪，如图 6 - 2 所示。

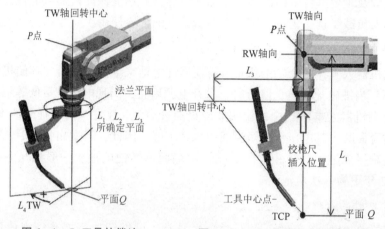

图 6-1　L_1 工具补偿法　　　　图 6-2　L_1 工具补偿法校枪示意图

图 6 - 1 中，L_1 是 P 点和平面 Q 之间的距离，TA 1400 标准尺寸为 590 mm；L_2 是控制点和 TW 轴回转中心之间的距离，初始数值为 0 mm；L_3 是工具延长线与法兰平面（机器人与焊枪夹持器的连接处）焦点和 TW 轴回转中心之间的距离，TA 1400 标准尺寸为 369.7 mm；L_4（TW）是根据 TW 轴回转中心所定的工具安装角度，工具的偏角 TW 初始数值为 0°。

1. 更换锂电池操作

锂电池电量耗尽后需要更换，更换步骤如表 6 - 11 所示。

表 6 - 11　锂电池更换步骤

操作步骤	操作方法	图示	补充说明
打开电池盒仓	卸下电池盒仓上盖		
拆卸旧电池	①卸下盒仓后立板安装螺栓，向上反转立板；②露出线路板和电池盒（红色方框）；③拆卸旧的锂电池		

操作步骤	操作方法	图示	补充说明
更换电池	①更换电池，装入盒仓，搁置稳妥； ②启动焊接机器人系统，示教器显示"复位轴"	 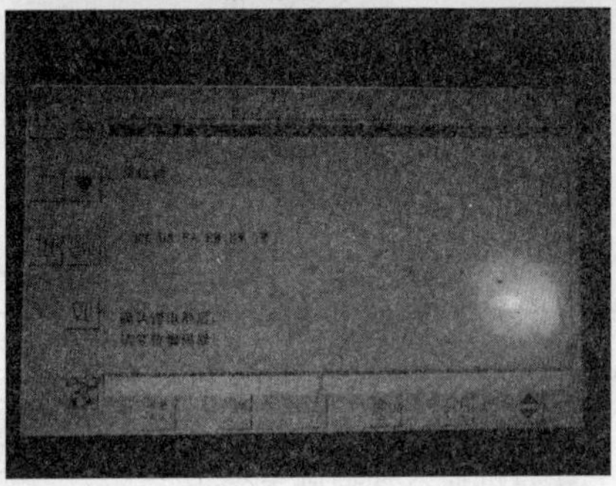	查看待换上的新电池与原机器上电池极性是否一致，若不一致，请改 Pin 至相同
编码器复位	逐个短路 6 对复位 Pin，保持 3~5 s，依次复位 6 个编码器		图中方框内及其下 AA1 板的对应 6 对复位 Pin
重新调整原点	①关机将电池盒仓安装复原； ②重新调整原点，保存退出，操作完毕	进入设定  、管理工具  。输入坐标值（MDI）或示教操作，重新调整原点	

2. 焊枪对中操作

若在焊接过程中出现焊枪偏离轨迹，需要使用 L_1 工具补偿法进行校枪，如图 6-3 所示，具体操作步骤如表 6-12 所示。

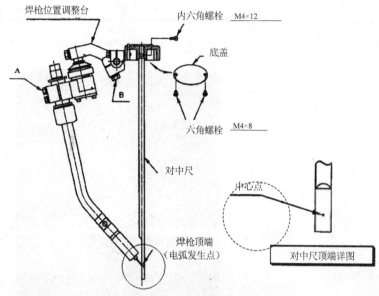

焊枪位置调整台

内六角螺栓 M4×12

底盖

A

B

六角螺栓 M4×8

对中尺

中心点

对中尺顶端详图

焊枪顶端
（电弧发生点）

图6-3　L_1工具补偿法图示

表6-12　L_1工具补偿法的操作步骤

操作步骤	操作方法	图示	补充说明
关闭电源	①将机器人各轴调至零位（BW轴为-90°）；②关闭电源		回到原点
拧下喷嘴	按螺纹方向取下焊枪喷嘴		
调整焊丝杆伸出长度	调整焊丝伸出长度为15 mm		

操作步骤	操作方法	图示	补充说明
安装校枪尺	①内六角扳手拧松底盖校枪尺固定螺栓；②安装好校枪尺		注意内六角拧松和拧紧方向
对准基点	①扳手调整安全支架焊枪位置调整台，调整焊枪的位置和角度；②将焊丝顶端对准校枪尺基准点		焊丝顶端即电弧发生点，与校枪尺基准点（凹点）对准

◎ 任务评价

松下机器人常见故障处理任务指导工单如表6-13所示。

表6-13 松下机器人常见故障处理任务指导工单

班级		小组		
任务内容	操作提示	完成情况	标准分值	操作得分
工具准备	操作工具准备		10	
安全防护措施	个人安全防护措施准备		10	
更换锂电池	打开电池盒仓		30	
	拆卸旧电池			
	更换电池			
	编码器复位			
	重新调整原点			
焊枪对中	关闭电源		50	
	拧下喷嘴			
	调整焊丝杆伸出长度			
	安装校枪尺			
	对准基点			
总　分				

一、判断题

1. 机器人属于高科技的机电一体化产品，在工厂生产环境下，受磁、电、光、振动、粉尘等影响，同时，机器人处于长时间、连续工作，会产生发热、磨损等变化，因此一些小问题可能会酿成大事故，影响整个生产。（　　）

2. 机器人为高科技产品，一般情况无须对机器人进行日常检查和保养。（　　）

3. 机器人处于长时间、连续工作，会产生发热、磨损等变化，因此一些小问题可能会酿成大事故，影响整个生产，故要及时发现问题、及时解决。（　　）

4. 机器人系统长期动作，由于振动等原因，造成各部件的螺钉松动，由此可能会引起部件脱落、接触不良等后果，故需要通知专业人员来紧固松动的螺钉。（　　）

5. 未经正式培训的人员，不能随意打开机器人控制柜拆卸零件，以免造成损坏。（　　）

6. 机器人发生的任何故障都要马上通知专业服务人员前来处理。（　　）

二、选择题

1. 进行机器人日常检查的主要目的是（　　）。

A. 发现问题　　　　　B. 通知维修人员

C. 保持外观整洁　　　D. 及时发现问题、解决问题

2. 机器人 TCP 点是（　　）。

A. 工具坐标原点　B. 直角坐标原点　C. 用户坐标原点　D. 关节坐标原点

3. 对于编码器电池，一般情况下（每天工作 10 h），请每（　　）更换一次电池。

A. 6 个月　　　　　B. 1 年　　　　　C. 2 年　　　　　D. 3 年

参 考 文 献

［1］兰虎．焊接机器人编程及应用［M］．北京：机械工业出版社，2013.

［2］杜志忠，刘伟．机器人焊接编程与应用［M］．北京：机械工业出版社，2019.

［3］胡德新，刘晓辉．焊接机器人操作与编程［M］．北京：机械工业出版社，2020.

［4］刘伟，等．焊接机器人操作编程及应用［M］．北京：机械工业出版社，2020.

［5］中国焊接协会成套设备与专用机具分会，中国机械工程学会焊接学会机器人与自动化专业委员会．焊接机器人实用手册［M］．北京：机械工业出版社，2014.

［6］孙慧平，等．焊接机器人系统操作、编程与维护［M］．北京：化学工业出版社，2018.

［7］黎文航，等．焊接机器人技术与系统［M］．北京：国防工业出版社，2015.

［8］陈茂爱，等．焊接机器人技术［M］．北京：化学工业出版社，2019.